A. Gerstaecker

Das Skelet des Döglings Hyperoodon Rostratus (Pont.)

Ein Beitrag zur Osteologie der Cetaceen und zur vergleichenden Morphologie der Wirbelsäule

A. Gerstaecker

Das Skelet des Döglings Hyperoodon Rostratus (Pont.)
Ein Beitrag zur Osteologie der Cetaceen und zur vergleichenden Morphologie der Wirbelsäule

ISBN/EAN: 9783743653665

Hergestellt in Europa, USA, Kanada, Australien, Japan

Cover: Foto ©berggeist007 / pixelio.de

Weitere Bücher finden Sie auf **www.hansebooks.com**

DAS

SKELET DES DÖGLINGS

HYPEROODON ROSTRATUS (PONT.).

Ein Beitrag

zur Osteologie der Cetaceen

und

zur vergleichenden Morphologie der Wirbelsäule.

Von

Dr. A. Gerstaecker,

o. ö. Professor an der Universität Greifswald.

Mit zwei Steindruck-Tafeln.

Leipzig.

C. F. Winter'sche Verlagshandlung.

1887.

Inhalt.

Einleitung.

Dass der den Strandbewohnern Islands und der Far Öer unter den Namen „Andyhalur“ und „Dögling“ wohl bekannte Entenwal (Hyperoodon rostratus) in ähnlicher Weise wie verschiedene Finnwale[1]) aus seiner hochnordischen Heimath nicht selten ausgedehnte Wanderungen in südlicher Richtung nach den verschiedensten Theilen der Nordsee und aus dieser wieder durch den Canal hindurch, wiewohl nur in vereinzelten Fällen, bis in den Atlantischen Ocean hinein ausführt, geht aus seinen zahlreichen, seit dem Jahre 1730[2]) zur Kenntniss gebrachten Strandungen an den Küsten Irlands, Schottlands, Englands, Norwegens und Schwedens, der Niederlande und Frankreichs zur Genüge hervor. Ungleich seltener und gewissermassen nur ausnahmsweise ist es dagegen beobachtet worden, dass dieser zwar hinter dem Pottwal (Physeter macrocephalus) beträchtlich an Grösse zurückstehende, immerhin aber die ansehnliche Länge von 8 m und darüber erreichende Delphinoide sich durch den Belt oder den Sund bis in die westlichen Gebiete der Ostsee verirrt hat. Nach Eschricht's Zusammenstellung[3]) hat sich im Verlauf des gegenwärtigen Jahrhunderts ein solcher Fall, soweit er wenigstens zur Kenntniss gekommen ist, nur viermal wiederholt, nämlich: im December 1801 (Kieler Bucht), im Jahre 1807 (Holsteiner Küste), im April 1823 (Landskrona) und im November 1838 (Eingang zum Kleinen Belt). Nur im letzteren Fall handelte es sich um vier in Gesellschaft erschienene, in den übrigen um vereinzelte Individuen.

Erst nach fast vierzigjähriger Pause stellte sich ein solches, an den Ostseeküsten wegen seiner Seltenheit immerhin einiges Aufsehen erregendes Ereigniss zu Anfang Februars im Jahre 1877 wieder ein. Auf die nach Greifswald gelangte Kunde hin von der Strandung eines „Walfisches“ auf der unter dem Namen „der Bock“ bekannten Sandbank, welche sich von der Halbinsel „der Zingst“ gegen die Südspitze von Hiddensöe und den

[1]) Vgl. die neuesten Mittheilungen G. A. Guldberg's, Zur Biologie der nordatlantischen Finnwalarten (Zoolog. Jahrbücher, herausg. von J. W. Spengel, II. Bd., p. 127—174).

[2]) In diesem Jahre ist nach Eschricht's Ermittelungen die erste Beschreibung und Abbildung des Entenwals durch Dale in einem Appendix zu seiner Topographie der Landschaft Harwich gegeben worden.

[3]) Dan. Friedr. Eschricht, Zoologisch-anatomisch-physiologische Untersuchungen über die nordischen Wallthiere, I. Bd. (mit 15 Tafeln und 48 Holzschnitten, Leipzig 1849, fol.), p. 24. — „Das im April 1823 bei Landskrona gestrandete Exemplar, von S. Nilsson (Skandinavisk Fauna, I. Däggdjuren, Lund 1847, p. 623) beschrieben, ist nach Eschricht das einzige bisher bekannt gewordene, welches den Eintritt in die Ostsee durch den Sund versucht hat. „Weiter in die Ostsee hinein wüsste ich nicht, dass irgend ein Fall angegeben worden wäre.“

Prohner Wiek (30° 40′ östl. L., 54° 28′ n. Br.) hin in die offene See hinein erstreckt, wurde am 11. Februar eine Excursion über Stralsund nach dem zwischen der „Grabow" und dem Prohner Wiek gelegenen Strandort Zarrenzin unternommen, um von dort aus des seltenen Fremdlings ansichtig und habhaft zu werden. Vermuthlich war derselbe bei Nacht und bei vorübergehendem Hochwasser auf die erwähnte Sandbank aufgelaufen. Am Tage der Besichtigung stand letztere nur etwa 1½ Fuss tief unter Wasser, so dass der Cadaver hoch über die Oberfläche desselben hinausragte. Leider hatte derselbe schon längere Zeit zuvor die Aufmerksamkeit der Hiddensöer Fischer auf sich gezogen und durch seinen Speckreichthum dieselben zu dem in solchen Fällen regelmässig geübten Vandalismus angeregt. Die zur Gewinnung des Speckes gehandhabte Axt hatte auch die festen Theile nicht geschont, sondern ihnen mehrfache und zum Theil recht empfindliche Verluste beigebracht. Vom Schädel war das vordere Schnabelende gekappt und die Schädelhöhle durch Weghauen der Hinterwand geöffnet; von den Vordergliedmassen fehlte die rechte völlig, die linke bis auf das Schulterblatt, einen Theil des Humerus und die Hand. Die Schwanzflosse war abgehauen und mit weggenommen worden, auch mehrere der rechtsseitigen Rippen wenigstens im Bereich ihres Endtheiles nicht mehr vorhanden. Endlich erwies sich auch die Wirbelsäule in mehrere Theile, und zwar unter Verletzung zweier durch Axthiebe gespaltener Wirbel getrennt. Trotz dieser bedauernswerthen Eingriffe in den sonst so werthvollen Fund und trotz der geringen Hoffnung, die fehlenden Theile wieder erlangen oder die verletzten ergänzen zu können, wurde alles sich von dem Skelet noch Vorfindende nebst den ihm anhaftenden Weichtheilen mittels Kahn nach Greifswald geschafft und zunächst auf die Dauer von vier Jahren mehrere Fuss tief eingegraben. Glücklicher Weise konnten die weggeschaffte Schwanzflosse nebst einigen zuerst vermissten Wirbeln nachträglich von Hiddensöe noch wieder beschafft werden, so dass sich nach Ergänzung und künstlicher Zusammenfügung einiger unvollständiger, beziehentlich verletzter Theile schliesslich noch ein, wenn auch nicht vollkommenes, so doch für das Studium in allen Hauptsachen verwerthbares Skelet herstellen liess.

Da die vor der Vorpommerischen Küste sich hinziehende Sandbank „der Bock" gerade gegenüber der Oeffnung des Sundes in die Ostsee gelegen ist, so wird der Eintritt auch dieses Exemplares durch den Sund kaum zweifelhaft sein können. Dasselbe hat seinen Vorgänger, den Nilsson'schen Entenwal, indessen ziemlich weit, um mehr als zwanzig geographische Meilen überholt und scheint demnach das am weitesten nach Süden und zugleich nach Osten[1]) vorgedrungene zu sein. Freilich hätte es, wenn ihm jene Untiefe

[1]) An der Westküste Europas sind Exemplare des Entenwales wiederholt zugleich weiter nach Süden vorgedrungen, wie die an der Küste der Normandie und des Departements Calvados gestrandeten, von Baussard, Deslongchamps und Duvernoy theils erwähnten, theils eingehender beschriebenen Exemplare beweisen. Der südlichste bis jetzt bekannt gewordene Punkt ist die in Bezug auf die künstliche Austernzucht vielgenannte Bay von Arcachon (44° 40′ n. Br.), für welche die Strandung eines Entenwales im Jahre 1810 (October) erwähnt wird. Wenigstens beziehen sowohl Eschricht (a. a. O., p. 23) wie Fréd. Cuvier (Hist. nat. des Cétacés, p. 237) den nach letzterem Autor nur 22 Fuss und 8 Zoll (nicht, wie Gervais, Ostéographie des Cétacés, p. 358, angiebt: 50 Fuss) in der Länge messenden Wal, und offenbar mit gutem Grunde, auf den Hyperoodon rostratus. Dagegen ist das Erscheinen dieser Art im Mittelmeer bisher durch Nichts verbürgt, denn der von Doumet (Revue zoologique, 1842, p. 207) als an der Küste Corsicas gestrandet erwähnte „Hyperoodon" gehört sowohl nach Duvernoy wie nach Gervais dieser Gattung überhaupt nicht, sondern dem Ziphius cavirostris Cuv., Gerv. (Hyperoodon Gervaisi Duv.) an.

nicht verhängnissvoll geworden wäre, seinen sich von dem ursprünglichen Wohngebiet weit entfernenden Streifzug ebenso leicht sehr viel weiter nach Osten ausdehnen können, wie die wiederholt in der Ostsee erschienenen Finnwale, deren letzter: Balaenoptera musculus[1]), im August des Jahres 1874 auf der Danziger Rhede erbeutet wurde, nachdem er seine Wanderung zuvor bis nach Pillau und selbst bis an die Kurische Nehrung (38° östl. Länge) fortgesetzt hatte.

Skelete des Entenwales gehören seit vierzig bis fünfzig Jahren in den zootomischen Sammlungen aller mit ausgedehnten Meeresküsten versehener nord- und mitteleuropäischer Staaten, wie die Durchsicht der Literatur erweist, keineswegs zu den Seltenheiten: diejenigen Englands, der Niederlande, Skandinaviens und Dänemarks sind selbst relativ reich mit solchen ausgestattet. Dagegen fehlen sie in den deutschen Museen fast ganz: ein Umstand, der schon für sich allein, auch abgesehen von dem Interesse, welches sich an den Besitz grösserer und merkwürdiger Cetaceen-Skelete knüpft, massgebend sein musste, dem Greifswalder Zoologischen Institut ein sich so unmittelbar darbietendes zu verschaffen. Es lag dabei zunächst die Absicht ganz fern, dieses Skelet zum Gegenstand einer Veröffentlichung zu machen, da die sehr umfangreiche, den Entenwal behandelnde Literatur voraussetzen liess, dass sein ebenso massiges, wie auffallend gebildetes Skelet kaum irgend etwas Nennenswerthes, was den früheren Bearbeitern entgangen sein könnte, darbieten dürfte. Das speciellere Studium desselben unter Heranziehung der darüber publicirten Arbeiten hat aber das gerade Gegentheil von dieser Voraussetzung ergeben. Es erwies sich alsbald, dass gerade dieses in morphologischer Beziehung überaus lehrreiche und interessante Skelet durchaus obenhin betrachtet und beschrieben worden war und dass die Autoren sich dabei ebensowohl der auffallendsten Irrthümer schuldig gemacht wie sich über die bemerkenswerthesten Eigenthümlichkeiten in Stillschweigen gehüllt hatten. Ganz vorwiegend gilt dies von der Wirbelsäule, an welcher trotz ihrer wiederholten Beschreibung durch (Cuvier[2]), Wesmael[3]), Schlegel[4]), Duvernoy[5]), Vrolik[6]), Nilsson[7]), Flower[8]) und Gervais[9]) bisher kaum mehr als die gröbsten Umrisse zur Sprache gebracht worden sind: weniger im Allgemeinen vom Schädel, dessen Eigenthümlichkeiten in ungleich erfolgreicherer Weise die Untersuchungen Cuvier's, Eschricht's[10]), Vrolik's und Gervais' zu erläutern bestrebt

[1]) G. Zaddach, Beschreibung eines Finnwales (Balaenoptera musculus Camp.) in: Archiv für Naturgeschichte XLI. Bd., 1. Abth., p. 338 ff., Taf. X.

[2]) G. Cuvier, Recherches sur les ossemens fossiles, 4. édit., VIII. 2. (1836): Ostéologie, p. 185—189. — Reproducirt in: Fréd. Cuvier, De l'histoire naturelle des Cétacés (Paris 1836, 8°), p. 219—231.

[3]) C. Wesmael, Notice zoologique sur un Hypéroodon (Nouveaux mémoires de l'académie de Bruxelles, XIII 1841).

[4]) H. Schlegel, Abhandlungen aus dem Gebiete der Zoologie und vergleichenden Anatomie, 1. Heft (Leiden 1841 4°), p. 29.

[5]) Duvernoy, Mémoire sur les caractères ostéologiques des genres nouveaux ou des espèces nouvelles de Cétacés vivants ou fossiles (Annales des sciences naturelles, 3. sér. XV: Zoologie, 1851, p. 2—71, pl. 1 et 2), p. 23 u. 17 ff.

[6]) Vrolik, W., Natuur- en ontleedkundige Beschouwing van den Hyperoodon in: Natuurkundige Verhandelingen van de Hollandsche Maatschappij der Wetenschappen te Haarlem. 2. Verz., Deel V. 1. stuck, 1848, 4°. Mit 15 Taf.

[7]) S. Nilsson, Skandinavisk Fauna I. Däggdjuren (Lund 1847), p. 625.

[8]) W. H. Flower, Notes on the skeletons of Wales (Proceed. zoolog. soc. of London 1864, p. 384 ff.) — An Introduction to the osteology of the Mammalia. 3. edit. (London 1885).

[9]) van Beneden et P. Gervais, Ostéographie des Cétacés vivants et fossiles (Paris 1880), p. 361—373.

[10]) a. a. O., p. 43—46: „Zur Osteologie des Entenwales."

gewesen sind, wiewohl sich auch für ihn ergänzende und berichtigende Bemerkungen beizubringen mehrfach Anlass fand.

Unter diesen Umständen und bei der sich immer mehr befestigenden Erkenntniss so mancher hier noch zu beseitigender Mängel und Lücken haben sich die zunächst behufs meiner persönlichen Belehrung über den Gegenstand niedergeschriebenen Notizen allmählich zu einer monographischen Behandlung des Hyperoodon-Skeletes ausgestaltet, allerdings unter fast ausschliesslicher Beschränkung auf den Achsentheil desselben (Schädel und Wirbelsäule nebst ihren Anhängen). Während bei dem Schädel vorwiegend nur descriptiv, wiewohl nicht ohne wiederholte morphologische Hinweise, vorgegangen werden konnte, ist dagegen die hierzu ganz unwillkürlich auffordernde Wirbelsäule einer fast ausschliesslich morphologischen Betrachtung unterzogen worden. Die dabei, zum Theil unter Heranziehung anderweitiger Cetaceen-Skelete, gewonnenen Resultate erwiesen sich aber zum Theil als von so fundamentaler morphologischer Bedeutung, dass es nicht wohl zu umgehen war, sie mit den an der Wirbelsäule der übrigen Säugethier-Gruppen und der höheren Wirbelthiere (von den Amphibien an aufwärts) überhaupt gemachten Befunden in Vergleich zu stellen, um auf diese Art zu einem generellen Urtheil über die morphologische Bedeutung der paarigen Wirbelfortsätze, ihr Verhältniss zu Rippenbildungen u. s. w. zu gelangen. Mag in dem über diese ungemein complicirten und schwierigen Verhältnisse Beigebrachten unzweifelhaft das Eine oder Andere einer Berichtigung oder Einschränkung bedürfen, so wird es andererseits vielleicht auch nicht ganz neuer Gesichtspunkte entbehren und zur Klärung und weiteren Erledigung vieler noch bestehender Zweifel beizutragen und anzuregen geeignet befunden werden.

So viel zur Erläuterung der Anlässe, welchen die nachfolgenden Mittheilungen ihre Entstehung verdanken. Ich gehe nun zunächst zu einer Schilderung des Hyperoodon-Skeletes über.

Der Schädel.

Der Schädel, welcher neben den minder gelungenen älteren Wiedergaben durch CAMPER[1]) und G. CUVIER[2]) wiederholt und zwar am besten von PANDER und D'ALTON[3]), VROLIK[4]) und GERVAIS[5]) dargestellt worden ist, zeichnet sich in noch ungleich höherem Grade, als es bei den Delphinoiden (Odontoceten) schon ohnehin der Fall ist, durch das Missverhältniss aus, in welchem der Kiefergaumen-Apparat zu der Schädelkapsel steht. Ersterer überwiegt bei Hyperoodon in seiner Längsausdehnung derart, dass der Oberkiefer incl. des ihn an seinem vorderen Ende überragenden Zwischenkiefers, bis zu seinem aufgekrümmten Hinterrande gemessen, der gesammten Schädellänge nur um ein Geringes nachsteht, nämlich bei 1,34 m Schädel- und 1,265 m Kieferlänge um 75 mm. Dies verschwindend geringe Plus der gesammten Schädellänge dem Kiefer gegenüber fällt überdies fast nur auf die aus der sonst senkrecht abfallenden Hinterhauptsschuppe nach hinten heraustretenden Condyli occipitales, da die sich zwischen den hinteren Maxillarrand und die Squama occipitis als ganz schmaler Streif hindurchdrängenden Frontalia nur 12—15 mm in der Längsrichtung messen. Mit dem Mangel einer hinteren Hervorwölbung des Os occipitis, wie sie bei den normaler gebildeten Delphinoiden-Gattungen (Delphinus, Phocaena, Thursiops, Lagenorhynchus u. A.) noch sehr deutlich hervortritt, steht auch die sehr geringe Weite der Gehirnhöhle von Hyperoodon in Verbindung. Bei 24,5 cm grösstem Querdurchmesser misst dieselbe in der Längsrichtung nur circa 17 cm, entspricht also nur etwa einem Achtel der gesammten Schädellänge, während sie z. B. bei Delphinus delphis Lin. trotz des relativ ungleich längeren Schnabels fast einem Viertheil dieser gleichkommt. Im Uebrigen beruht das charakteristische Gepräge des Hyperoodon-Schädels nicht nur auf dem von allen Autoren übereinstimmend hervorgehobenen gewaltigen Ansteigen der Maxillen oberhalb des Orbitalrandes der Stirnbeine — und zwar bis zu einer Höhe von 49 cm vom Unterrande der Maxille aus gemessen —, sondern auch auf der nicht minder auffälligen tiefen, muschelförmigen Einsenkung des hintersten, abermals hoch und senkrecht aufsteigenden Theiles der Oberkiefer, sowie auf der schon von ESCHRICHT[6]) betonten ungewöhnlichen Grössenentwickelung der tief herabsteigenden und äusserst massiven Flügelbeine (Ossa pterygoidea), welche hier eine

[1]) Observations anatomiques sur le squelette de plusieurs espèces de Cétacés (Paris 1820, pl.

[2]) Recherches sur les ossemens fossiles, pl. 225, fig. 20.

[3]) Skelete der Cetaceen (Bonn 1827). Taf. V u. VI.

[4]) Natuur- en ontleedkundige Beschouwing van den Hyperoodon (Haarlem 1848), pl. V.

[5]) Ostéographie des Cétacés, pl. XVIII. fig. 11 u. pl. XIX. fig. 1 u. 4.

[6]) Zoologisch-anatomisch-physiologische Untersuchungen über die nordischen Wallthiere, S. 43.

solche Ausdehnung annehmen, dass sie die Pars horizontalis und perpendicularis der Ossa palatina vollständig auseinanderdrängen und als zwei äusserlich selbständige Knochen jederseits erscheinen lassen. Endlich kann als der Mehrzahl der Delphinoiden-Gattungen gegenüber charakteristisch auch die starke Ausbildung der Pars orbitalis der Stirnbeine hervorgehoben werden, welche sich bei Hyperoodon nicht auf einen schmalen Aussensaum der im Bereich ihres hinteren Theiles stark flächenhaft entwickelten Maxille nach Art von Phocaena, Delphinus u. A. beschränkt, sondern über den Aussenrand dieser in sehr beträchtlicher Breite — vorn 11, hinten 17 cm — hervortritt, um in einen stark bogig gerundeten und wulstig verdickten Margo supraorbitalis zu endigen. Die scharfe Formausprägung des letzteren wird daher selbst den mit der Schädelbildung der Cetaceen weniger Vertrauten nicht einen Augenblick über die Lage des Auges in Ungewissheit lassen. Am hinteren Ende dieser Partes orbitales erreicht der Hyperoodon-Schädel seine grösste Breite von 83 cm, während er sich gegen die Processus jugulares occipitis hin wieder bis auf 64 cm verschmälert.

Die nach dem ersten Hinweis J. F. Meckel's[1]) am Cetaceen-Schädel ganz allgemein in der Gegend der Nasenöffnung bemerkbaren Asymmetrieen treten am Hyperoodon-Schädel noch in ungleich auffallenderer Weise als nach den Abbildungen Gervais'[2]) bei Physeter und Ziphius hervor und erstrecken sich wie bei diesen auffallend weit nach vorn, beschränken sich übrigens allein auf die Oberseite, während der Schädelgrund einschliesslich des basalen Kiefertheiles eine völlige Symmetrie erkennen lässt. Die Maxillen zeigen bereits im Bereich ihres vorderen, schnabelartig verjüngten Endes — von welchem an dem mir vorliegenden Schädel die Spitze bis auf etwa 18 cm Länge gekappt worden ist — eine deutlich in die Augen springende Asymmetrie darin, dass sie die Ossa incisiva in verschiedener Höhe umfassen. Während das rechte Os incisivum mit seinem Aussenrande völlig frei-, und in Folge dessen der rechtsseitigen Maxille aufliegt, wird das linke bis zur Höhe von etwa 1 cm durch die Maxille umfasst, d. h. letztere steigt an der Aussenwand des Os incisivum empor. Noch stärker wird die Differenz im Bereich des hohen Supraorbitalkammes beider Oberkiefer. Derjenige des linken fällt nach innen, gegen das Os incisivum hin, im Ganzen fast senkrecht ab, neigt sich indessen mit seinem Gipfel deutlich einwärts und lässt auch unterhalb eine deutliche bauchige Hervorwölbung erkennen. Rechterseits dagegen steigt der Kamm von der durch die Ossa incisiva gebildeten Rinne nicht durchaus senkrecht, sondern mit deutlicher Neigung nach aussen auf und entbehrt ebensowohl einer unteren Ausbauchung wie des überhangenden Gipfels. Ferner ist nicht nur seine Höhe, sondern auch sein Längsdurchmesser beträchtlicher als an der linken Maxille. Endlich zeigt sich auch sein hinterer Absturz gegen den muschelartig vertieften Theil deutlich jäher als linkerseits, wo sich der Kamm in regelmässig geschwungener Linie ganz allmählich abwärts senkt. Den höchsten Grad der Asymmetrie lässt aber der muldenförmig vertiefte hinterste Theil der beiden Maxillen, und zwar besonders im Bereich seines obersten, ohrmuschelförmig gekrümmten Abschnittes erkennen, indem die Aushöhlung desselben rechterseits eine um etwa 2 cm bedeutendere Tiefe zeigt.

[1]) Anatomisch-physiologische Beobachtungen, 1822, S. 259—271. — System der vergleich. Anatomie, II, 2., 1825, S. 386 ff.

[2]) Ostéographie des Cétacés, pl. XIX, XXI u. XXI bis.

An den Ossa incisiva beginnt die Asymmetrie, abgesehen von ihrer bereits erwähnten ungleichartigen Umfassung durch die Maxillen, erst weiter nach hinten als an diesen, entfaltet sich dafür aber hinterwärts um so ausgiebiger. Die zwischen den Innenrändern der beiden Incisiva befindliche, durch den vorderen knorpeligen Theil der Lamina perpendicularis des Siebbeines ausgefüllte, schmale Lücke, welche vorn geradlinig verlaufen ist, beginnt zwischen den beiden aufsteigenden Supraorbitalkämmen deutlich nach rechts zu divergiren, indem sie zugleich an Weite allmählich zunimmt. Dagegen schwenkt sie von derjenigen Stelle an, wo die Ossa incisiva ihre vordere Abplattung und ihre horizontale Lage mit einer Verdickung und einer senkrechten Erhebung vertauschen, stark nach links[1]) ab. Diese Abschwenkung von der Medianlinie wird gegen den Vorderrand der Nasenöffnung hin eine so starke, dass der hinterste horizontal verlaufende Theil des rechten Os incisivum $3^1/_2$ mal so breit ist als derjenige des linken. Auch liegt es bei dieser Diversion der interincisiven Lücke auf der Hand, dass der an dieser Stelle aus ihr kammartig heraustretende verknöcherte Theil der Lamina perpendicularis des Siebbeines stark nach der linken Seite hin abgelenkt wird und in eine völlig schiefe Lage zu ihrem hintersten Theil, welcher in Form eines Kammes sich von der (undurchbohrten) Lamina cribrosa erhebt und wieder nahezu in der Mittellinie verläuft, geräth. Den höchsten Grad der Asymmetrie erreichen die Ossa incisiva in ihrem hintersten, senkrecht aufsteigenden und stark knorrig verdickten Theil, welcher von VROLIK[2]) in seiner Seitenansicht des Schädels irriger Weise als Nasenbein („Neusbeen") mit dem Buchstaben n bezeichnet wird. Diese knorrige obere Auftreibung ist an dem rechten Os incisivum fast doppelt so massig als an dem linken, an jenem etwa 15, an diesem nur etwa 9 cm in der Querrichtung messend; auch zeigt die rechte auf ihrer Oberfläche tiefe, rinnenförmige Einsenkungen, welche der linken so gut wie ganz fehlen.

An der Asymmetrie nehmen, wie ganz allgemein, auch die Ossa nasalia des Hyperoodon-Schädels Theil. Da sie sich den oben erwähnten Knorren der Ossa incisiva eng anpassen, d. h. sich ihrer der Medianlinie zugewendeten Aushöhlung einlegen, so lassen auch sie einen jenen entsprechenden Grössenunterschied erkennen: das rechte Os nasale übertrifft das linke reichlich um die Hälfte seiner Breite.

Endlich wäre einer deutlichen, wenn auch nicht gerade besonders auffälligen Asymmetrie an der Squama occipitis Erwähnung zu thun. Dieselbe verhält sich an dem hier in Rede stehenden Schädel etwas anders, als sie in der Abbildung von PANDER und D'ALTON, Taf. V, Fig. cc, hervortritt. Während hier die linke Seite der Hinterhauptsschuppe gewölbt (buckelig), die rechte vertieft erscheint, zeigt in unserem Fall nur eine vom oberen Rande des Foramen magnum aufsteigende, breit furchenartige Einsenkung einen schräg von unten und links nach oben und rechts gerichteten Verlauf. Im Zusammenhang hiermit ist der obere Theil der Squama linkerseits leicht gewölbt, rechterseits abgeflacht.

[1]) Diese auch von GERVAIS (a. a. O., pl. XIX, fig. 1) dargestellte Diversion nach links ist wohl constant. Das entgegengesetzte Verhalten in PANDER und D'ALTON's mustergültigem Werke über die Skelete der Säugethiere (Cetaceen, Taf. V, Fig. c) beruht wohl nur auf einem Versehen des Kupferstechers, welcher die Zeichnung vermuthlich ungewendet auf die Platte übertragen hat.

[2]) Natuur- en ontleedkundige Beschouwing van den Hyperoodon (Haarlem 1848), pl. V. — Die wahren Nasenbeine sind in der VROLIK'schen Figur, wenn ich dieselbe recht verstehe, mit o bezeichnet und als Theile des Stirnbeins gedeutet.

Die Schädelkapsel.

Unter den das Cavum cranii zusammensetzenden Knochen ist, wie gewöhnlich bei den Cetaceen, auch bei Hyperoodon das Hinterhauptsbein der am mächtigsten entwickelte. Es misst in seiner Gesammthöhe 58, bei seiner grössten Breite 64 cm. Da die hintere Wand der Schädelkapsel und mit ihr die beiden Condyli occipitales bis auf die untere Hälfte des linken mittels einer Axt weggehauen sind, so lässt sich über diese und das Foramen magnum nichts mittheilen. Die beiden bis zu einer Tiefe von 11 cm unter die Pars basilaris herabsteigenden, dicken seitlichen Knorren, welche sich nach vorn und oben unter deutlichen Nähten mit dem Schläfenbein verbinden, können ohne weiteres als Processus jugulares s. paramastoidei in Anspruch genommen werden. Dieselben sind durch eine tiefe, sich von der Unterseite auf die Hinterfläche fortsetzende Spalte (Fissura spheno-occipitalis) — bei PANDER und D'ALTON, Taf. V, Fig. cc, sehr gut dargestellt — von den an ihrer Innenseite liegenden, gleichfalls tief herabsteigenden Seitentheilen des Basisphenoid, welches sonst mit dem Occipitale basilare fest verschmolzen ist, getrennt. Die beiderseits fast senkrecht aufsteigende, in der Mitte dagegen tief ausgehöhlte und von der geraden (verticalen) Linie um 15 cm nach vorn ablenkende Hinterhauptsschuppe zeigt an ihrer dem Gehirn zugewendeten Innenfläche einen von oben und vorn schräg nach unten und hinten herabsteigenden, median verlaufenden, scharfen Knochenkamm, welcher augenscheinlich sich zwischen die Hemisphären des Grosshirnes einsenkt und daher als eine Falx cerebri ossea bezeichnet werden kann.

Die Ossa parietalia, am fötalen Hyperoodon-Schädel nach GERVAIS' Darstellung (Ostéographie, pl. XLIII, fig. 1) in ihrer ganzen Ausdehnung bis zur Sutura sagittalis freiliegend und nach seiner Angabe durch ein Os interparietale getrennt, erscheinen am alten Schädel vom Fornix cranii so gut wie ganz ausgeschlossen. Sie beschränken sich auf die tiefe, zwischen dem jederseitigen Frontale und Temporale gelegene und hinterwärts vom Occipitale abgegrenzte Einsenkung, deren furchenartig vertieften Grund sie zugleich mit einem Theil ihrer oberen und unteren Wand bilden. Die stark zackigen Nähte, welche diese tief eingesenkten, kleinen Parietalia gegen die Frontalia und Temporalia abgrenzen, sind auch am ausgewachsenen Hyperoodon-Schädel noch völlig offen, während die Occipitalnaht stark verstrichen und kaum noch ihrem Verlauf nach erkennbar ist. Ganz besonders deutlich treten die Nähte, unter welchen die Parietalia an die Temporalia, Frontalia und an die Alae magnae sphenoid. stossen, an der glatteren Innenseite der Schädelkapsel hervor; dagegen ist hier ihre obere Grenze nicht mehr deutlich zu erkennen.

Die Stirnbeine zeigen der Hauptsache nach das bei den Delphinoiden bekannte Verhalten, nur dass sie dem hohen Ansteigen des muldenförmig vertieften hinteren Theiles der Maxillen entsprechend, auch ihrerseits im Bereich ihrer hintersten als schmaler, wulstiger Knochenstreif zu Tage tretenden Partie sich stark in die Höhe richten, hier die Squama occipitis in der Richtung nach vorn säumend. Im Bereich der völlig verstrichenen Sutura frontalis sind sie nicht, wie bei Phocaena, schneppenartig vorgezogen, sondern mehr nach Art von Delphinus zu einer quer verlaufenden Leiste vereinigt. Gegen die Parietalia hin senken sie sich in schräger Richtung, um hier das obere Dach der Schläfengrube zu bilden, und nehmen noch weiter nach vorn eine fast horizontale Stellung ein, indem sie ihre

Oberfläche fast direkt nach unten wenden. Die vordere Fortsetzung dieses Theiles bildet dann die in ihren Eigenthümlichkeiten bereits geschilderte Pars orbitalis, für welche noch hervorgehoben zu werden verdient, dass sie sich über den weit nach vorn hervorgezogenen Processus jugalis (zygomaticus) temporum mit einem tief herabsteigenden, dicken und knorrigen Processus postorbitalis gleich einer Kappe hinüberlegt. Der zwischen beiden frei bleibende, muschelförmig gekrümmte Raum zeigt nur die geringe Weite von 5 mm im Querdurchmesser.

Das mit der Pars basilaris occipitis fest verschmolzene Os sphenoides posterius zeigt bei Hyperoodon dieselbe auffallend grosse Flächenentwickelung auf der an der Basis cranii freiliegenden Unterseite wie bei den Delphinoiden im Allgemeinen, zeichnet sich aber nicht nur durch das besonders tiefe Herabsteigen, sondern auch durch die Massivität seiner beiden schräg nach unten gerichteten Seitentheile aus. (Vgl. Pander und d'Alton, Skelete der Cetaceen, Taf. V, Fig. cc.) Erstere Eigenthümlichkeit betreffend, so reichen diese beiden abwärts gekrümmten Seitenflügel noch beträchtlich unter die an ihrer Aussenseite liegenden Processus jugulares occipitis herab. Im Gegensatz zu ihrer bei den gewöhnlichen Delphinformen (Delphinus, Phocaena, Lagenorhynchus) lamellösen Dünnheit erreichen sie bei Hyperoodon die gewaltige Dicke von 7 bis 8 cm. Der im Verhältniss zu ihrer grossen Breite schmale, horizontal gelegene Mitteltheil des Basisphenoid wird auch hier an seinem Vorderrande durch die stark ausgebreiteten Alae vomeris von unten her gedeckt.[1]) An der Innenfläche des Cavum cranii ist der Körper des hinteren Keilbeines mit demjenigen des vorderen fest, ohne erkennbare Naht, verschmolzen; doch ist seine vordere Grenze durch eine sich in der Mitte breit zahnartig erhebende, scharfe Querleiste, eine Art Sattellehne bezeichnet. Beiderseits von derselben und zugleich nach innen von dem später zu erwähnenden Foramen ovale (Foramen lacerum anterius nach Gervais) mündet — links mit rundlicher und weiterer, rechts mit spaltförmiger und engerer Oeffnung — ein in der Substanz des Keilbeinkörpers verlaufender Canal aus, welcher sich nach 13 cm langem, gekrümmtem Verlauf an der Aussenseite des Schädels mit einem nur mässig grossen, rundlichen Loch nahe dem unteren Rande der breiteren unteren Wurzel des Os pterygoides, vor ihrem sich gegen das Os petrosum hin wendenden Ausläufer öffnet. Dieser dem Foramen rotundum des normalen Säugethier- (und menschlichen) Schädels entsprechende Canal kann offenbar nur dem zweiten Ast (Ram. supramaxillaris) des Nervus trigeminus zum Durchtritt dienen. Wenn Gervais (a. a. O., p. 368) die in der Hirnhöhle liegende Oeffnung desselben als Foramen ovale bezeichnet, so ist dagegen ebensowohl ihre mehr der Medianlinie genäherte Lage im Vergleich mit dem wirklichen, mehr nach aussen und hinten gelegenen Foramen ovale, wie die Stelle der Ausmündung des ihr entsprechenden Canals in der Gaumengegend — gleichfalls beträchtlich weiter nach vorn als diejenige des letzteren — geltend zu machen.

[1]) Dass diese Alae vomeris nicht, wie dies Münter (Ueber Lagenorhynchus albirostris, S. 27) für genannte Gattung angiebt, der Pars basilaris occipitis aufliegen, kann als selbstverständlich gelten; denn es würden sonst die Keilbeine, deren Münter freilich mit keiner Silbe erwähnt und welche er, wie aus seiner Deutung der Ossa pterygoidea als Ossa palatina hervorgeht, überhaupt ganz übersehen hat, vollständig fehlen. Die Betrachtung des seiner Darstellung zu Grunde gelegten Lagenorhynchus-Schädels ergiebt zur Evidenz, dass er das mit dem Occipitale basilare fest verschmolzene Keilbein für ersteres angesehen hat. — In den gleichen Irrthum einer Anfügung des Vomer an die Pars basilaris occipitis ist für Hyperoodon übrigens auch Vrolik (a. a. O., p. 26) verfallen; auch er hat das verschmolzene Basisphenoid völlig ausser Betracht gelassen, wie dies schon aus seiner Darstellung der Schädelbasis und der Bezeichnung der an derselben liegenden Knochen (pl. VII, fig. 10) zu entnehmen ist.

Durch die selbstständige Ausbildung dieses einem Foramen rotundum entsprechenden Canales tritt die Gattung Hyperoodon in eine Art Gegensatz zu den mit dünnen Schädelwandungen versehenen Delphinoiden-Gattungen (Delphinus, Phocaena, Globiocephalus, Lagenorhynchus), welche das Foramen rotundum nicht selbständig, sondern mit der Fissura sphenoidalis vereinigt zeigen[1]), und weicht dem entsprechend von jenen auch darin ab, dass letztere Oeffnung nicht, wie bei Phocaena nach von Rapp[2]) die beiden ersten Aeste des Trigeminus, sondern nur den ersten (Ramus ophthalmicus) heraustreten lässt.

Die Flügel des hinteren Keilbeines, welche ebensowohl ausserhalb — und zwar mit ihrer unteren Fläche zwischen die Ossa temporum und Ossa pterygoidea eingeklemmt, mit ihrer oberen in der Schläfengrube zwischen Stirn-, Scheitel- und Schläfenbein liegend — wie an der Innenfläche der Gehirnhöhle frei hervortreten und durch offene Nähte abgegrenzt sind, erscheinen besonders innerhalb von geringer Flächenentwickelung und im Bereich ihrer oberen, den Parietalia zugewendeten flügelartigen Erweiterung deutlich zweilappig. Nahe dem Hinterrande der Alae magnae mündet nach hinten und einwärts von der Fissura sphenoidalis ein 17 cm langer Canal in die Schädelhöhle ein, dessen äussere spaltförmige Oeffnung oberhalb des Os petrosum, zwischen dem unteren Rande der Ala magna und dem Hinterrande der unteren Wurzel des Os pterygoides gelegen ist, sich hier also als eine Fissura spheno-pterygoidea darstellt. Die von Gervais (a. a. O., p. 368) als Foramen lacerum anterius bezeichnete innere Oeffnung dieses Canals kann ihrer Lage nach (aussen und mehr nach hinten vom Foramen rotundum) nur das Foramen ovale des normalen Säugethierschädels sein und würde demnach dem dritten Ast (Ram. inframaxillaris) des Trigeminus zum Austritt dienen. Für diese Auffassung spricht, entgegengesetzt der Gervais'schen, ganz abgesehen von der Lage der Aussenmündung des ihr entsprechenden Canals auch der Umstand, dass innerhalb der Schädelhöhle sich hinter dem Foramen ovale jederseits, durch eine Knochenleiste von ihm getrennt, noch eine kleine Oeffnung, das sogenannte Foramen spinosum s. rotundum minus[3]) vorfindet, welches in einen engen, nur 2 mm im Lumen haltenden Canal führt. Letzterer senkt sich nach 4 cm langem Verlauf in die untere Wand des dem Foramen ovale entsprechenden Canales ein, um vermuthlich auch hier der Arteria meningea media zum Durchtritt zu dienen.

Nach der im Vorstehenden gekennzeichneten Lage der die Alae magnae durchsetzenden Oeffnungen und der in ihrem Anschluss sich befindenden Knochencanäle würde man

[1]) Die von Flower (An Introduction to the osteology of the Mammalia, 3. edit., London 1885, p. 216) für Globiocephalus gemachte Angabe: „The alisphenoid is not perforated, the foramen rotundum being confluent with the large sphenoidal fissure" trifft in der That auch für Delphinus, Phocaena und Lagenorhynchus zu. Dagegen ist Huxley's (Anatomy of vertebrated animals, p. 405) auf Phocaena bezüglicher Ausspruch: „Only two pair of foramina are visible in the base of the skull" weder für diese, noch für die übrigen genannten Gattungen genau richtig. Auch bei Phocaena ist an sorgsam präparirten (intakten) Schädeln das der Fissura supraorbitalis dicht benachbarte Foramen opticum durch eine schmale Knochenbrücke von derselben getrennt, während bei Delphinus diese Trennung allerdings eine ungleich solidere und räumlich ausgedehntere ist. Es hat demnach Flower's (a. a. O., p. 210) auf Globiocephalus bezügliche Angabe: „The optic nerv passes out through a foramen in the hinder border of the orbitosphenoid" auch für Phocaena Gültigkeit und zwar im Gegensatz zu Huxley, welcher den Nervus opticus durch dieselbe Oeffnung wie den N. oculimotorius, trochlearis und abducens in die Orbita treten lässt.

[2]) Die Cetaceen zoologisch-anatomisch dargestellt (Tübingen 1837), S. 119 ff.

[3]) Gervais (Ostéographie des Cétacés, pl. XIX, fig. 3) hat diese und die übrigen in die Schädelhöhle einmündenden Oeffnungen in ihrer gegenseitigen Lage mehr schematisch als naturgetreu abgebildet.

sich das Verhalten des Nervus trigeminus innerhalb der Schädelhöhle unter Mitberücksichtigung der auf dem Grunde der letzteren sichtbaren Eindrücke in folgender Weise construiren können — ein Versuch, welcher ohne direkte Kenntniss des Gehirns selbstverständlich nur den Werth einer Hypothese beanspruchen kann. Eine jederseits hinter der Sattellehne nahe der Medianlinie beginnende seichte Furche zieht auf dem Basisphenoid in der Richtung nach aussen, um von diesem, sich schräg nach vorn wendend, auf die Ala magna überzugehen. Im Bereich der letzteren sehr viel tiefer, fast röhrenförmig werdend, gabelt sie sich in zwei Canäle, von denen der nach abwärts steigende hintere dem Foramen ovale, der mehr aufwärts verlaufende vordere der Fissura sphenoidalis entspricht. Zu dem vor der queren Furche gelegenen Foramen rotundum zweigt sich zwar keine deutliche Seitenfurche ab; indessen ist der zwischen beiden liegende Wulst so niedrig und abgerundet, dass er für einen über ihn hinweglaufenden Nervenast keinerlei Hinderniss bieten dürfte. Es scheint nun, nach der Ursprungsstelle des Trigeminus vom Gehirn zu urtheilen, kaum einem Zweifel unterliegen zu können, dass dieser Nerv sich zunächst in toto der queren Furche des Basisphenoid einlegt, indessen schon nach kurzem Verlauf den Ramus supramaxillaris gegen das Foramen rotundum hin abgiebt. Dagegen würden der erste und dritte Ast noch auf eine längere Strecke hin gemeinsam in der schrägen Furche der Ala magna verlaufen, um sich erst bei dem Beginn der beiden aus ihr hervorgehenden Canäle von einander zu trennen.

Das Os sphenoides anterius liegt an der Basis cranii wegen seiner ausgedehnten Bedeckung durch die grossen Alae vomeris nur ganz seitlich und in geringer Breite frei und stösst hier an den hinteren Keilbeinkörper unter einer offen bleibenden Naht. An der Innenfläche der Gehirnhöhle in weiterer Ausdehnung freiliegend, verschmilzt es hier, wie bereits erwähnt, fest mit dem Corpus sphenoid. poster., ist dagegen an seinem vordersten, schräg aufsteigenden Theil wenigstens noch durch eine undeutliche Naht von dem Os ethmoides geschieden. Die Alae minores liegen ausserhalb, wo sie einen Theil der Unterseite des Pars orbitalis oss. frontis decken und nach unten an die obere Wurzel der Ossa pterygoidea stossen, in grösserer Ausdehnung als innerhalb der Gehirnhöhle frei. Das hier zwischen ihren beiden Wurzeln liegende Foramen opticum führt in einen zum Durchtritt des Sehnerven dienenden Canal, welcher von seinem Beginn innerhalb der Gehirnhöhle bis zu seiner Oeffnung in die Orbita die ansehnliche Länge von 17 cm hat. Dieser bei seinem Hervorgehen aus der Schädelhöhle 17 mm weite Canal verjüngt sich allmählich bis auf 6 mm im Lumen. Ein zweiter unmittelbar an seiner Aussenseite in die Schädelhöhle auf der Grenze vom vorderen und hinteren Keilbeinflügel mit der Fissura sphenoidalis s. orbitalis superior einmündender Canal zeigt bei gleicher Länge ein ungleich beträchtlicheres Lumen, besonders im Höhendurchmesser, welcher den queren etwa um die Hälfte übertrifft. Beide Canäle münden unter dem frei liegenden Theil der Alae minores mit einer gemeinsamen, grossen, trichterförmigen Oeffnung in der Tiefe der oberen Orbitalwand aus, sind aber sonst durch eine Knochenwand vollständig von einander geschieden.

An den Schläfenbeinen erscheint der Schuppentheil von relativ geringer, der Processus jugalis (zygomaticus) von um so massigerer Entwickelung. Die Squama temporum bildet, im äusseren Anschluss an das jederseitige Os parietale und den Flügel des hinteren

Keilbeines, den Grund und die Hinterwand der Schläfengrube, indem sie vorn horizontal verläuft, hinterwärts dagegen stark gegen die Squama occipitis hin ansteigt. In der Richtung nach aussen erhebt sie sich in Form eines hohen, wallartigen Wulstes, von welchem das Schläfenbein fast senkrecht mit ebener Aussenfläche abfällt. Dieser unter offener Naht an den Processus jugularis occipitis grenzende absteigende hintere Theil schwillt an seinem unteren Ende und besonders an seiner Innenseite zu einem dicken, zitzenförmigen Knorren an, welcher in Gemeinschaft mit dem Processus jugularis eine überaus massige Pars mastoidea — freilich nicht im Sinne der Anthropotomie — formirt. Aus seiner nach vorn und innen gerichteten Fläche geht, durch eine tiefe Furche von seinem Vorderrande geschieden, der gleichfalls ungemein kräftige Processus jugalis hervor, um unter allmählicher Verjüngung die Richtung nach vorn und aussen einzuschlagen. An seinem vordersten Ende wird derselbe, wie bereits erwähnt, durch den tief herabsteigenden Processus postorbitalis des Stirnbeines kappenförmig überdacht, während er an seiner Innenfläche einen Knorren zur gelenkigen Einfügung des Os jugale aus sich hervortreten lässt. Im unmittelbaren hinteren Anschluss an diesen Knorren ist die Innenseite des Processus jugalis zu einer flachen und weiten Fossa glenoidalis muldenförmig vertieft, weiter nach innen von dieser aber stark muschelförmig ausgehöhlt.

Das mit einem nach aussen gerichteten, platten, schuppenförmigen Fortsatz versehene Os tympanicum, von Gervais (Ostéographie, pl. XIX, fig. 2 u. 3) leidlich naturgetreu abgebildet, legt sich mit diesem seinem Anhang der Vorderwand der Pars mastoidea auf und ist in den Winkel, welchen diese mit dem herabsteigenden Seitenflügel des hinteren Keilbeinkörpers bildet, eingeklemmt. Sein in Form einer Bulla ossea gebildeter, muschelförmig ausgehöhlter Theil, wie gewöhnlich bei den Cetaceen elfenbeinartig hart, glatt und auffallend schwer, wendet seine Höhlung (Cavum tympani) nach einwärts, seine von einem hohen, lippenförmigen Wall umgebene Trommelfellöffnung nach rückwärts. Mit seinem nach innen gerichteten oberen Rande ist in unmittelbarem Anschluss an den Trommelfell-Halbring der Incus auffallender Weise fest verschmolzen, wie dies der Einblick in die Höhlung des rechtsseitigen Os tympanicum, welches an unserem Schädel durch einen auf die Basis cranii geführten Axthieb aus seiner Umgebung losgelöst ist, deutlich erkennen lässt. Das diesem (6 cm in der Längs- und 4 cm in der Querrichtung messenden) Os tympanicum linksseitig in situ lose[1]) aufliegende Os perioticum (Pars petrosa), etwa nur von dem halben Umfange jenes, wird durch einen, bereits von Eschricht[2]) erwähnten, von der inneren Grenze der nach vorn gewendeten, muschelförmigen Vertiefung des Schläfenbeins in der Richtung nach vorn und unten herabsteigenden, kräftigen Griffelfortsatz, welcher sich seinem nach vorn gerichteten Ende dicht auflegt, derartig umfasst, dass es auch nach Maceration der dasselbe befestigenden Weichtheile nicht aus seiner Höhle herausfallen kann. Hierzu trägt

¹) Eschricht (Zoolog.-anat.-physiologische Untersuchungen über die nordischen Walthiere, S. 46) spricht die Meinung aus, dass diese am Hyperoodon-Schädel gewöhnlich wahrnehmbare Loslösung des Os perioticum vom Os tympanicum nicht eine Folge der Maceration, sondern einer äusseren Gewalt, also etwa eines auf den Schädel geführten Hiebes sei, was auch für den hier in Rede stehenden Schädel immerhin denkbar wäre. Gervais (a. a. O., pl. XIX, fig. 2 u. 3) bildet beide in continuo ab und hat sie nach seiner Angabe im Text (p. 366) auch so vorgefunden.

²) a. a. O., S. 15.

übrigens ausserdem noch ein platter, zackiger Ausläufer der unteren Wurzel des Flügelbeines bei, welcher von vorn her sich schräg vor die Innenwand des Os perioticum legt, ohne dieselbe freilich direkt zu berühren. Die nach innen, d. h. der Schädelkapsel zugewendete Oeffnung dieses Os perioticum, welche dem Meatus acusticus internus der Anthropotomie entsprechen würde, ist direkt der Ausmündung eines 17 cm langen Knochencanales zugewendet, welcher von vorn und unten schräg nach oben und hinten aufsteigend, an der hinteren Grenze der Ala magna, nahe bei ihrem Ursprung vom Körper des hinteren Keilbeines, sich in die Schädelhöhle öffnet, übrigens der Hauptsache nach innerhalb der Substanz der grossen, abwärts steigenden Seitentheile des Basisphenoid zu verlaufen scheint. Der Nervus acusticus muss, um vom Gehirn zum Meatus acusticus internus zu gelangen, nothwendig diesen Canal, vermuthlich in Begleitung des Nervus facialis, passiren, würde also hier die Schädelkapsel durch eine Oeffnung verlassen, welche am normal gebildeten Säugethierschädel überhaupt nicht existirt.[1]) Im unmittelbaren hinteren Anschluss an diese Oeffnung findet sich eine dem Foramen jugulare gleichwerthige zweite vor. Auch sie führt in einen fast 20 cm langen Canal, dessen äussere Oeffnung aber etwas mehr nach aussen als jene des Canalis auditorius, nämlich zwischen dem Os tympanicum (Bulla ossea) und der Pars mastoidea des Schläfenbeins gelegen ist. Beide Canäle bilden übrigens bei ihrem unmittelbaren Anschluss an einander in so fern zusammen nur einen einzigen, als die sie scheidende Knochenwand in ihrer oberen Hälfte ganz geschwunden ist und sich, von der Schädelhöhle aus betrachtet, nur noch in Form einer von unten her in das Lumen einspringenden scharfen Leiste darstellt. Diese von dem gewöhnlichen Verhalten sehr abweichende enge Vereinigung eines Canalis nervi acustici mit dem Foramen jugulare hat darin ihren Grund, dass das nach GERVAIS[2]) beim fötalen Hyperoodon-Schädel frei in die Schädelhöhle hineinragende Os perioticum mit zunehmendem Alter immer mehr aus dieser herausgedrängt wird, bis es endlich am ausgewachsenen Schädel ganz ausserhalb zu liegen kommt, mithin keine Trennung der Ala magna von der Pars lateralis occipitis mehr zum Austrag bringt.

Die Gesichtsknochen (Pars facialis).

Die **Ossa jugalia** (zygomatica) sind im Vergleich zu der gewaltigen Grössen-Entwickelung des Kiefergaumen-Apparates zwar auch am Hyperoodon-Schädel nur als schwach zu bezeichnen, erscheinen aber doch keineswegs so dünn grätenförmig wie bei den gewöhnlichen Delphinoiden-Gattungen (Phocaena, Lagenorhynchus u. A.). Ihre Gesammtlänge beträgt 33 cm. An ihrem vorderen Ende zu einer senkrecht aufsteigenden, 5 cm hohen und kreisbogenförmig abgerundeten Lamelle erweitert, legen sie sich mit diesem der Seitenwand der Maxille unterhalb ihres stark aufsteigenden Supraorbitalkammes von aussen her auf und zwar *ohne zunächst mit dem Os lacrymale in irgend welche nähere Beziehung zu treten*. Erst weiter nach hinten, wo sie sich stark verschmälern und

[1]) GERVAIS (a. a. O., p. 368) bezeichnet dieselbe einfach als „un trou distinct conduisant au canal auditif interne".
[2]) a. a. O., p. 368.

fast horizontal, d. h. von oben nach unten stark abgeplattet zu werden beginnen, verschmilzt ihr Aussenrand auf eine Strecke von $5\frac{1}{2}$ cm hin mit der Unterseite des Os lacrymale. In ihrem ganzen übrigen Verlauf (21 cm lang) wieder völlig frei, gehen sie allmählich aus der dünnen Brettform in diejenige eines Prismas über und erweitern sich an ihrem hinteren Ende fast nach Art eines Olecranon löffelförmig, um mit ihrer pfannenartig ausgehöhlten, nach oben und hinten gewendeten Gelenkfläche an dem bereits erwähnten höckerförmigen Vorsprung der Innenwand des Processus jugalis oss. temporum frei zu artikuliren. Es ist demnach bei Hyperoodon die normale und zugleich ursprünglichste[1]) Brückenverbindung zwischen der Maxille und der Schläfenbeinschuppe durch ein selbstständiges Os jugale in vollkommener Deutlichkeit ausgeprägt und eine nur nebensächliche und überdies ganz lokale Verschmelzung mit dem Os lacrymale wahrnehmbar. Dass letztere für G. Cuvier, Stannius, Flower u. A. den Anlass zu einer irrigen Auffassung des Os jugale bei den Delphinoiden gegeben hat, wird im Folgenden noch näher dargelegt werden. Hier mag vorläufig nur bemerkt werden, dass sich auch Meckel[2]) entgegen seiner sonstigen, sehr correkten Darstellung von dem Os jugale der Säugethiere über dasjenige der Delphine nicht ganz zutreffend dahin äussert, dasselbe „bilde als eine schmale Brücke zwischen Schlaf- und Thränenbein den unteren Rand der Augenhöhle".

Die Ossa lacrymalia, welche Stannius[3]) und Flower[4]) den Delphinoiden sonderbarer Weise absprechen, obwohl sie bereits J. F. Meckel[5]) ihrer Form und Lage nach treffend gekennzeichnet hat, halten bei Hyperoodon — in gleicher Weise auch bei Delphinus, Phocaena, Lagenorhynchus, Tursiops und Globiocephalus — dieselbe relative Lage zwischen der Pars orbitalis des Stirnbeines und der Maxille wie bei den Wiederkäuern ein, haben sich aber freilich von den ihnen sonst benachbarten Nasenbeinen bei Hyperoodon um die ansehnliche Länge von etwa 50 cm entfernt. Etwas abweichend von den anderen vorgenannten Delphinoiden nur mit ihrem vordersten knorrig verdickten und schartig rauhen Ende zwischen dem seitlich herausspringenden, von tiefen Cavernen durchsetzten Theil der Maxille und der Pars orbitalis oss. frontis freiliegend, sind sie bei Hyperoodon sonst ganz an die nach unten gewendete Fläche der letzteren gerückt, hier die obere Wand des Canalis infraorbitalis bildend und in der Richtung von vorn nach hinten sich von dem oberhalb der Gaumenbeine liegenden Theil der Maxille bis zu den vorderen Keilbeinflügeln hin erstreckend. Eschricht[6]) misst zwar diesen — von ihm übrigens unumwunden zugestandenen Thränenbeinen von Hyperoodon eine ungleich geringere Ausdehnung bei, indem er ihren vorderen knorrig verdickten und vorn frei hervortretenden Theil, welchen er wegen seiner

[1]) Das Os jugale stellt bekanntlich, wie bereits J. F. Meckel (System der vergleich. Anatomie, II, 2, S. 543) sehr klar dargelegt hat, bei den Säugethieren ursprünglich nur eine Brückenverbindung zwischen dem Processus jugalis maxillae und dem Proc. jugalis oss. temporum, nicht, wie Münter (Ueber Lagenorhynchus albirostris, S. 25) irrthümlich glaubt, eine solche zwischen einem Stirn- und einem Schläfenbeinfortsatz dar. Die Ausbildung eines Processus frontalis am Os jugale zur Abgrenzung der Orbita von der Schläfengrube ist etwas durchaus Sekundäres und lässt sich als solches in den allmählichsten Abstufungen nachweisen.

[2]) System der vergleichenden Anatomie, II. 2., S. 544.

[3]) Vergleich. Anatomie der Wirbelthiere, S. 364.

[4]) An Introduction to the osteology of the Mammalia, 3. edit. (London 1885), p. 212.

[5]) a. a. O., S. 539.

[6]) Zoologisch-anatomisch-physiologische Untersuchungen über die nordischen Walthiere, S. 44 f., Fig. VIII, b.

stellenweisen Verschmelzung mit dem Os jugale nach Cuvier's[1]) Vorgang als eine plattenförmige Erweiterung dieses letzteren Knochens ansieht, davon ausschliesst und sie mithin auf ihren von der Pars orbitalis oss. frontis bedeckten, dünn schuppenförmigen Theil beschränkt. Es ergiebt indessen ebensowohl die Berücksichtigung des Verhaltens des Os jugale bei Hyperoodon, wie ein Vergleich seines Os lacrymale mit demjenigen der normaler gebildeten Delphinoiden-Gattungen, dass diese Ansicht Eschricht's nicht aufrecht erhalten werden kann. Bei Hyperoodon nimmt nämlich das Os jugale (wie es bei Phocaena wenigstens auf den ersten Blick erscheinen könnte) keineswegs von der Unterseite jener knorrigen erweiterten Platte, sondern ganz direkt von der Maxille, welcher es sich unter vollkommen freier Naht mit einer löffelartigen vorderen Erweiterung anfügt, seinen Ursprung und verschmilzt erst, wie bereits oben erwähnt, in seinem weiteren Verlauf — und zwar nur auf eine kurze Strecke hin — mit dem vorderen knorrigen Theil des Os lacrymale. Ein solcher Ursprung des Os jugale von der Maxille ist aber ferner keineswegs bei Hyperoodon allein, sondern in gleich deutlicher Weise auch bei Lagenorhynchus erkennbar, wo das vordere Ende seiner tellerförmigen Erweiterung unter freier Naht dem Oberkiefer sich anfügt, während letztere allerdings hinterwärts mit dem Thränenbein in geringem Umfang verschmilzt. Ebenso scheint es nach Flower's Darstellung[2]) auch bei Globiocephalus melas zu sein, so dass die hier für das Os jugale gebrauchte Bezeichnung „zygomatic process of malar" schwerlich gerechtfertigt erscheint. Erst bei Phocaena ist eine völlige Verschmelzung des Os jugale im Bereich seines vorderen tellerförmigen Theiles mit dem Os lacrymale zum Austrag gekommen, wiewohl auch hier noch die freie Verbindung des ersteren mit der Maxille persistirt. Es verhält sich demnach in allen Fällen das wirkliche Os jugale, d. h. die knöcherne Brückenverbindung zwischen der Maxille und dem Schläfenbein, der Hauptsache nach gleich und nur seine Verbindung mit dem (Meckel'schen) Thränenbein („malar-bone" Flower's) ist je nach den Gattungen eine gradnell verschiedene. Das Thränenbein selbst, in dem ihm bei Hyperoodon von Eschricht zugebilligten Umfang, anlangend, so will es mir erscheinen, als habe sich der berühmte Dänische Forscher hierüber in einem gleichen Irrthum wie mit der Ansicht befunden, dass den normal gebildeten Delphinoiden ein als Os lacrymale aufzufassender Knochen überhaupt abgehe. Ein näherer Vergleich der letzteren mit Hyperoodon ergiebt, dass den einen wie dem anderen ein Thränenbein in wesentlich durchaus übereinstimmendem Verhalten und Umfang zukommt und dass dasselbe bei Hyperoodon den übrigen Delphinoiden gegenüber nur scheinbar oder wenigstens ganz unwesentlich modificirt ist. Das dünne, schuppenförmige „Thränenbein" Eschricht's, welches nach ihm bei Hyperoodon „den Jochbeinknollen halbscheidenförmig umfasst", stellt sich nämlich keineswegs, wie der Autor überzeugt zu sein glaubt, als ein „selbständiger Knochen" dar, was schon daraus hervorgeht, dass es an seiner hinteren Grenze ganz direkt, ohne irgend welche Naht, sich in den „Jochbeinknollen" fortsetzt. Den Anschein eines selbständigen Knochens bietet

[1]) Recherches sur les ossemens fossiles. V. 1., p. 291. — Vrolik (a. a. O., pl. VI, fig. 9 und pl. VII, fig. 10) hat die Thränenbeine am Hyperoodon-Schädel (mit m bezeichnet) zwar ganz richtig dargestellt, aber irriger Weise als Ossa jugalia („jukbeenderen") in Anspruch genommen. Die wirklichen Ossa jugalia (pl. VII, fig. 10, m) nennt er dagegen „jukbeensuitsteeksels", gleichfalls offenbar auf Grund ihrer lokalen Verschmelzung mit den Ossa lacrymalia.

[2]) An Introduction to the osteology of the Mammalia, 3. edit., p. 241, fig. 66.

es nur in der Umgegend der Verschmelzungsstelle des Os jugale und zwar lediglich dadurch dar, dass es sich in Form einer mit freiem scharfen Rande versehenen Lamelle von der Unterseite des wirklichen Os lacrymale abgehoben hat oder, richtiger gesagt, von demselben abgesplittert ist. Ein Thränenbein in diesem, aber durchaus unzulässigen Sinne fehlt in der That — darin hat Eschricht vollkommen Recht — den Gattungen Delphinus, Phocaena, Lagenorhynchus u. s. w. vollständig: denn ihr wirkliches Os lacrymale entspricht erst dem (dünn schuppenförmigen) „Thränenbein" Eschricht's plus seinem „Jochbeinknollen" bei Hyperoodon. Dass dieses der Fall ist, scheint auch Flower[1]), wenn er für Physeter und Hyperoodon sagt: „The bone, which corresponds to the malar in other Dolphins, is usually divided into two, one of which may represent the lacrymal", zuzugestehen, während Weber[2]) das Thränenbein von Hyperoodon auf den kleinen, von Eschricht als das Ganze angesehenen Theil beschränkt. Nur Gervais[3]) fasst das Os lacrymale von Hyperoodon in seinem vollen Umfang richtig auf, wird aber nicht gewahr, dass er sich mit dieser seiner Ansicht in vollsten Widerspruch zu Eschricht, welchen er gerade als Gewährsmann aufführt, setzt.[4])

Die Ossa nasalia, wie gewöhnlich bei den Delphinoiden dem Gipfeltheil der Ossa frontalia nach vorn angefügt, liegen weder, wie bei Phocaena in einer und derselben Ebene, noch steigen sie, wie bei Lagenorhynchus von ihrem Aussenrande gegen die Mittellinie hin stark buckelig an, sondern sind bei Hyperoodon durch die auffallend weit nach hinten ausgezogenen und hier knorrig aufgetriebenen Ossa incisiva derart verschoben, dass sie der gegen die Medianlinie hin schräg abfallenden Innenseite dieser Zwischenkieferknorren aufliegen. Sie sind daher mit ihrem Innenrande, unter welchem sie auf 8 cm Länge geradlinig, wenn auch durch eine schmale Rinne getrennt, aneinander liegen, tief eingesenkt, während sie ihre unregelmässig gewölbte, nach aussen und vorn schräg ansteigende Fläche einander zuwenden. Von dieser polsterförmig aufgetriebenen Oberfläche setzt sich übrigens ihr stark aufgewulsteter Innenrand durch eine tiefe Einfurchung scharf ab. Der grösste Querdurchmesser des rechten Os nasale beträgt 9, der des linken nur $6^{1}/_{2}$ cm; ihre grösste Länge dürfte etwa 10—11 cm betragen, ist jedoch deshalb nicht genau zu ermitteln, weil ihr unteres Ende unter völlig verstrichener Naht fest mit dem Os ethmoides[5]) verschmolzen ist. Ueberhaupt ist nur ihre äussere Grenze gegen die Zwischenkieferknorren hin durch eine zackige und stellenweise tief geklüftete Furche deutlich erhalten, während die hintere gegen die Frontalia hin nur noch andeutungsweise zu erkennen ist. Letzteres mag auch wohl für Vrolik der Anlass gewesen sein, sie in seiner Abbildung des Schädels (pl. VI. fig. 9)

[1]) Ebenda, p. 217.

[2]) Studien über Säugethiere. Ein Beitrag zur Frage nach dem Ursprung der Cetaceen (Jena 1886). Taf. IV. Fig. 16. l.

[3]) Ostéographie des Cétacés, p. 365.

[4]) Ein vom vorderen Ende des Os jugale völlig getrenntes Thränenbein ist übrigens auch von Burmeister (Anales del Museo publico de Buenos Aires, Entrega quinta, 1868, p. 223, pl. XVII, fig. 2 u. 3, c) für Epiodon australe festgestellt und ganz im obigen Sinne beschrieben und abgebildet worden.

[5]) Auch bei Lagenorhynchus stossen die Ossa nasalia mit ihrem unteren Rande selbstverständlich an das Os ethmoides, nicht wie Münter (Ueber Lagenorhynchus albirostris, S. 25) irrig angiebt, an den Vomer. Auch ist es nicht letzterer, sondern das Siebbein, welches die „Spritzlöcher" an ihrer oberen Oeffnung begrenzt.

ohne Bezeichnung zu belassen, dagegen einen Theil der Zwischenkieferknorren (n) irriger Weise als „Neusbeen“ in Anspruch zu nehmen.[1])

Am Os ethmoides von Hyperoodon ist die der sogenannten Lamina cribrosa entsprechende, die Schädelhöhle nach vorn abschliessende transversale Platte der Hauptsache nach vertikal gestellt oder zeigt nur eine geringe Neigung von vorn und oben nach unten und hinten; sie verdient daher sowohl hier wie bei zahlreichen anderen Säugethieren nichts weniger als die in der Anthropotomie übliche Bezeichnung einer Lamina horizontalis. Innerhalb der Schädelhöhle liegt sie, der Vorderwand derselben entsprechend, nur in geringer Breite ($3\frac{1}{2}$ cm bei 10 cm Höhe), an der Aussen- (Vorder-)Seite zwischen den Ossa incisiva auf 8 cm Breite frei. In Uebereinstimmung mit der Lamina transversalis der übrigen Delphinoiden entbehrt auch diejenige von Hyperoodon der „Siebbeinlöcher“ vollständig. Es ist dies deshalb besonders hervorzuheben, weil, wie ich aus einer Angabe Weber's[2]) ersehe, von Eschricht gerade bei dieser Gattung ein wenngleich äusserst kleiner und zarter Nervus olfactorius nachgewiesen worden ist, während bei Delphinus nach Cuvier[3]) und Tiedemann[4]), bei Phocaena nach der von Stannius[5]), Eschricht[6]) und Huxley[7]) bestätigten Angabe Tyson's und Hunter's jede Spur eines solchen fehlt. — Aus der Mittellinie ihrer Aussenfläche lässt die Lamina transversalis des Siebbeins, etwa 6 cm tiefer als die untere Grenze der Nasenbeine, einen hohen und sehr scharfen Knochenkamm aus sich hervortreten, welcher an der Hinterwand der Nasenhöhle in Sichelform von oben und hinten nach vorn und unten tief herabsteigt, um sich alsdann an der vorderen Nasenhöhlenwand wieder aufwärts zu wenden. Hier setzt sich dieser Kamm unmittelbar in die, wie bereits oben erwähnt, stark nach der linken Seite hin abgelenkte Lamina sagittalis (vulgo: Lam. perpendicularis) des Siebbeins fort, welche zunächst — und zwar auf eine Länge von 14 cm hin — noch vollständig verknöchert, im Bereich ihres hinteren Endes gleichfalls in Form eines hohen Kammes aus der zwischen den Ossa incisiva liegenden Lücke hervorragt, sodann aber, etwa beim Beginn des hinteren Absturzes des Supraorbitalkammes der Maxillen, knorpelig zu werden beginnt. In Form eines Septum narium cartilagineum, welches in der nach oben offenen Rinne des Vomer fusst, setzt sich dann diese Lamina sagittalis[8]) auch bei Hyperoodon durch die ganze Länge des „Schnabels“, d. h. des eigentlichen Cavum narium, fort.

[1]) Die von Vrolik (pl. V, fig. 8 und pl. VI, fig. 9) mit den Buchstaben n („neusbeen“), v („zeetbeen“) und ce bezeichneten Knochentheile gehören sämmtlich dem knorrig verdickten hinteren Theil der Ossa incisiva an und haben weder mit den Nasenbeinen noch mit dem Siebbein etwas zu thun. Die wirklichen Ossa nasalia sind die zwischen v und v gelegenen und unbezeichnet gebliebenen Knochenstücke.

[2]) a. a. O., p. 149.

[3]) Leçons d'anatomie comparée, übersetzt von J. F. Meckel, Bd. II, S. 201.

[4]) Zeitschrift für Physiologie, II, 1827, S. 258 (nebst Abbildung des Gehirns).

[5]) Vergleichende Anatomie der Wirbelthiere, S. 393.

[6]) Vidensk. Selsk. Skrifter 5, Raek. IX, 1869, Taf. 9 (herausgegeben von Reinhardt).

[7]) Anatomy of vertebrated animals, p. 410.

[8]) Dieselbe wird von Gervais (a. a. O., p. 366) als Cartilage sus-vomérien bezeichnet, ist aber eine direkte knorpelige Fortsetzung der knöchernen Lamina perpendicularis des Siebbeins.

Der Kiefer-Gaumen-Apparat.

Der Vomer deckt mit seinem breiten hinteren Flügeltheil (Alae vomeris) nicht nur die ganze Unterseite des vorderen Keilbeinkörpers, sondern greift mit dem abgerundeten Hinterrand desselben auch noch auf den vorderen Theil des hinteren Keilbeinkörpers und dessen nach unten herabsteigende Seitenschenkel über. Sodann von hinten her zwischen die beiden Ossa pterygoidea und zwar zwischen die oberen, ausserhalb muldenförmig ausgehöhlten Theile derselben eintretend, ist er von diesen auf eine weite Strecke hin ganz umhüllt, tritt aber beim Beginn des vordersten Vierttheiles ihrer Länge wieder zwischen ihnen frei an der Gaumenfläche hervor und drängt, sich spindelförmig erweiternd, bald darauf die kleinen Laminae horizontales der beiden Gaumenbeine von der Mittellinie ab. Weiter nach vorn von dem unteren Rand der beiden Maxillarhälften umfasst, ist er hier wieder auf eine längere Strecke hin von der Gaumenfläche ausgeschlossen, bis er im Bereich des vorderen schnabelförmig verschmälerten Theiles unter allmählicher Verbreiterung abermals an der Gaumenfläche zwischen den Maxillen freiliegt, und zwar in ungleich grösserer Längsausdehnung (24 cm) und Breite, als es die Pander und d'Alton'sche Abbildung der Unterseite (Taf. VI, c) erkennen lässt. Dieses ausgedehnte freie Hervortreten des Vomer an der Gaumenfläche von Hyperoodon, wie es in ähnlicher Weise nach Gervais[1]) auch bei Berardius Arnuxii und in noch auffallenderer nach Huxley[2]) bei Physeter australis vorkommt, ist im Gegensatz zu Phocaena und Lagenorhynchus, wo er nur einmal auf eine kurze Strecke, gegen den Processus palatinus der Incisiva hin, in Spindelform[3]) freiliegt, besonders aber zu Globiocephalus bemerkenswerth, wo er nach Flower[4]) überhaupt nicht auf die Gaumenfläche heraustritt. Die der Schnabelhöhle zugewendete obere Seite des Vomer ist, wie ein Einblick in erstere ergiebt, vorn nur wenig breiter als die hier an der Gaumenfläche freiliegende untere und zugleich fast eben. In der Richtung nach hinten verbreitert sich dieselbe jedoch, wenngleich allmählich, so doch ziemlich stark und nimmt dabei die Form einer immer tiefer werdenden Rinne an, deren schräg ansteigende Wände der Innenfläche der Ossa incisiva anliegen. Bei dieser Conformation und dieser seiner Lagerungsbeziehung zu den genannten Kieferknochen stellt der Vomer die Mitte des Bodens in der Schnabelhöhle dar, welche durch die von ihm senkrecht aufsteigende, vorn knorpelige, hinten knöcherne Lamina sagittalis des Siebbeins in eine rechte und linke Hälfte getheilt wird. Es ist demnach, wie bei den Delphinoiden im Allgemeinen, so auch speciell bei Hyperoodon, der sogenannte Schnabel keineswegs nur Kieferapparat, sondern er repräsentirt, osteologisch betrachtet, im eigentlichsten Sinne die Nasenhöhle, nur dass aus derselben, abweichend von dem gewöhnlichen Verhalten, die Nasenlöcher eliminirt worden sind. Mit

[1]) Ostéographie des Cétacés. pl. XXIII, fig. 1 b.

[2]) Anatomy of vertebrated animals. p. 401, fig. 106. vo.

[3]) Münter (Ueber Lagenorhynchus albirostris, S. 22) irrt, wenn er für Lagenorhynchus angiebt, dass der Schnauzentheil „nur vom Ober- und Zwischenkiefer gebildet werde und dass auf der Gaumenseite nur der Oberkiefer zu erkennen sei". Auch bei dieser Gattung tritt zwischen den Maxillen der Vomer und gegen die Spitze hin das Incisivum frei an der Gaumenseite hervor.

[4]) An Introduction to the osteology of the Mammalia. 3. edit., p. 214. fig. 66.

der Dislokation der letzteren in der Richtung nach hinten steht es auch im Zusammenhang, dass an der Bildung dieses Cavum narium die Nasenbeine ebenso wenig wie die Thränenbeine mehr participiren und dass an ihre Stelle gewissermassen vikariirend die Ossa incisiva eintreten, um das knöcherne Dach dieser Nasenhöhle zu formiren.

Die Ossa pterygoidea, nach Art derjenigen der Sauropsida als selbständige, an das hintere Keilbein noch nicht angewachsene Knochen auftretend, zeigen am Hyperoodon-Schädel mit die auffallendsten Dimensionen. Bei der gewaltigen Länge von 44 cm steigen sie 25 cm tief in senkrechtem Durchmesser abwärts und sind besonders an ihrem nach hinten gerichteten Ende äusserst massiv, bis zu 10 cm im Querdurchmesser verdickt. Durch diese ihre ungewöhnliche Massenentwickelung, welche sich in einen sehr auffallenden Gegensatz zu der bei den normalen Delphinoiden vorhandenen dünn lamellösen Bildung stellt, sind die Ossa pterygoidea von Hyperoodon offenbar dazu bestimmt, ein Gegengewicht gegen die mächtigen Supraorbitalkämme der Maxillen in der Richtung nach unten hin abzugeben. Hinterwärts entspringen dieselben mit zwei Wurzeln, von denen die schmälere obere sich dem hinteren Keilbeinflügel und dem an diesen grenzenden Theil des Schläfenbeines, die breitere untere dagegen sich der Aussenfläche der grossen absteigenden Seitenfortsätze des Basisphenoid unter offener Naht anfügt. Aus der oberen Wurzel geht in der Richtung nach vorn eine schmale, horizontal verlaufende, mit ihrer ausgehöhlten Fläche senkrecht abfallende Partie, welche mit ihrem vorderen Ende an die Lamina perpendicularis der Gaumenbeine stösst, aus der unteren dagegen eine grosse, an ihrer Aussenseite tief muldenförmig ausgehöhlte hervor, welche mit jener oberen unter einer scharfen Kante zusammenstossend, und von ihrer eigenen Wurzel durch einen tiefen, halbmondförmigen Ausschnitt getrennt, sich zuerst sichelförmig nach hinten krümmt, sodann aber mit einem bogig gerundeten Unterrand in der Richtung nach vorn allmählich gegen die Gaumenfläche hin aufsteigt. Abgesehen von diesen Eigenthümlichkeiten verhalten sich übrigens diese Flügelbeine von Hyperoodon dadurch, dass sie sich an ihrer Gaumenfläche auf eine ansehnliche Strecke hin mit ihrem Innenrande unter einer geraden Linie aneinander legen und dass sie in der Richtung nach hinten flügelartig divergiren, in ungleich grösserer Uebereinstimmung mit denjenigen von Delphinus delphis, als mit denjenigen von Lagenorhynchus[1]) und Phocaena, bei welch' letzterer Gattung sie ganz durch die Gaumenbeine auseinander gehalten werden.

Die Ossa palatina von Hyperoodon zeigen sich in demselben Maasse auf einen geringen Raum reducirt, wie die Flügelbeine sich extravagant vergrössert und ausgedehnt haben. Bei Phocaena, wo die Gaumenbeine noch relativ gross, die Ossa pterygoidea dagegen relativ klein sind, drängen erstere die letzteren noch in gewöhnlicher Weise nach aussen, so dass sie in der Querrichtung 16 mm weit von einander abstehen. Bei Lagenorhynchus in der Richtung nach hinten bereits viel stärker verkürzt und verschmälert, werden die Gaumenbeine von den stärker vergrösserten und in der Mittellinie des Gaumens zusammenstossenden Ossa pterygoidea hinterwärts weit überragt und umschlossen. Bei Globiocephalus melas nach

[1]) Die Ossa pterygoidea dieser Gattung werden von Münter (Ueber Lagenorhynchus albirostris, S. 27) als Gaumenbeine beschrieben, während diese sich an demselben, mir vorliegenden Schädel sehr deutlich als im vorderen Anschluss an die Ossa pterygoidea liegend zu erkennen geben.

Flower[1]) abermals weiter reducirt. beschränken sie sich an der Gaumenfläche auf einen ganz kurzen Querstreifen im vorderen Anschluss an die Pterygoidea. welche hinterwärts stark von der Medianlinie beiderseits divergiren. Bei allen drei genannten Gattungen zeigen indessen die Ossa palatina insofern noch das normale Verhalten, als die Lamina horizontalis sich an ihrem Aussenrande direkt zu der Lamina perpendicularis umschlägt. Bei Hyperoodon schieben sich dagegen die auf etwa 30 cm Länge in der Mittellinie aneinanderstossenden Ossa pterygoidea in die vor ihnen liegenden Ossa palatina so tief hinein. dass diese in zwei völlig getrennte Theile. welche der Lamina horizontalis und perpendicularis der normalen Bildung entsprechen. aufgelöst werden: ein so abnormes Verhalten, dass Cuvier[2]). den wirklichen Sachverhalt verkennend, zu der Ansicht gelangte, es sei von ihnen überhaupt nur die auf der Gaumenfläche liegende Lamina horizontalis zur Ausbildung gekommen. während Eschricht[3]) allerdings mit der an ihm bekannten Schärfe das richtige Verhalten darlegte. Dieses besteht darin, dass die an der Gaumenfläche liegende, 12 cm lange und bei ihrer Mitte 4 cm breite Lamina horizontalis langgestreckt dreieckig, besonders vorn schmal zipfelförmig ausgezogen und von derjenigen der anderen Seite durch den hier in Spindelform freiliegenden Vomer getrennt ist: während dagegen die Lamina perpendicularis nur oberhalb. nicht zugleich vor dem jederseitigen Os pterygoides gelegen und durch dieses von der Lamina horizontalis um einen Abstand von 8 cm getrennt ist. Letztere grenzt übrigens, wie gewöhnlich bei den Delphinoiden. nach oben an die Aussenwand der Maxille und hat hinter sich die grosse Oeffnung des Canalis infraorbitalis zu liegen, welcher nach oben und vorn aufsteigend, in das Foramen infraorbitale ausmündet.

Die Ossa incisiva und maxillaria sind theils von früheren Autoren, theils bereits im Vorangehenden gelegentlich nach ihren Eigenthümlichkeiten erörtert worden. Von ersteren wäre noch hinzuzufügen. dass sie auf der Gaumenfläche in sehr bedeutender Länge (63 cm). dagegen nur in geringer Breite (zwischen 0,5 und 1.5 cm schwankend) freiliegen und. wie die Figuren von Pander und d'Alton[4]) und von Gervais[5]) ergeben, am vorderen Schnabelende über die Maxillen beträchtlich hinausragen. Die Abkappung dieses vorderen Endes — auf etwa 23 cm Länge — lässt erkennen, dass die Ossa incisiva nach aussen fest mit den Maxillen verschmolzen sind. dass aber auf der Grenze beider ein durchschnittlich 11 mm im Lumen haltender, canalförmiger Hohlraum vorhanden ist. welcher, wie eine eingeführte Sonde zeigt, bei 65 cm Länge (von der vorderen Stutzfläche an gerechnet) hinterwärts in die grosse, an der Innenseite des hohen maxillaren Supraorbitalkammes, auf der Grenze gegen den verschmälerten Theil der Ossa incisiva hin gelegenen Oeffnung. das mithin stark dislocirte Foramen infraorbitale ausmündet. Ein zweiter. auf dem Querschnitt nach aussen und unten von dem eben genannten. in der Substanz der Maxille selbst verlaufender Canal von etwas geringerem Lumen scheint sich weniger weit nach hinten zu erstrecken, da die in ihn eingeführte Sonde rechterseits bei 58. linkerseits schon bei $14^{1}/_{2}$ cm

[1]) a. a. O., p. 214. fig. 66.

[2]) Recherches sur les ossemens fossiles. 4. édit., VIII, 2., p. 187. — Auch Vrolik (a. a. O., pl. VII. fig. 10) spricht nur die Lamina horizontalis (c, c) als Gaumenbeine. die Lamina perpendicularis dagegen als „grosse Keilbeinflügel" (?) an.

[3]) Untersuchungen über die nordischen Walthiere. S. 44. Fig. VIII. a.

[4]) Skelete der Cetaceen. Taf. VI. Fig. a und c.

[5]) Ostéographie des Cétacés. pl. XIX. fig. 1 und 4.

Länge auf den Grund stösst. Der Aussenwand dieser Maxillarhöhlung entsprechend verläuft an der Seitenwand der Maxille eine vorn tief eingesenkte, später sich allmählich verflachende Längsfurche, welche hier gewissermassen die untere Grenze des über ihr immer höher aufsteigenden Supraorbitalkammes andeutet.

Am Unterkiefer, dessen vorderes, nach Eschricht[1]) stark aufgekrümmtes Ende gleichfalls gekappt ist, so dass über das Vorhandensein des von den Autoren beschriebenen, meist einzelnen Zahnes nichts angegeben werden kann, ist abweichend von Delphinus, Phocaena und Lagenorhynchus der Processus coronoides nur schwach entwickelt, ungleich niedriger als der vor ihm aufsteigende, messerförmig scharfe Oberrand. Seine schwielige Verdickung ist dem grösseren Theil nach rückwärts gewendet, während in der Richtung nach vorn eine stumpfe, aber hohe Leiste von ihm ausgeht. Um so umfangreicher erscheint der durch seine Form und Lage gleich ausgezeichnete Processus condyloides. Derselbe tritt aus der unteren Hälfte des Hinterrandes der Mandibel in Form eines dicken Knorrens, dessen gewölbte Hinterseite bei spindelförmigem Umriss eine deutliche Achsendrehung nach aussen zeigt und welcher, unter hakenförmiger Krümmung nach vorn, stark über den Unterrand hinausragt, hervor. Passt man eine Unterkieferhälfte der Schläfengegend des Schädels an, so ersieht man, dass dieser grosse Processus condyloides in der Fossa glenoidalis nicht vertikal, sondern schräg von unten, hinten und aussen nach oben, vorn und innen zu liegen kommt. Im Zusammenhang mit dieser Form und Richtung ihres Gelenkfortsatzes hat die Mandibel von Hyperoodon im Bereich ihrer hinteren Hälfte nicht, wie diejenige von Phocaena, Lagenorhynchus, Delphinus u. s. w., eine einzige, wenngleich deutlich bauchige, so doch der Hauptsache nach senkrecht abfallende Aussenwand, sondern an ihrer Stelle deren zwei, welche unter einer vom Gelenkfortsatz in der Richtung nach vorn verlaufenden, stumpfen Winkelkante nach Art von Prismaflächen aufeinander treffen. Die obere Fläche steigt in situ von dem messerschneidenförmigen Oberrand der Mandibel schräg nach unten und aussen gegen jene Längskante herab, die untere schmälere von unten und innen nach aussen und oben gegen dieselbe an. Da die in ihrem vorderen Verlauf abwärts steigende Kante allmählich schwindet, so wird im Bereich der vorderen, sehr viel niedrigeren Unterkieferhälfte die continuirliche, senkrecht abfallende Aussenfläche auch bei Hyperoodon wieder hergestellt. — Die Innenwand des Unterkiefers ist in der bei den Delphinoiden bekannten Weise bis auf einen schmalen eingeschlagenen Ober- und Unterrand auf eine Länge von 41 cm (vom hinteren Ende an) völlig geschwunden, so dass also ein Foramen maxillare internum von colossalen Dimensionen hergestellt wird. Beim Schluss der Innenwand im Bereich des vorderen Theiles ist die Höhlung der Mandibelhälften noch 13½ cm hoch und 5½ cm breit, verjüngt sich aber alsbald trichterförmig, so dass beim Beginn des Processus alveolaris nur noch ein dem unteren Rande des Kiefers genäherter Canalis alveolaris inferior von 14 mm Breite übrig bleibt. Etwa 55 cm vom hinteren Ende entfernt verliert der obere Unterkieferrand seine messerförmige Schärfe und beginnt sich abzuplatten. Bei etwa 70 cm hinterem Abstand bildet er einen, wenngleich verkümmerten, so doch auf seiner flachen Rinne von zahlreichen kleinen, unregelmässig vertheilten Oeffnungen durchsetzten Processus alveolaris.

[1]) Untersuchungen über die nordischen Walthiere, S. 34, Fig. III.

Altersverschiedenheiten des Schädels.

Bekanntlich hat J. E. Gray[1]) im Jahre 1846 auf einen im British Museum befindlichen, von den Orkney's stammenden sehr grossen Hyperoodon-Schädel von 62 Zoll Länge (bei gekapptem Schnabel) und 42 Zoll Höhe eine besondere Art unter dem Namen Hyperoodon latifrons mit der Diagnose: „Skull large, heavy, solid, the reflexed part of the maxillary bones very thick and thickened internally, so as nearly to touch each another in front of the blower, much higher than the hinder part of the skull“ und der angefügten Bemerkung zu begründen unternommen: „This head is so different from any those figured by Camper, Cuvier, Baussard etc., that I am inclined to consider it as distinct.“ Wiewohl die für diesen Schädel geltend gemachten Eigenthümlichkeiten höchst augenfällige sind, wurden doch schon bald nach seiner Bekanntmachung und zwar fast gleichzeitig von Vrolik[2]) und Eschricht[3]) gewichtige Bedenken gegen die Berechtigung, auf jene von Gray hervorgehobene Merkmale und Unterschiede eine besondere Art zu begründen, erhoben. Vrolik wird, wie er sagt, durch die Gray'sche Abbildung jenes Hyperoodon-Schädels unwillkürlich an ähnliche auffallende Altersdifferenzen in der Form des Orang-Schädels erinnert, und Eschricht drückt über denselben seine „individuelle Meinung“ dahin aus, dass er „offen gestanden darin nichts mehr und nichts weniger sehen könne, als gerade das erste Exemplar eines recht alten männlichen Entenwalschädels“. „Diese Meinung“, fährt er fort, „hat sich dadurch bei mir festgestellt, dass ich ähnliche Veränderungen an den Schädelknochen anderer grosser Walthiere gefunden habe, namentlich an denen des Grindewals.“ Indem Gray an dieser, wie sich später herausgestellt hat, allerdings nicht völlig zutreffenden Eschricht'schen Ansicht den „männlichen“ Schädel hervorkehrte, dagegen über den „recht alten“ mit Stillschweigen hinwegging, suchte er dieselbe zuerst im Jahre 1852[4]), später nochmals im Jahre 1860[5]) durch den Einwurf zu bekämpfen, dass ihm übereinstimmend geformte Schädel seitdem auch von authentischen weiblichen Hyperoodon-Individuen bekannt geworden seien und dass selbst der von ihm zuerst abgebildete Schädel, welcher zur Aufstellung des Hyper. latifrons Anlass gegeben, nach Aussage der an seiner Einlieferung betheiligten Fischer von einem trächtigen Weibchen herstamme. Er glaubte dies trotz einer inzwischen von Eschricht[6]) veröffentlichten Modifikation seiner ersten Meinungsäusserung, welche dahin ging, dass sich seine zuerst hypothetisch ausgesprochene Ansicht nachträglich völlig bewahrheitet habe, „da alle alten Hyperoodon-Schädel, wenigstens die männlichen, den gleichen hohen Maxillarkamm wie der Gray'sche Hyper. latifrons, so auch derjenige eines an Steenstrup von den Faröer gesandten Skeletes, erkennen liessen“, betonen zu müssen und suchte jetzt sogar der Meinung Geltung zu verschaffen, die Schädel

[1]) The Zoology of H. M. S. Erebus and Terror. Vol. I; Cetaceous animals. p. 27. pl. IV.

[2]) Natuur- en ontleedkundige Beschouwing van den Hyperoodon (1848), p. 21.

[3]) Zoologisch-anatomisch-physiologische Untersuchungen über die nordischen Walthiere (1849), S. 52.

[4]) Observations on Hyperoodon latifrons (Annals of natural history. 2. ser. IX. 1852. p. 407 f.).

[5]) On the genus Hyperoodon; the two British kinds and their food (Proceedings of the zoological society of London. 1860. p. 422—426).

[6]) Om Gangesdelphinen in: Danske Vidensk. Selsk. Afhandl. 5. Raek. II. 1851. p. 345—387. — Uebersetzt in: Annals of natural history. 2. ser. IX. 1852. p. 281 ff.

beider Arten seien von einander so verschieden, „that it is much more likely, that they should be referable to two very distinct genera than to species of the same genus". In seiner bekanntlich mehr rechthaberischen als kritischen Anschauungsweise glaubte dann Gray[1]) im Jahre 1863 jener seiner Ansicht noch einen deutlicheren Ausdruck dadurch geben zu dürfen, dass er die Gattung Hyperoodon auf den Dögling mit gewöhnlicher Schädelform (Hyper. rostratus auct.) beschränkte, dagegen seinen bisherigen Hyper. latifrons zu einer besonderen (7.) Gattung Lagenocetus Gray absonderte und beförderte. Auch dass sich zuvor Gervais[2]) gegen eine derartige Trennung und ganz zu Gunsten der Eschricht'schen Ansicht von einem sehr alten Schädel ausgesprochen hatte, vermochte Gray durchaus nicht zu einer Sinnesänderung umzustimmen, so dass er die unter zwei Gattungen vertheilten beiden vermeintlichen Arten auch noch im Jahre 1866[3]) unverändert festhielt. Freilich ist er mit dieser seiner Auffassung, wie mit so mancher anderen, völlig isolirt geblieben, von keiner Seite unterstützt, von mehr als einer auch nachträglich noch bekämpft worden, so unter Anderen im Jahre 1869 noch von Reinhardt, welcher sich völlig auf Eschricht's Seite stellte, und von Gervais, welcher noch in seinem neuesten Cetaceen-Werke[4]) die Erklärung abgiebt: „Tous les Hyperoodons, dont nous avons parlé jusqu'à présent, rentrent dans une même espèce, pour laquelle nous réservons le nom d'Hyperoodon Butzkopf (Hyper. rostratum)."

In der That kann es nun auch nicht dem mindesten Zweifel unterliegen, dass es sich bei Schädeln von der Gestaltung des Hyperoodon latifrons Gray lediglich um solche des gemeinen Döglings von sehr vorgeschrittenem Alter handelt, während der Sexus dabei — entgegen der Eschricht'schen, übrigens durch keinerlei direkte Erfahrung gestützten Meinung — allerdings keine Rolle zu spielen scheint. Da diese Ansicht von der ausschliesslichen Altersverschiedenheit indessen bis jetzt nur ausgesprochen, nicht spezieller begründet worden ist, so scheint es immerhin der Mühe zu verlohnen, durch den Vergleich verschiedenaltriger Schädel einmal den überzeugenden Beweis dafür beizubringen, dass einerseits die jüngeren, von Gray als dem Hyperoodon rostratus angehörig bezeichneten Schädel keineswegs in allen Punkten übereinstimmen, dass es aber andererseits zwischen solchen und den für Hyper. latifrons angesprochenen Formen durchaus nicht an Uebergängen fehle.

a) An dem von Gervais (a. a. O., pl. XLIII, fig. 1) im Profil abgebildeten Schädel eines Hyperoodon-Embryo, über dessen natürliche Grösse leider nichts angegeben ist, erhebt sich der Gipfel des Oberkieferkammes 31 mm über die Gaumenfläche, während die Höhe der Schädelkapsel 53 mm beträgt. Die höchste Maxillarerhebung steht mithin zum senkrechten Durchmesser des Occiput etwa in einem Verhältniss wie 3 zu 5. Bei einer Gesammtlänge des Schädels von 110 mm (in der verkleinerten Figur) würde die Höhe der Schädelkapsel nicht ganz dem halben Längsdurchmesser gleichkommen.

b) An einem jugendlichen Hyperoodon-Skelet des Berliner anatomischen Museums von 5,86 m Gesammtlänge, dessen Wirbel noch völlig freie Epiphysen darbieten, misst der

[1]) On the arrangement of the Cetaceans in: Proceed. zoolog. soc. of London. 1863, p. 286.

[2]) Zoologie et paléontologie françaises. 2. édit., 1859, p. 286.

[3]) Catalogue of seals and whales in the British Museum. 2. edit. (London 1866, 8°) p. 336 ff.

[4]) Ostéographie des Cétacés (Paris 1880, 4°). p. 363.

Schädel bis zur Schnabelspitze 1,20 m. Die Firste des Oberkieferkammes liegt an diesem Schädel noch 6 cm **unter** dem oberen Rand der Schädelkapsel.

c) Der Schädel des 7,36 m langen Greifswalder Hyperoodon-Skeletes, dessen Wirbel durchweg völlig verschmolzene Epiphysen besitzen, misst — unter Ergänzung der gekappten Schnabelspitze — 1,34 m in der Länge. Die Firste des Oberkieferkammes liegt an diesem Schädel nur $3\frac{1}{2}$ cm **unter** dem oberen Rand der Hinterhauptsschuppe. Das Verhältniss der höchsten Maxillarerhebung zum senkrechten Durchmesser des Occiput ist 49 zu 59 cm, also annähernd wie 5 zu 6. — Ungefähr dieselbe relative Höhe zwischen Oberkieferkamm und Hinterhauptsgipfel zeigen die in der Profilansicht gezeichneten Schädel bei Pander und d'Alton (Taf. VI. Fig. a) und bei Vrolik (pl. V).

d) Ein sehr alter, im Berliner anatomischen Museum ohne sonstiges Skelet befindlicher Hyperoodon-Schädel misst 1,94 m in der Gesammtlänge. An demselben überragt die Firste des Oberkieferkammes den oberen Rand der Hinterhauptsschuppe bereits um 8 cm.

e) An dem von Gray zur Aufstellung seines Hyperoodon latifrons verwendeten sehr alten Schädel, welcher auf 62 Zoll (= 1,57 m) Länge[1]) und 42 Zoll (= 1,06 m) Hinterhauptshöhe (ob nicht die Kieferkammhöhe gemeint ist?) angegeben wird, ist in der Profilansicht[2]) der Oberkieferkamm abermals um Vieles höher als der Hinterhauptsgipfel. Er erscheint hier fast doppelt so gross als der hinter der tiefen Maxillareinsenkung aufsteigende Theil der Schädelkapsel, welche er um mehr als die Hälfte in der Höhe überragt.

f) Endlich an dem grössten bis jetzt bekannt gewordenen, von Grönland stammenden Schädel, welchen Gray[3]) aus dem Newcastle Museum erwähnt und welcher die enorme Länge von 92 Zoll (= 2,33 m) besitzt, beträgt der Höhendurchmesser der Schädelkapsel 25 Zoll (= 0,64 m), des Oberkieferkammes 32 Zoll (= 0,90 m). Mithin verhält sich der erstere zu letzterem fast wie 6 : 9 oder wie 2 : 3.

Schon aus den diesen sechs Schädeln entnommenen Maassen geht mit Evidenz hervor, dass mit ihrem allgemeinen Grössenwachsthum die Höhe des Oberkieferkammes in annähernd gleichem Verhältniss gesteigert wird und dass demgemäss nach dieser Richtung hin zwischen den dem Hyper. rostratus und latifrons zugeschriebenen Schädeln keinerlei absolute, sondern nur durchaus relative Differenzen vorhanden sind. Der jugendliche Schädel des Berliner anatomischen Museums (b) weicht von dem Greifswalder (c) in Bezug auf die Erhebung des Oberkieferkammes fast ebenso auffallend ab, wie dieser von dem alten Schädel des Berliner anatomischen Museums (d), und auch letzterer repräsentirt wieder nur eine Uebergangsstufe zu dem von Gray als Hyperoodon latifrons bezeichneten.

In ganz ähnlichem Verhältniss aber, wie sich die Höhe des Oberkieferkammes zu derjenigen der Schädelkapsel bei älteren Individuen ändert, nimmt auch der **Querdurchmesser** des ersteren und in Folge dessen die gegenseitige Annäherung beider Oberkieferkämme nach der Medianlinie hin immer mehr zu. Wie sich der Abstand der letzteren bei dem embryonalen Hyperoodon-Schädel verhält, ist aus der von Gervais (a. a. O., pl. XLIII. fig. 1) ausschliesslich gegebenen Profilzeichnung leider nicht zu ersehen. Bei

[1]) a. a. O., p. 339. Die gegen d) zurückstehende Länge beruht auf der Kappung des Schnabels.

[2]) The Zoology of H. M. S. Erebus and Terror: Cetacea. pl. IV.

[3]) Catalogue of seals and whales. p. 339.

dem jugendlichen Schädel des Berliner anatomischen Museums (b) beträgt der Abstand der beiden Oberkieferkämme an ihrer Innenwand noch 16 cm, wobei er etwa das Ansehen des von GERVAIS auf pl. XIX. fig. 1 dargestellten Schädels darbietet. An dem ungleich älteren Schädel des Greifswalder Museums (c) ist dieser Abstand — in gleicher, etwa mittlerer Höhe der beiden Oberkieferkämme gemessen — bereits auf 13 cm gesunken, so wie es etwa an dem von PANDER und D'ALTON auf Taf. V, Fig. c abgebildeten hervortritt. An dem fast 2 m langen Einzelschädel des Berliner anatomischen Museums (d) beträgt der Abstand der beiden Oberkieferkämme nur noch 2 cm, so dass sie bei der Ansicht von oben ganz das Verhalten zeigen, welches GRAY[1]) als charakteristisch für seinen Hyperoodon latifrons hervorhebt und darstellt, oder wie es auch in der von GERVAIS[2]) reproducirten Figur REINHARDT's[3]) deutlich in die Augen fällt. Freilich scheint nun die immerhin ansehnliche Kluft, welche zwischen den sub c und d aufgeführten Schädeln in Betreff des gegenseitigen Abstandes der Oberkieferkämme erkennbar ist (13 gegenüber 2 cm), bis jetzt durch keinen näher beschriebenen oder abgebildeten Schädel überbrückt zu sein. Trotzdem kann sie bei einer Differenz in der Schädellänge von 60 cm durchaus nicht überraschen, stellt sich vielmehr als eine völlig proportionale heraus und lässt mit Sicherheit voraussehen, dass an Schädeln, welche in der Länge zwischen jenen beiden die Mitte halten, auch die vermittelnden Zahlen, welche den gegenseitigen Abstand ausdrücken, zur Kenntniss kommen werden.

Von einer dritten Veränderung, welche die Oberkiefer im Verlauf des Schädelwachsthums eingehen und welche sich in der relativen Länge und Dicke ihres vorderen, verjüngten („Schnabel"-)Theiles zu erkennen giebt, mag noch hervorgehoben werden, dass dieselbe nicht genau gleichen Schritt mit dem Höhen- und Dickenwachsthum des Supraorbitalkammes zu halten scheint. In der Abbildung, welche GERVAIS von dem embryonalen Hyperoodon-Schädel giebt, ist nämlich der Schnabel relativ kurz, dick und verhält sich zu der gesammten Schädellänge wie $3\frac{1}{2}$ zu 11 oder zu dem hinter ihm gelegenen Theil wie $3\frac{1}{2}$ zu $7\frac{1}{2}$. Während er demnach in diesem Stadium hinter $\frac{1}{3}$ der gesammten Schädellänge zurückbleibt, geht er an dem Schädel jüngerer oder mittelgrosser Individuen mit höher entwickeltem Supraorbitalkamm etwas über $\frac{1}{3}$ der Gesammtlänge hinaus und setzt sich bei grösserer Schlankheit von dem aufsteigenden Theil der Maxillen schärfer ab. Endlich bei sehr alten Individuen behält er zwar das letztere Verhalten bei, geht aber wieder etwas unter $\frac{1}{3}$ der Gesammtlänge herab. Es erscheinen demnach sehr alte Schädel deutlich kurzschnäbliger als jüngere, wie dies z. B. bei dem Vergleich der beiden im Berliner anatomischen Museum befindlichen Schädel sofort in die Augen fällt.

Das Längsverhältniss des Schädels zur Wirbelsäule scheint bei verschiedenaltrigen Individuen nahezu dasselbe zu bleiben. Nur beim Fötus erscheint — nach der GERVAIS'schen Abbildung — ersterer, wie gewöhnlich, im Verhältniss zum Rumpf ausserordentlich gross, so dass sich ein Längsverhältniss beider von 1 : 2,25 ergiebt. Bei dem noch jugendlichen Exemplar des Berliner anatomischen Museums (mit freien Epiphysen der Wirbel-

[1]) The Zoology of H. M. S. Erebus and Terror: Cetacea, pl. IV, obere Figur.

[2]) Ostéographie des Cétacés, pl. XIX, fig. 4.

[3]) Vidensk. Selsk. Skrifter 5. Raek. IX. 1869. Taf. 4.

körper) stellt sich dasselbe auf 1 : 3,88, bei einem sehr alten Weibchen mit hohem Supraorbitalkamm auf 1 : 3,80. Für dazwischen liegende Grössen ergeben sich Verhältnisse wie 1 : 4,5 (Greifswalder Exemplar), 1 : 3,93 (von DUVERNOY beschrieben), 1 : 3,8 (Exemplar von NILSSON).

Die Wirbelsäule.

Als charakteristisch für die Wirbelsäule in ihrer Gesammtheit hat bereits SCHLEGEL[1]) einerseits die starke Längszunahme der Wirbelkörper gegen die Regio lumbaris hin, andererseits das auffallende Längenmaass der Dornfortsätze im Vergleich mit den Processus transversi (Parapophyses) mit vollem Recht bemerklich gemacht. Erstere Eigenthümlichkeit tritt besonders bei dem Vergleich mit den Skeleten von Phocaena und Lagenorhynchus sofort in die Augen. Sowohl bei Phocaena wie bei Hyperoodon hat der erste (freie) Brustwirbel das kürzeste, der zehnte Lendenwirbel das längste Corpus vertebrae. Ersteres verhält sich nun zu letzterem bei Phocaena wie 1 : 2, indem der Körper des ersten Brustwirbels 11, des zehnten Lendenwirbels 22 mm in der Länge misst: bei Hyperoodon dagegen wie 1 : 5 (Körper des ersten Brustwirbels 4,5, des zehnten Lendenwirbels 23 cm lang). Das Längsverhältniss der beiderseitigen Wirbelfortsätze betreffend, so sind bei Phocaena und Lagenorhynchus nicht nur die mit stark verlängerten Querfortsätzen versehenen hinteren Brust- und Lendenwirbel, sondern selbst die minder stark in querer Richtung entwickelten vorderen Brustwirbel sämmtlich breiter als hoch. Bei Phocaena z. B. übertrifft schon am ersten Brustwirbel seine Gesammtbreite den Höhendurchmesser um 1 cm, während weiter rückwärts dieses Verhältniss sich so beträchtlich zu Gunsten der Breite steigert, dass der dritte Lendenwirbel bei $9\frac{1}{2}$ cm Höhe bereits 17 cm breit erscheint. In ähnlichem, wenn auch etwas herabgemindertem Verhältniss besitzt der vierte Lendenwirbel von Lagenorhynchus bei 23 cm Breite nur eine Höhe von $16\frac{1}{2}$ cm, steht also an letzterer um $\frac{1}{4}$ gegen erstere zurück. Gerade entgegengesetzt stellt sich das Verhältniss beider bei Hyperoodon dar. Schon der erste (freie) Brustwirbel ist trotz seines noch relativ schwach entwickelten Dornfortsatzes beträchtlich höher als breit. Indem sich dieses Verhältniss weiter rückwärts immer mehr zu Gunsten der Höhe umgestaltet, ist der erste Lendenwirbel bereits bei 50 cm Breite 70 cm hoch, der neunte bei 34 cm Breite sogar 68 cm hoch. Der Dornfortsatz für sich allein ist am neunten Brustwirbel schon fast dreimal, am neunten Lendenwirbel selbst mehr denn fünfmal so lang als jeder seiner Querfortsätze.

Diese ganz ungewöhnliche Längsentwickelung der Processus spinosi bei Hyperoodon ist offenbar einerseits durch die Massigkeit und Schwere des Schädels, andererseits durch die ausnahmsweise grosse Flächenentwickelung der fast senkrecht aufsteigenden Hinterhauptsschuppe bedingt. Ersterer muss nothwendig ein enorm entwickelter Musculus longissimus dorsi entsprechen, welchem die grosse Hinterhauptsfläche einen entsprechenden Anheftungsraum gewährt und welcher seinerseits für den Ursprung der zahlreichen, ihn zusammensetzenden Bündel selbstverständlich eine ungewöhnlich in der Höhenrichtung aus-

[1]) Abhandlungen aus dem Gebiete der Zoologie und vergleichenden Anatomie. 1. Heft (Leiden 1841. 4°). S. 29.

gedehnte Ursprungsfläche erfordert. Dass die Dornfortsätze der vorderen Brustwirbel auch bei Hyperoodon in gleicher Weise, wie es STANNIUS[1]) für Phocaena angiebt, den Bündeln eines zweiten, sich am Hinterhaupt inserirenden Muskels, des M. semispinalis et rectus capitis posticus, zum Ursprung dienen, ist bei dem Form- und Grössenunterschied der vier ersten Processus spinosi den folgenden gegenüber um so wahrscheinlicher.

Lässt sich für die, wenngleich minder auffällige, so doch immerhin recht ansehnliche Längsentwickelung der Wirbelkörper ohne directe Untersuchung des Muskelsystems kein in gleicher Weise überzeugendes Argument beibringen, so ist doch eine Art Ausgleich für dieselbe offenbar in der ungewöhnlich geringen Gesammtzahl der Wirbel bei Hyperoodon zu erblicken. Dieselbe stellt sich nach den bis jetzt vorliegenden Angaben über eine grössere Anzahl von Skeleten durchschnittlich auf 45, welche die geringste bis jetzt überhaupt unter den Cetaceen bekannt gewordene Wirbelzahl ist, wenngleich sich Berardius mit 48, Balaenoptera rostrata mit 49 und Physeter macrocephalus mit 50 nicht gerade allzuweit davon entfernen; während sie auf der anderen Seite gegen Zahlen wie 59 bei Globiocephalus, 63 bei Thursiops, 66 bei Phocaena, 75 bei Delphinus und sogar 88 bei Lagenorhynchus weit zurücksteht. Freilich darf in Betreff dieser niedrigen Wirbelzahl von Hyperoodon nicht unerwähnt bleiben, dass sie mit einer gleichfalls sehr geringen Anzahl von Rippenpaaren, nämlich von 9 — der geringsten bis jetzt überhaupt unter den Säugethieren bekannt gewordenen — zusammenfällt; wenngleich keineswegs letztere ohne Weiteres als das bestimmende Moment für jene Verringerung der Wirbelzahl in Anspruch genommen werden darf, da ebenso gut die geringe Rippenzahl sich als eine Consequenz jener auffassen liesse.

Im Anschluss an diese, die Wirbelsäule von Hyperoodon im Ganzen betreffenden Bemerkungen mag hier noch eine Zusammenstellung der die einzelnen Wirbelcategorien betreffenden Zahlen, wie sie von den nach eigenen Wahrnehmungen urtheilenden Autoren angegeben werden, ihren Platz finden:

	Vert. cervic.	pector.	lumb.	caud.	Summa
G. CUVIER[2])	7		38		45
SCHLEGEL[3])	7	9	9	20	45
WESMAËL[4])	7	9	11	19	46
NILSSON[5])	7	9	?	?	?
VROLIK[6])	7	9	10	19	45
ESCHRICHT[7])	7	9	11	?	?
DUVERNOY[8])	7	9	10	19	45

[1]) Beschreibung der Muskeln des Tümmlers (Delphinus phocaena) in: Archiv für Anatomie und Physiologie. Jahrg. 1849, S. 29.

[2]) Recherches sur les ossemens fossiles. 5. édit., VIII, 2., p. 188.

[3]) Abhandlungen aus dem Gebiete der Zoologie und vergleichenden Anatomie. 1. Heft, S. 29.

[4]) Notice zoologique sur un Hypéroodon (Nouveaux mémoires de l'académie de Bruxelles. XIII. 1841, p. 7).

[5]) Skandinavisk Fauna. I. Däggdjuren (Lund 1847, 8°), p. 625.

[6]) Natuur- en ontleedkundige Beschouwing van den Hyperoodon, p. 34.

[7]) Zoologisch-anatomisch-physiologische Untersuchungen über die nordischen Wallthiere, S. 16.

[8]) Mémoire sur les caractères ostéologiques etc. de Cétacés vivants ou fossiles (Annal. d. scienc. natur. 3. sér. XV, Zoologie, 1851), p. 23–32.

	Vert. cervic.	pector.	lumb.	caud.	Summa
Flower [1])	7	9	8	20	44
Lilljeborg [2])	7	9	10	19	45
Flower [3])	7	9	10	19	45
Gervais [4])	7	9	9	20	45

Von diesen Angaben ist gerade diejenige, in welcher sämmtliche angeführte Autoren übereinstimmen, nämlich die Zahl 7 der Halswirbel, oder, je nachdem man es auffasst, die Zahl 9 der Brustwirbel, so befremdend dies auch klingen mag, falsch: denn die zu einem gemeinsamen grossen Wirbelcomplex verschmolzenen, von den Autoren allgemein als „Halswirbel“ bezeichneten sind in Wirklichkeit zu acht vorhanden. Es muss also entweder, wenn man das Hauptgewicht auf die Verwachsung legt, in der ersten Längsreihe anstatt 7 durchweg die Zahl 8 eintreten, oder wenn man, was richtiger ist, den achten Wirbel als Brustwirbel auffasst, in der zweiten Längsreihe die Zahl 9 mit 10 vertauscht werden.

Der Halswirbelcomplex.

Diese Bezeichnung mag vorläufig den zunächst auf den Schädel folgenden, zu einer gemeinsamen Masse verschmolzenen Wirbeln, deren Zahl, wie eine nähere Betrachtung mit voller Evidenz ergiebt, acht beträgt, beigelegt werden. An dem mir vorliegenden Skelet ist dieser Wirbelcomplex $44^{1}/_{2}$ cm hoch, 50 cm breit und in seinem grössten Durchmesser 21 cm lang; er weist im entfetteten Zustand das ansehnliche Gewicht von 5009 gr nach. Der ihn durchsetzende Canalis vertebralis ist an seiner vorderen, dem Schädel zugewendeten, quer herzförmigen Oeffnung 83 mm hoch und 107 mm breit, verjüngt sich dagegen bis zu seinem hinteren, mehr abgerundet viereckigen (Fig. 3) Ausgang auf 79 mm Durchmesser nach beiden Richtungen hin. Der ihn überwölbende gemeinsame Arcus (Neurapophysis) ist jederseits von sieben — nicht, wie von mehreren Autoren (Dujardin, Gervais) ausdrücklich betont wird, sechs — hinter einander liegenden Oeffnungen oder, richtiger bezeichnet, Canälen, welche den Foramina intervertebralia entsprechen, durchsetzt und erhebt sich zu einem dick kegelförmigen Processus spinosus [5]), welcher von unten und vorn nach oben und hinten schräg ansteigt, rückwärts dagegen senkrecht abstürzt. Die Frage, wie viele von den acht aufeinander folgenden Wirbeln sich an der Herstellung dieses mächtigen Processus spinosus betheiligen, ist nicht ganz leicht mit völliger Sicherheit zu entscheiden: indessen ist wenigstens so viel zunächst unzweifelhaft, dass seine Rückwand dem überwiegend grösseren Theile nach auf den Arcus superior des achten Wirbels (Fig. 3, sp[8])

[1]) Notes on the skeletons of Whales etc. (Proceed. zoolog. soc. of London, 1864, p. 419).

[2]) Sveriges or Norges Ryggradsdjur. I. Däggdjuren (Upsala 1874, 8°), p. 979.

[3]) An Introduction to the osteology of the Mammalia. 3. edit. (London 1885), p. 84.

[4]) Ostéographie des Cétacés, p. 369.

[5]) Das Fehlen der Dornfortsätze, welches Stannius seiner Zeit (Vergl. Anatomie der Wirbelthiere, S. 343) als charakteristisch für die Halswirbel der Cetaceen im Allgemeinen hervorhebt, erleidet mithin hier eine Ausnahme; ausserdem freilich auch nach den Abbildungen Gervais' (a. a. O., pl. XVIII, fig. 7, und XX, fig. 4) bei Physeter und nach Schlegel (Abhandlungen aus dem Gebiete der Zoologie, Heft 2, S. 8) bei Orca gladiator. Selbst dem siebenten Halswirbel von Phocaena und Lagenorhynchus kann ein Processus spinosus nicht abgesprochen werden.

entfällt, da gegen diesen hin beiderseits eine tief eingegrabene, die hintere Fläche von dem gesammten übrigen Kegel deutlich scheidende Furche (Fig. 1—3, s) herabläuft. Für den vor dieser jederseitigen Furche liegenden dicken Zapfen kann mit Wahrscheinlichkeit angenommen werden, dass zu demselben die vier vorderen Wirbel beitragen, da sich unterhalb der abgestumpften Spitze des Kegels jederseits drei wulstige Auftreibungen bemerklich machen (Fig. 1). In diesem Fall würden also der fünfte bis siebente Wirbel von der Zusammensetzung des Processus spinosus ausgeschlossen sein und nach oben nur bis zu seiner Erhebung aus dem Arcus reichen. Die sieben, jederseits unterhalb des Kegels liegenden Foramina intervertebralia (Fig. 1 und 2, 1—7) betreffend, so sind die beiden vorderen und zwar besonders das auf der Grenze von Atlas und Epistropheus gelegene erste deutlich weiter nach oben hinaufgerückt als die fünf hinteren. Bei der Dicke der von ihnen durchsetzten Knochensubstanz sind sie übrigens, wie gesagt, richtiger als Canäle denn als Oeffnungen zu bezeichnen, deren beiderseitige Ausmündungen sich in Form und gegenseitiger Lage nicht unwesentlich von einander unterscheiden. Die in den glattwandigen Canalis vertebralis einmündenden Oeffnungen sind nämlich ungleich weiter, annähernd oval und derart angeordnet, dass ihre gegenseitigen Abstände in der Richtung von vorn nach hinten zwar sehr merklich, aber ganz allmählich kürzer werden. Dagegen erscheinen die an der rauhen Aussenwand des Halswirbelcomplexes liegenden Oeffnungen schmal spaltförmig und sehr unregelmässig über diese vertheilt. Es ist nämlich hier das zweite Foramen intervertebrale vom ersten durch eine doppelt so breite Knochenbrücke getrennt als das dritte vom zweiten — und die vier hintersten (4. bis 7.) erscheinen so dicht aneinandergerückt, dass sie zusammen nur einem Vierttheil des gesammten Längendurchmessers am Wirbelcomplex entsprechen. Mit anderen Worten: an den aufeinander folgenden Einzelwirbeln nehmen ausserhalb die Bögen in der Richtung von vorn nach hinten auffallend an Stärke ab, derart, dass der Bogen des Atlas in der Längsrichtung 41, des Epistropheus 34, des dritten Halswirbels 17, des vierten nur 10 mm u. s. w. misst.

Die oben angegebene grösste Breite des Halswirbelcomplexes von circa 50 cm entfällt etwa auf das vordere Drittheil seiner Länge und entspricht den Endpunkten zweier grosser, auch mehrfach seitens der früheren Autoren, wie Vrolik, Duvernoy und Gervais erwähnter „Querfortsätze“ (Apophyses transversales), deren untere Fläche in annähernd gleichem Niveau mit derjenigen des gemeinsamen Wirbelkörpers zu liegen kommt. Jeder dieser grossen seitlichen Querfortsätze (Fig. 1—3, pc) muss als aus der Verschmelzung seitens der sogenannten Processus costarii (Pleurapophyses) des ersten bis vierten Halswirbels[1]) hervorgegangen aufgefasst werden. Zwar läuft er seitlich nur in drei durch Ausbuchtungen von einander geschiedene Zacken aus; doch ergiebt das Ansehen des vordersten derselben, welcher der bei Weitem dickste und am längsten seitlich hervortretende ist, leicht.

[1]) Duvernoy (Annal. d. scienc. nat., 3. sér., XV: Zoologie, p. 23) sagt von den „sieben“ verschmolzenen Halswirbeln des „Hyperoodon de Baussard“, dass nur „les trois premières composent ensemble une grande apophyse transversale de chaque côté“. Ebenso stellt Gray (Catal. of seals and whales, p. 337) für den Halswirbelcomplex seines Lagenocetus latifrons die Betheiligung eines vierten Wirbels an der Bildung des grossen Querfortsatzes in Abrede. Falls diese Angaben nicht, wie es allerdings zu vermuthen, auf Ungenauigkeit beruhen, würde die Zusammensetzung jener grossen Querfortsätze individuelle Verschiedenheiten darbieten.

dass er aus der Verschmelzung der Processus costarii des Atlas und Epistropheus hervorgegangen ist. Dem entsprechend liegt auch der zweite Zacken, welcher ungleich schwächer ist und seitlich mehr zurücktritt, genau in der Flucht, d. h. im unteren Anschluss an den Bogen des dritten Halswirbels, ebenso wie der dritte, noch kleinere und abermals seitlich weiter zurückweichende Zacken, welcher übrigens auf beiden Seiten sehr ungleich, nämlich linkerseits fast doppelt so hoch und ungleich tiefer herabsteigend als rechts erscheint, in gerader Linie unterhalb des Bogens des vierten Halswirbels gelegen ist (Fig. 1—3, pc^4). Im Bereich des ersten und zweiten Zackens wird jeder Querfortsatz bei etwa 7 cm Abstand von seinem Aussenende in senkrechter Richtung von einem Canal (Fig. 1—3, x) durchsetzt, dessen ovales Lumen 18 mm in der Quer- und 11 mm in der Längsrichtung misst. Dagegen findet sich zwischen dem zweiten und dritten Zacken nur ein tiefer, halb eiförmiger Ausschnitt, welcher einem in der Richtung nach aussen nicht zum Abschluss gelangten zweiten Canal, resp. Foramen entspricht. Beide deuten noch auf eine ursprüngliche Selbstständigkeit der Processus costarii am dritten und vierten Halswirbel hin und ergeben sich als die Reste ihrer gegenseitigen Grenzen, während sie mit einem Foramen transversarium, an welches sie auf den ersten Blick erinnern könnten, nicht das Mindeste gemein haben. Ein wirkliches Foramen transversarium, d. h. eine zwischen Diapophyse und Pleurapophyse liegende Oeffnung besitzt an dem hier in Rede stehenden Wirbelcomplex überhaupt nur der dritte Halswirbel, und zwar ist dasselbe auch an ihm nur rechterseits zum vollständigen Abschluss gelangt, während es linkerseits in der Richtung nach aussen offen geblieben ist (Fig. 1—3, f. tr.). Dieses bei Hyperoodon vereinzelt gebliebene Foramen transversarium[1]) liegt am dritten Halswirbel weit oberhalb jener vorher erwähnten, die Processus costarii durchsetzenden Oeffnungen, etwa auf halbem Wege in senkrechter Richtung zwischen ihnen und den Foramina intervertebralia.

Vom unteren Rande des ersten Foramen intervertebrale steigt an der Aussenfläche des Halswirbelcomplexes eine zuerst tiefe und scharf begrenzte, nach unten sich aber allmählich verflachende Furche herab, welche gleich der über ihr liegenden Oeffnung die Grenze zwischen dem Arcus des Atlas und des Epistropheus andeutet und offenbar der Einlagerung des aus dem Foramen intervertebrale primum heraustretenden Nervus cervicalis secundus dient. Eine gleiche, dem Verlauf des Nervus cervicalis tertius entsprechende Furche nimmt von dem Unterrand des Foramen intervertebrale secundum ihren Ursprung, setzt sich aber, wenn sie vor dem Foramen transversarium des dritten Halswirbels angelangt ist, in mehr als doppelter Breite und sehr viel stärker vertieft bis zu dem Canal fort, welcher den grossen Querfortsatz auf der Grenze vom zweiten zum dritten Processus costarius durch-

[1]) Die Angabe von Stannius (Vergleich. Anatomie der Wirbelthiere, S. 344, Anmerk. 3): „Die Canales vertebrales (d. h. die Foramina transversaria) fehlen bei den Cetaceen an allen Halswirbeln", trifft demnach für Hyperoodon ebenso wenig wie für Balaenoptera, wo sie nach den schönen Abbildungen Burmeister's (Atlas de la description physique de la République Argentine. 2. Section: Mammifères. Buenos Aires 1881. fol., pl. IV) sogar an mehreren aufeinanderfolgenden Halswirbeln zur Ausbildung gelangt sind, zu. Ebenso werden sie von Schlegel (Abhandlungen aus dem Gebiete der Zoologie, Heft 2. S. 8) auch für den zweiten und dritten Halswirbel von Orca gladiator hervorgehoben. Selbst Phocaena entbehrt derselben nicht ganz, wenngleich ihr Auftreten hier offenbar ein ausnahmsweises und mehr zufälliges ist; eines der mir vorliegenden Skelete dieser Gattung zeigt den Epistropheus einseitig von einem Foramen transversarium durchsetzt.

setzt. Augenscheinlich dient diese breite untere Rinne zur Einlagerung der Arteria vertebralis, welche, nachdem sie das Foramen transversarium des dritten Wirbels von hinten her passirt hat, in derselben abwärts steigen wird, um sodann durch den unter ihr liegenden Canalis intercostarius hindurchzutreten und auf diesem Wege an die Vorderseite des Atlas zu gelangen.

Im Gegensatz zu den vier vorderen Halswirbeln gehen allen folgenden die im Vorstehenden erörterten Processus costarii vollständig ab, so dass die auf die „grossen Querfortsätze" folgende glatte Seitenwand des Wirbelcomplexes lediglich durch die verschmolzenen Wirbelkörper hergestellt wird. Dagegen kommen dem vierten bis achten Wirbel (in Uebereinstimmung mit dem dritten) Diapophysen zu, welche als hakenförmige Fortsätze der zwischen den Foramina intervertebralia liegenden Wirbelbögen die Richtung nach aussen und unten einschlagen. An diesen Diapophysen treten ähnliche Asymmetrieen, wie sie bereits für die Processus costarii des vierten und die Foramina transversaria des dritten Halswirbels erwähnt wurden, indessen noch in ungleich auffallenderer Weise hervor. Diejenige des vierten Wirbels ist nämlich linkerseits dreimal, diejenige des fünften wenigstens doppelt so lang als rechterseits, während die des sechsten und siebenten allerdings sehr viel unscheinbarere Ungleichheiten darbieten, freilich auch nur sehr rudimentär, in Form dünner, comprimirter Leisten zur Ausbildung gelangt sind. Um so stärker ist wieder die Form- und Grössendifferenz an den Diapophysen des achten Wirbels und zwar von den vorangehenden auch darin abweichend, dass an ihm die linke Seite die Verkümmerung, die rechte dagegen (Fig. 2 und 3, di⁸) eine extravagante Vergrösserung zur Schau trägt. Während nämlich die linke Diapophyse dieses achten Wirbels in Form einer dünnen, comprimirten Knochenlamelle nur auf 3 cm Länge seitlich über diejenige des vorhergehenden (7.) Wirbels hinaustritt, ist die rechte zu einem 8½ cm langen und mindestens dreimal so dicken Fortsatz entwickelt, welcher, schräg nach aussen und vorn gerichtet, die kurzen Diapophysen der vier vorangehenden Wirbel (4. bis 7.) von aussen her umgeht und beinahe bis an die Diapophyse des dritten Wirbels, deren Aussenende er sich zuwendet, heranreicht, von diesem nämlich nur um den geringen Abstand von 7 mm entfernt bleibt. Abgesehen von dem immerhin bemerkenswerthen Umstand, dass sich bei Hyperoodon die Asymmetrie des Schädels auch auf die ihm zunächst folgende Wirbelgruppe in weiterer Ausdehnung überträgt, beansprucht die ausnahmsweise Vergrösserung der rechtsseitigen Diapophyse gerade an diesem achten Wirbel (Fig. 3, di⁸) dadurch noch ein besonderes morphologisches Interesse, dass sie sich in Form und Grösse den Diapophysen der folgenden (freien) Brustwirbel ungleich näher anschliesst als denjenigen der vorhergehenden (eigentlichen) Halswirbel und dadurch einen ersten Hinweis dafür liefert, dass dieser achte, in den Halswirbelcomplex mit aufgenommene Wirbel dieser Categorie im Grunde überhaupt nicht angehört. Es zeigt sich nämlich diese rechtsseitige Diapophyse desselben auch dadurch als sehr eigenthümlich gebildet, dass ihr Aussenende oberhalb deutlich aufgewulstet und dass der unter dieser Aufwulstung liegende Theil ihrer Hinterwand sehr merklich zu einer flachen Grube von 27 mm Querdurchmesser vertieft ist, ganz als sei dieselbe zur Anlehnung eines Tuberculum costae bestimmt. Es tritt mithin an dieser Diapophyse die deutlich ausgesprochene Tendenz hervor, sich in ihrer Form den mit einer wirklichen Facies articularis versehenen Diapophysen der (freien) Brustwirbel zu nähern, ohne dass es jedoch im Anschluss an dieselbe bereits zu einer Rippenbildung gekommen ist.[1])

Der an der ganzen unteren Fläche des Halswirbelcomplexes, ausserdem aber auch — im Bereich seiner kleineren, hinteren Hälfte — seitlich frei hervortretende Wirbelkörper lässt nur noch stellenweise Andeutungen einer Verschmelzung aus Einzelwirbeln erkennen. Eine Grenzlinie zwischen dem Corpus atlantis et epistrophei ist überhaupt nicht, eine solche zwischen demjenigen des Epistropheus und des dritten Halswirbels nur ganz undeutlich nahe der Medianlinie der unteren Fläche wahrzunehmen. Ungleich deutlicher grenzt sich ebenda der Körper des vierten Wirbels gegen denjenigen des dritten und der auf ihn folgenden ab, in der Richtung nach vorn nämlich durch einen von einer Einsenkung gefolgten queren Wulst, nach hinten durch eine deutlich vertiefte, stark eingerissene Querlinie. Eine solche deutet auch wieder die Grenze zwischen dem Körper des siebenten und achten Wirbels an, während diejenigen des fünften bis siebenten völlig in Eins zusammengeschmolzen erscheinen. Abweichend von diesen an der unteren Fläche angedeuteten Grenzlinien zeigt die dem vierten bis siebenten Wirbel entsprechende Seitenwand des Corpus vertebrae keine Spur solcher, erscheint vielmehr vollkommen geglättet. Nur der Körper des achten Wirbels ist hier theilweise von demjenigen des siebenten dadurch gesondert, dass von dem unteren Rand seiner Diapophyse eine hohe und scharfrandige Crista im Bereich seines oberen Dritttheiles fast senkrecht herabsteigt. Ebenso lässt sich im Inneren des Medullarrohres die Grenze zwischen dem Corpus vertebrae des siebenten und achten Wirbels deutlich verfolgen. Zwischen den Foramina intervertebralia des siebenten Paares verläuft nämlich eine der unteren Fläche entsprechende Querfurche, welche indessen hier in der Medianlinie etwas schneppenartig nach vorn hervortritt, gerade wie dies auch mit dem Hinterrande des achten Wirbels der Fall ist.

Wenn sich nach alledem schon das Corpus vertebrae dieses achten Wirbels von demjenigen der vorangehenden fast continuirlich ungleich schärfer absetzt, als es bei jenen unter einander der Fall ist, so fehlt es auch im Bereich seines Arcus an deutlichen, auf einen ursprünglich selbstständigen Wirbel hinweisenden Grenzlinien keineswegs. Von solchen haben die bereits oben erwähnten tiefen Furchen, welche an der rechten und linken Seite der Hinterwand des dicken kegelförmigen Processus spinosus zuerst convergirend, sodann aber fast parallel verlaufend aufsteigen, um etwa 7 cm unterhalb des stumpfen Endzapfens plötzlich zu endigen, schon die Aufmerksamkeit von Gervais[2]) auf sich gelenkt. Dieselben setzen sich mit ihrem unteren Ende fast direkt je in eine schmale und tief eingesenkte, gegen das jederseitige siebente Foramen intervertebrale hin auslaufende Furche fort, welche auch die Diapophyse des achten Wirbels in besonders markirter Weise von den vorangehenden Diapophysen trennt. Auch die zwischen den beiden aufsteigenden Furchen liegende Hinterwand des Dornfortsatzes (Fig. 3, sp*) zeigt darin eine Besonderheit, dass sie ihre

[1]) In sehr ähnlicher Weise umfasst bei Lagenorhynchus albirostris die jederseitige, stark verlängerte und schräg nach vorn gegen den Epistropheus gerichtete Diapophyse des siebenten Halswirbels die kurzen Diapophysen des dritten bis sechsten von aussen her: sie übertrifft hier selbst die Diapophyse des ersten Brustwirbels nicht unbeträchtlich (etwa um 5 mm) an Länge, erscheint aber als rippenlose ungleich dünner und comprimirt.

[2]) a. a. O., p. 369: „La 7. vertèbre a aussi son apophyse épineuse réunie aux précédentes, mais elle reste apparente par suite d'un double sillon." (Dieser „siebente" Wirbel Gervais' ist in Wirklichkeit der achte.)

zuerst deutliche Convexität in der Richtung nach unten allmählich mit einer rinnenförmigen Aushöhlung vertauscht, welche gegen den Canalis vertebralis hin breit dreieckig ausläuft. Indessen alle diese Eigenthümlichkeiten verleihen dem achten Wirbel noch immer kein besonders charakteristisches, von den vorhergehenden auffallend abweichendes Gepräge. Ein solches erhält derselbe zunächst durch die beiderseits vom Foramen vertebrale in der Richtung nach hinten heraustretenden Zygapophysen (Processus articulares posteriores), welche seine gelenkige Verbindung mit dem ersten (freien und rippentragenden) Brustwirbel vermitteln (Fig. 3. zy). Dass derartige Gelenkfortsätze im eigentlichen Sinne den vorhergehenden Wirbeln abgehen, ist bei ihrer gegenseitigen festen Verschmelzung selbstverständlich; indessen mag nicht unerwähnt bleiben, dass sie am fünften bis siebenten wenigstens der Anlage nach und in der verkümmerten Form von kurzen und queren, oberhalb der Foramina intervertebralia liegenden Wülsten nachweisbar sind. Am achten Wirbel sind sie dagegen mit einer Facies articularis von besonderer Grössenentwickelung — selbst grösser als an irgend einem der freien Brustwirbel — versehen und steigen mit dieser schräg von hinten und oben nach vorn und unten herab. Ein zweites Charakteristicum dieses achten Wirbels besteht darin, dass aus der unteren Hälfte seines Wirbelkörpers jederseits eine Parapophyse, d. h. eine Facies articularis pro capitulo (Fig. 1—3, par), zur Aufnahme des ersten Rippenkopfes heraustritt, sowie dass unterhalb dieser Parapophyse der Wirbelkörper selbst einen nach unten, vorn und aussen herabsteigenden, zungenförmigen Fortsatz jederseits (Fig. 3, m) entsendet, wie ein solcher in gleicher Lage, aber in wesentlich reducirter Form und Länge sich auch an dem ersten (freien) Brustwirbel wiederfindet. Wenn Gray[1]) diese Fortsätze gleich den Processus costarii der vorderen Wirbel als „lower lateral processes" bezeichnet, so ist eine solche Identificirung sowohl ihrem Ursprung wie ihrem Verlauf nach unzulässig. Es sind Bildungen sui generis, welche den eigentlichen Halswirbeln überhaupt fehlen. Nach der Analogie mit Phocaena zu urtheilen[2]) dürften sie als Muskelfortsätze fungiren, an welche sich die Sehnen des Musculus longus colli, möglicher Weise aber auch zugleich diejenigen des Musculus rectus capitis anticus anheften. Endlich verdient noch hervorgehoben zu werden, dass das Corpus vertebrae dieses achten Wirbels abweichend von allen vorangehenden eine nach unten herausspringende, stumpfe und breite Medianleiste besitzt, welche auch ihrerseits an gleicher Stelle dem ersten (freien) Brustwirbel, wenngleich in etwas abgeschwächtem Maasse, zukommt.

Der im Vorstehenden geschilderte Wirbelcomplex zeigt so zahlreiche und von dem gewöhnlichen Verhalten der Cetaceen-Halswirbel so wesentlich abweichende Eigenthümlichkeiten, dass sich an denselben nothwendiger Weise eine ganze Reihe morphologischer Fragen und Betrachtungen knüpft. Beruht die hier nachgewiesene, ganz exceptionelle Zahl von acht Wirbeln auf einer individuellen Abweichung oder ist sie als eine für die Gattung Hyperoodon typische und constante anzusehen? Sind diese acht Wirbel sämmtlich als Halswirbel im gewöhnlichen Sinne des Wortes in Anspruch zu nehmen oder handelt es sich hier nicht vielmehr um eine — dann allerdings sehr isolirt dastehende — Verschmelzung

[1]) Catalogue of seals and whales, p. 337.

[2]) Vgl. Stannius, Beschreibung der Muskeln des Tümmlers (Archiv für Anatomie und Physiologie, 1849, S. 31).

heterogener Elemente, in der Weise, dass den auch bei anderen Cetaceen, z. B. bei Balaena mysticetus[1]), unter einander fest verschmolzenen Halswirbeln sich noch der erste der darauf folgenden Brustwirbel angeschlossen hat? Zur Erledigung dieser sich unwillkürlich aufdrängenden Fragen wird es einerseits eines Vergleiches des vorstehend beschriebenen Wirbelcomplexes mit weiteren Exemplaren desselben, andererseits mit den von früheren Autoren über dieses Gebilde gemachten, zum Theil wesentlich abweichenden Angaben bedürfen, wobei zugleich die in letzteren hervortretenden Widersprüche ihre Erledigung finden werden.

An dem von GERVAIS[2]) abgebildeten Skelet des Pariser Museums, welches nach seiner Angabe von einem zwischen „Salleuelles et Cabourg" gestrandeten Hyperoodon herrührt, zeigt der (in Fig. 12 von der Atlasseite her dargestellte) Halswirbelcomplex, wie es scheint, genau oder wenigstens in allen Hauptsachen dieselbe Bildung wie an dem Greifswalder Skelet. Nicht nur, dass der gemeinsame Processus spinosus einen völlig ungetheilten dicken Kegel darstellt, so sind auch gegen die ausdrückliche Textangabe GERVAIS' von den „six perforations servant au passage des nerfs rhachidiens" seitens des Zeichners der Tafeln, welcher hier genauer als der Anatom zugesehen hat, zwar klein, aber ganz deutlich deren sieben, wenigstens in die Profilfigur hineingezeichet.

Auch der von GRAY[3]) erwähnte Halswirbelcomplex, an welchem als charakteristisch für seinen Hyperoodon rostratus und zugleich im Gegensatz zu dem fingirten Lagenocetus latifrons der ungetheilte dicke Processus spinosus hervorgehoben wird, dürfte hiernach keine wesentliche Verschiedenheit von dem oben ausführlich beschriebenen darbieten. Dass einer solchen die Angabe von nur „sieben Wirbeln" nicht als thatsächliche Unterlage dienen kann, wird sich aus dem Folgenden zur Evidenz ergeben.

Der von mir selbst wiederholt und genau geprüfte Halswirbelcomplex des im Berliner anatomischen Museum aufgestellten jugendlichen Hyperoodon-Skeletes von nur 5,86 m Länge weicht bei sonstiger wesentlicher Uebereinstimmung, welche sich, wie besonders hervorgehoben zu werden verdient, u. A. auch auf die sieben Foramina intervertebralia jederseits erstreckt, von dem Greifswalder Exemplar nur dadurch ab, dass der gemeinsame, dick kegelförmige Processus spinosus kurz vor seinem hinteren senkrechten Absturz eine deutliche obere Einkerbung zeigt, welche gerade auf die den achten Wirbel nach vorn hin abgrenzenden senkrechten Furchen trifft. Es ist mithin hier der Processus spinosus des achten Wirbels (Fig. 2a, sp[8]) an seinem Gipfel von dem gemeinsamen vorderen Kegel bereits deutlich, wenn auch nur auf eine geringe Tiefe getrennt.

Eine schon bedeutend tiefer einschneidende Sonderung dieses dem achten Wirbel angehörenden Dornfortsatzes bildet VROLIK[4]) an dem Halswirbelcomplex eines dem Leidener Museum angehörenden weiblichen Hyperoodon-Skeletes ab, welches bei 7,11 m Länge dem Greifswalder fast gleichkommt. Die Abbildung desselben im Profil (Fig. 2b) lässt erkennen, dass hier auf einen dicken, vorn schräg ansteigenden, hinten aber nicht ganz senkrecht

[1]) Vgl. R. OWEN, On the anatomy of Vertebrates. Vol. II (1866), p. 419, fig. 285. — FLOWER, Introduction to the osteology of the Mammalia, 3. edit., p. 43 u. 44, fig. 15. Nach letzterem Autor bleibt von den sieben Halswirbeln der Balaena mysticetus der letzte zuweilen frei.

[2]) Ostéographie des Cétacés, pl. XVIII, fig. 11 u. 12. Texte p. 613 u. 369.

[3]) Catalogue of seals and whales, p. 328.

[4]) Natuur- en ontleedkundige Beschouwing van den Hyperoodon, p. 31, pl. IV, fig. 5.

abstürzenden Kegel, durch eine tiefe Kluft von ihm getrennt, ein wenigstens im Bereich seines oberen Drittheiles selbstständiger, im Profil pfeilerförmiger Dornfortsatz (sp⁵) folgt, welcher, wenigstens nach der Abbildung zu urtheilen, eine nicht zu verkennende Formähnlichkeit mit dem Processus spinosus des ersten (freien) Brustwirbels darbietet, hinter diesem aber in der Höhe noch mehr zurücksteht als hinter dem vor ihm liegenden Kegel. Die Beschreibung gedenkt (p. 34) dieses Verhaltens in der Fassung, dass die zu einer gemeinsamen Masse verschmolzenen Halswirbel noch zwei besondere, frei gebliebene Dornfortsätze besässen, deren zweiter dem siebenten („zevenden") Halswirbel entspreche. — Abgesehen von dieser immerhin recht auffälligen Differenz lässt der von Vrolik recht naturgetreu dargestellte Wirbelcomplex die gleiche Zahl von sieben Foramina intervertebralia und zwar in genau entsprechender Vertheilung über die Aussenfläche, wie an dem Greifswalder Exemplar erkennen. Diese sieben Oeffnungen gesteht Vrolik auch im Text unumwunden zu: die erste derselben bezeichne die Grenze vom ersten zum zweiten Wirbel, die fünf übrigen („vijf overige") seien nur durch schmale Brücken von einander geschieden — eine Bezeichnung, welche freilich für die zwischen Foramen 2. und 3. liegende nicht genau zutrifft —, die sechste, zwischen dem 6. und 7. Halswirbel („zesden en zevenden") gelegene sei aber durch eine Mittelwand in zwei geschieden, wodurch „scheinbar die Zahl der Oeffnungen um eine vermehrt sei". Dieser Erklärung entsprechend sind denn auch in der Abbildung die vorderen fünf Oeffnungen mit den laufenden Zahlen 1 bis 5 versehen, die beiden letzten dagegen unter der gemeinsamen Ziffer 6 zusammengekoppelt, während die Zahl 7 erst dem an der vorderen Grenze des ersten freien Brustwirbels gelegenen 8. Foramen intervertebrale verliehen wird. Es liegt demnach hier der sonderbare Fall vor, dass eine völlig richtig erkannte Thatsache in der denkbar geschraubtesten Weise zu erklären versucht oder, mit anderen Worten: geradezu auf den Kopf gestellt wird. Anstatt aus der Constatirung von sieben Foramina intervertebralia den naturgemässen Schluss eines Vorhandenseins von acht Wirbeln zu ziehen, construirt sich Vrolik, offenbar von der Unveränderlichkeit der Siebenzahl präoccupirt, ein Trugbild, für dessen Annahme auch nicht der mindeste sachliche Grund vorliegt. Schon bei Betrachtung der Aussenfläche spricht nichts dafür, dass das siebente Foramen intervertebrale in einem anderen Lagerungsverhältniss zum sechsten stehe, als dieses zum fünften, und dass es im Gegensatz zu diesem nur als ein Theilungsprodukt des sechsten angesehen werden könne. Vollends widerlegt aber diese Auffassung ein einziger Blick auf das Medullarrohr, in dessen Lumen diese hinteren Oeffnungen sich nach Form und gegenseitigem Abstand als völlig gleichwerthige Grössen sowohl unter einander als mit den ihnen vorangehenden zu erkennen geben, jede dazu bestimmt, einen Cervicalnerven hindurchtreten zu lassen. Das völlig übereinstimmende Verhalten dieses von Vrolik dargestellten Wirbelcomplexes in Bezug auf die sieben Foramina intervertebralia mit dem am Greifswalder und Berliner Exemplar festgestellten wird denn auch kaum noch einen Zweifel darüber aufkommen lassen können, dass es sich bei der Zusammensetzung aus acht Wirbeln nicht um eine Zufälligkeit, sondern nur um eine durchaus feststehende Bildung handeln kann, und dass alle Angaben der früheren Autoren von nur sieben in diesem Complex enthaltenen Wirbeln auf einem Beobachtungsfehler beruhen.

Um eine ganz ähnliche Bildung des Halswirbelcomplexes wie bei Vrolik scheint es sich auch an dem von Duvernoy[1]) beschriebenen Skelet des Jardin des plantes, dessen Länge auf 7,15 m angegeben wird und welches von einem im Jahre 1842 bei „Salenave" im Departement Calvados gestrandeten männlichen Hyperoodon herstammt, zu handeln, da Duvernoy über denselben folgende Angaben[2]) macht: „Les sept vertèbres cervicales sont soudées, de manière cependant qu'il y a deux apophyses épineuses distinctes: la première fort grande répond aux six premières vertèbres, et la seconde à la septième. Il y a de même deux paires d'apophyses transverses et six trous de conjugaison distincts." Dass auch hier die Angabe von „sieben" Wirbeln und von „sechs" Intervertebralöffnungen nicht dem wirklichen Sachverhalt entspricht, kann als sicher gelten.

Die Absonderung eines besonderen, dem achten Wirbel entsprechenden Processus spinosus von dem vorangehenden dicken Kegel hat Gray[3]) sogar generisch zu verwerthen versucht, indem er diese Bildung als für seinen Lagenocetus latifrons charakteristisch und im Gegensatz zu Hyperoodon rostratus hinstellt. Dass sich indessen diese Bildung, welche, wie sich aus der Gray'schen Holzschnittfigur 66 ergiebt, mit der von Vrolik und Duvernoy erwähnten völlig identisch ist, keineswegs nur an die mit Lagenocetus latifrons bezeichnete Schädelform bindet, sondern auch an Skeleten vorkommt, deren Schädel noch die niedrigeren und weiter von einander abstehenden Supraorbitalkämme der Maxillen aufweist, lehren eben die Fälle von Vrolik und Duvernoy, in welchen es sich um die letztere Schädelform handelt, zur Genüge. Gleich hinfällig ist auch die Angabe Gray's, dass für den Halswirbelcomplex seines Lagenocetus latifrons die besondere Länge und Vorwärtskrümmung der Diapophyse des „siebenten" (in Wirklichkeit: achten) Wirbels im Gegensatz zu Hyperoodon rostratus charakteristisch sei. Denn es würde dann der oben beschriebene Halswirbelcomplex des Greifswalder Skeletes rechterseits einem „Lagenocetus latifrons", linkerseits dagegen einem „Hyperoodon rostratus" im Sinne Gray's angehören, ebenso wie die Vrolik-Duvernoy'schen Skelete nach ihrem Halswirbelcomplex der erstgenannten, nach ihrer Schädelbildung der zweiten Gattung zugerechnet werden müssten.

Mit der durch die drei vorstehend erwähnten Fälle repräsentirten Absonderung des dem achten Wirbel zukommenden Processus spinosus hat es indessen bei der Variabilität, in welcher der Halswirbelcomplex von Hyperoodon sich bewegt, noch nicht sein Bewenden, sondern sie geht, wie ein von Gervais[4]) erwähnter Fall beweist, selbst bis zur völligen Abtrennung dieses achten Wirbels von den sieben mit einander verschmolzen bleibenden vorderen vor. Die auf diese, jedenfalls sehr selten vorkommende, aber morphologisch besonders interessante und wichtige Abweichung bezüglichen Angaben Gervais' lauten wörtlich:

[1]) Mémoire sur les caractères ostéologiques des genres nouveaux etc. de Cétacés vivants ou fossiles (Annal. d. scienc. natur., 3. sér.: Zoologie XV, 1851, p. 1—71), p. 48.

[2]) Ebenda, p. 23 charakterisirt Duvernoy den offenbar einem anderen Skelet angehörenden Halswirbelcomplex folgendermaassen: „Les sept vertèbres cervicales sont soudées en une pièce unique, formant une seule apophyse, épaisse et très saillante", und weiter: „Cette dernière vertèbre reste d'ailleurs distincte dans tout son arc et une grande partie de son apophyse épineuse, qui semble former par sa soudure à l'apophyse épineuse commune la moitié (?) postérieure de l'extrémité de celleci". — Möglicher Weise ist dieses Skelet das von Gervais (Ostéographie, pl. XVIII) abgebildete des Pariser Museums; wenigstens zeigt diese Abbildung einen ungetheilten Processus spinosus am Halswirbelcomplex.

[3]) Catalogue of seals and whales, p. 347 u. 348, fig. 65, 66.

[4]) Ostéographie des Cétacés, p. 370.

„Le squelette observé par Hunter a. comme celui du muséum de Paris. qui convient de la plage de Sailenelles. les sept vertèbres cervicales réunies en un seul os. et il est de même pour l'un de ceux que posséde le muséum de Bruxelles. qui a été décrit par Wesmaël. Mais dans l'autre du même musée. la septième cervicale est indépendante des autres vertèbres de cette région. aussi bien par son corps que par son arc neurapophysaire." Gervais fügt dem noch hinzu. dass das in Rede stehende Skelet allerdings einem „sujet encore peu avancé en âge" angehöre. dass hieraus aber. wie das zuvor von ihm besprochene Verhalten des embryonalen Halswirbelcomplexes beweise. kein Grund für die Abweichung hergeleitet werden könne.

Endlich könnte man sich durch eine recht auffallende Angabe Wesmaëls[1]) veranlasst fühlen. noch das Vorkommen eines anderen abweichenden Verhaltens des Halswirbelcomplexes, welches dem letzterwähnten gerade diametral entgegengesetzt wäre. anzunehmen. Wesmaël macht nämlich über das 6,70 m lange Skelet eines im September 1840 bei Borgshuis in Holland gestrandeten Hyperoodon-Weibchens die ganz aphoristische Bemerkung: „Les vertèbres sont au nombre de 46. savoir: 7 cervicales soudées ensemble. 9 dorsales. dont la première soudée par son corps avec les cervicales". ohne diese dem gewöhnlichen Verhalten gegenüber sehr bemerkenswerthe Abweichung irgendwie näher zu erörtern. Welches hier der wirkliche Sachverhalt ist. könnte indessen wohl nur durch direkte Untersuchung des betreffenden Skeletes festgestellt werden. Jedenfalls wäre es. wenn wirklich die von Wesmaël angedeutete Abweichung vorläge. auffallend. dass Gervais bei Anführung dieses Skeletes derselben mit keinem Worte erwähnt. im Gegentheil die Bildung des Halswirbelcomplexes als die normale bezeichnet. Für die morphologische Deutung des Halswirbelcomplexes wird die Wesmaël'sche Angabe unter allen Umständen ausser Betracht zu bleiben haben.

Alle im Vorstehenden über den Halswirbelcomplex von Hyperoodon gemachten Untersuchungen und Literaturangaben zusammengefasst. so ergiebt sich nach Richtigstellung des in letzteren enthaltenen durchgängigen Irrthums von nur „sieben" Wirbeln und „sechs" Foramina intervertebralia — eines bei der Grösse des Objektes und dem klar vorliegenden. kaum zu verkennenden Sachverhalt schwer begreiflichen und nur aus einer vorgefassten Meinung zu erklärenden Missgriffs sämmtlicher früherer Autoren — eine an demselben auftretende vierfache. aber stufenweise erfolgende Modifikation: 1) Sämmtliche acht Wirbel sind in allen ihren Theilen zu einer continuirlichen Masse verschmolzen (Mus. Gryph., Skelet von Hunter. Skelet im Pariser Museum bei Gervais. Skelet von Wesmaël. wenigstens nach Gervais. bei Gray. Eschricht. etc.). 2) Der Processus spinosus des achten Wirbels ist nur im Bereich seines Gipfels von dem vorangehenden dicken Kegel gesondert (Skelet im Berliner anatomischen Museum). 3) Der Processus spinosus des achten Wirbels ist durch einen tief herabreichenden Spalt von dem vorangehenden dicken Kegel getrennt (Skelete von Vrolik. Duvernoy und Lilljeborg. Halswirbel von Lagenocetus latifrons bei Gray). 4) Der achte Wirbel ist seinem ganzen Umfang nach von den verschmolzenen sieben vorderen getrennt (Skelet eines jüngeren Individuums im Brüsseler Museum nach Gervais). Ueber die relative Häufigkeit dieser vier Abstufungen sowie über etwaige weitere, sich

[1]) Notice zoologique sur un Hypéroodon (Nouv. Mémoires de l'académie de Bruxelles. XIII. 1841). p. 7.

zwischen dieselben einfügende, müssen künftige Untersuchungen entscheiden. Indessen schon die gegenwärtig zur Kenntniss gekommenen sind vollkommen geeignet, den Halswirbelcomplex in überzeugender Weise morphologisch zu deuten. Derselbe stellt sich unzweifelhaft als ein Verschmelzungsprodukt der sieben, allgemein bei den Cetaceen vertretenen Hals- oder Cervicalwirbel mit einem ersten — hier nicht einmal rippenlosen — Brustwirbel, welchen man allenfalls auch als „Uebergangswirbel“[1]) bezeichnen kann, dar. Für diese Auffassung würde der verschiedene Grad der Verschmelzung, resp. der Lostrennung, welchen der Processus spinosus des achten Wirbels erkennen lässt, für sich allein noch nicht entscheidend sein. Dagegen ist er dies im vollsten Maasse durch seine Combination mit einer Reihe von Merkmalen, welche dieser achte Wirbel mit den rippentragenden Brustwirbeln gemeinsam hat und durch welche er sich andererseits den sieben Halswirbeln gegenüber scharf unterscheidet. Als solche sind nochmals die hinteren Zygapophysen, die Facies articularis pro capitulo, die obere und untere Trennungsfurche des Corpus vertebrae gegen den siebenten Wirbel hin, die unteren Apophysen und die mediane stumpfe Längsleiste des Corpus vertebrae, endlich auch die wenigstens rechterseits (an dem Greifswalder Exemplar) ungewöhnlich kräftig ausgebildete Diapophyse hervorzuheben. Denkt man sich diesen achten Wirbel, wie es nach GERVAIS bei jenem jugendlichen Brüsseler Skelet ja in Wirklichkeit der Fall ist, von den sieben eigentlichen Halswirbeln losgelöst, so hat man in der That einen dem ersten (freien) Brustwirbel in allen Stücken gleichenden vor sich.

Allerdings scheint nach unserer gegenwärtigen Kenntniss von dem Cetaceen-Skelet, an welchem bekanntlich gerade die Halswirbel die denkbar grösste Mannigfaltigkeit in Bezug auf Verschmelzung einzelner, mehrerer oder aller unter einander darbieten, die Mitaufnahme eines Brustwirbels in die Halswirbelmasse, wie sie bei Hyperoodon unzweifelhaft zum Austrag gekommen ist, völlig ohne Gleichen dazustehen. Zwar giebt F. S. LEUCKART[2]) für „Delphinus orca“ (Orca gladiator auct.) an, dass von den sieben Halswirbeln die vier ersten mit einander verwachsen, die beiden darauf folgenden getrennt und der letzte (siebente) mit dem ersten Rückenwirbel verwachsen sei. Jedenfalls könnte aber eine solche Verwachsung, wenn die sie betreffende Angabe nicht überhaupt auf einem Irrthum beruht, nur eine exceptionelle und zufällige sein, da ihrer, soviel mir bekannt geworden, sonst von keinem anderen Autor Erwähnung geschieht, was doch bei der wiederholten Beschreibung des Orca-Skeletes unzweifelhaft der Fall gewesen sein würde. Weder bei SCHLEGEL[3]), noch bei GERVAIS[4]), noch bei VAN BAMBEKE[5]), welche über die Halswirbel von Orca auf Grund

[1]) Das für den ersten Brustwirbel gültige Kriterium, dass er ein sich mit dem Sternum verbindendes Rippenpaar trage (vgl. H. VON IHERING, Das peripherische Nervensystem der Wirbelthiere, S. 3), lässt für den vorliegenden Fall insofern im Stich, als bei der Vertheilung der Diapophyse und der Parapophyse auf zwei aufeinander folgende Wirbel es arbiträr bleibt, ob der sich mit dem Capitulum oder der sich mit dem Tuberculum der Rippe verbindende Wirbel als der eigentliche Träger derselben zu gelten habe. Sieht man das Capitulum als den wichtigeren, bei den Cetaceen freilich am wenigsten constant ausgebildeten Theil der Rippe an, so würde der in Rede stehende achte als der erste Brustwirbel in Anspruch zu nehmen sein.

[2]) Einige Bemerkungen über die Bildung der Halswirbelknochen bei Cetaceen (Zoologische Bruchstücke, II, 1841, S. 63).

[3]) Abhandlungen aus dem Gebiete der Zoologie und vergleichenden Anatomie, II, S. 8.

[4]) Ostéographie des Cétacés, p. 545.

[5]) Quelques remarques sur les squelettes de Cétacés etc. (Bullet. de l'acad. roy. de Belgique, 2. sér., XXVI, 1868, p. 251.

selbstständiger Anschauung speciellere Angaben machen, findet sich von dieser Verwachsung mit dem ersten Brustwirbel auch nur ein Wort; ja es werden sogar seitens der beiden erstgenannten Autoren die vier letzten Halswirbel im Gegensatz zu den drei verschmolzenen vorderen ausdrücklich als vollkommen frei bezeichnet, während VAN BAMBEKE umgekehrt die vier vorderen im Bereich der Körper sowohl wie der Processus spinosi mit einander verschmolzen vorfand.[1]) Aber auch bei der Gattung Physeter, für welche man bei ihrer unmittelbaren Verwandtschaft mit Hyperoodon wohl am ersten auf die Vermuthung eines entsprechenden Befundes kommen könnte, ist nach der Abbildung, welche GERVAIS[2]) von den Halswirbeln gegeben hat, ein derartiges Hineinziehen des ersten Brustwirbels in den Halswirbelcomplex, von welchem sich hier übrigens der Atlas emancipirt hat, offenbar nicht perfekt geworden, da jener ganz deutlich nur fünf Foramina intervertebralia erkennen lässt. Immerhin dürfte es mit Rücksicht auf das bei Hyperoodon vorliegende, eigenartige und deshalb offenbar bisher missverstandene Verhalten angezeigt erscheinen, den verschiedenen Verschmelzungsfällen der Cetaceen-Halswirbel und einer etwaigen Mitaufnahme eines Brustwirbels eine speciellere Aufmerksamkeit zuzuwenden. Es erscheint dies um so wünschenswerther, als selbst über die Halswirbel der leichter zu beschaffenden kleineren Delphinoiden, wie z. B. Phocaena communis, noch gegenwärtig einander recht widersprechende und ungenaue Angaben vorliegen.

So findet sich z. B. bei OWEN[3]) und ebenso bei HUXLEY[4]) die dem wirklichen Sachverhalt durchaus nicht entsprechende Angabe vor, dass bei dem „common Porpoise": „the seven cervical vertebrae are all ankylosed together", während GIEBEL[5]) im Widerspruch mit sich selbst einmal nur die sechs vorderen, das andere mal alle sieben bei derselben Gattung und Art als verschmolzen bezeichnet. Letztere Angabe, dass „sämmtliche Halswirbel zu einem starken Wirbel verschmolzen" seien, findet sich ferner auch bei HASSE.[6]) FLOWER hat sich in Bezug auf diesen Fall die Hände weniger gebunden, indem er[7]) sagt: „In all the other Delphinidae (Delphinus, Orca, Globicephalus, Phocaena etc.) at least the first and second cervical vertebrae are united by both body and spine, and most commonly some of the succeeding vertebrae are joined to them. If any are free, it is always those situated most posteriorly etc." Gegen diese Angabe lässt sich auch für Phocaena kein Widerspruch erheben, denn ich finde an mehreren von mir untersuchten Skeleten dieser Gattung in übereinstimmender Weise, dass nur die fünf vorderen Halswirbel mit einander verschmolzen, der sechste und siebente dagegen völlig isolirt geblieben sind. Aber auch unter den fünf vorderen sind es nur der Atlas und Epistropheus, an welchen die Verschmelzung ringsherum durchgeführt ist, während sie sich am dritten bis fünften auf die Wirbelkörper beschränkt, nicht auf die selbstständig bleibenden, übrigens oberhalb unvoll- [illegible]

[1]) Im Widerspruch hiermit giebt GIEBEL (in: BRONN's Klassen und Ordnungen des Thierreichs, VI. 5, S. 255) in auffallender Weise an: „Bei Orca sind sämmtliche Halswirbel verwachsen" (wohl Verwechselung mit Hyperoodon?).

[2]) Ostéographie des Cétacés, pl. XVIII, fig. 6 u. 7, XX, fig. 4.

[3]) On the anatomy of Vertebrates, II, p. 298.

[4]) Manual of the anatomy of vertebrated animals (London 1871), p. 403.

[5]) a. a. O., S. 255 u. 280.

[6]) Studien zur vergleichenden Anatomie der Wirbelsäule u. s. w. (Anatomische Studien, I. Bd., 1. Heft, S. 134).

[7]) An Introduction to the osteology of the Mammalia (London 1885), p. 46.

ständigen, nämlich nicht geschlossenen **Wirbelbögen** überträgt. Erst am sechsten und siebenten Wirbel erreicht der Arcus vertebrae durch medianen Schluss seiner Schenkel wieder die normale Form und bildet sogar einen kurzen, abgestumpften (am 6.), resp. höheren, kegelförmigen (am 7.) Processus spinosus.[1]) Die volle Selbstständigkeit dieser beiden hinteren Wirbel giebt sich darin zu erkennen, dass ihre Wirbelkörper bei aller ihrer scheibenförmigen Dünnheit unter einander sowohl wie gegen den fünften Hals- und den ersten Brustwirbel hin durch Intervertebral-Ligamente geschieden werden, deren Dünnheit allerdings nur einen sehr geringen Grad von Beweglichkeit der betreffenden Wirbel an einander voraussetzen lässt. Diapophysen kommen ausser dem Atlas und Epistropheus nur dem siebenten Halswirbel von Phocaena zu und sind an diesem in der Regel nur ganz kurz, etwa auf 6 mm Länge aus dem äusseren Contour des Arcus vertebrae heraustretend, so dass ihr gegenseitiger Abstand in der Quere 49 mm beträgt. Es kommen hiervon indessen, wie eines der mir vorliegenden Skelete zeigt, sehr bemerkenswerthe Abweichungen vor, welche zugleich von besonderem morphologischen Interesse sind. An diesem Skelet haben nämlich die Diapophysen des siebenten Halswirbels die ungewöhnliche Längsentwickelung von 14 mm erreicht und entfernen sich mit ihren Enden um 69 mm von einander. Dabei ist die rechtsseitige Diapophyse, welche keine Rippe trägt, gegen ihr freies Ende hin stark verschmälert, einerseits niedrig, andererseits stark comprimirt; auf der linken Seite dagegen, wo sich der Diapophyse eine überzählige, vor den normalen zwölf Brustrippen liegende Halsrippe anfügt, erscheint sie an ihrem Ende doppelt so hoch und zugleich — in der Längsrichtung — knopfartig verdickt. Die ihr entsprechende Halsrippe ist bei 11 mm Breite 74 mm lang, besitzt nach Art der vorderen Brustrippen in annähernd normaler Ausbildung ein Capitulum und ein Tuberculum, erreicht aber nicht das Sternum, sondern heftet sich mit einem sehnenartigen Ausläufer ihres sternalen Endes dem Vorderrand der ersten Brustrippe an.[2]) Es zeigt demnach an diesem Phocaena-Skelet der siebente Wirbel linkerseits ein ähnliches Verhalten, wie der oben geschilderte achte Wirbel des Hyperoodon-Skeletes auf seiner rechten Seite. In beiden Fällen vergrössert sich die Diapophyse und nimmt den Anlauf zu einer Rippenbildung, welche hier zum Austrag gekommen, dort unterblieben ist.

Schliesslich mag noch erwähnt werden, dass eine von Burmeister[3]) zur Kenntniss gebrachte Bildung der Halswirbel von Epiodon australe sich wenigstens in einer Hinsicht, nämlich in der Verschmelzung des siebenten Hals- mit dem ersten Brustwirbel im Bereich der beiderseitigen Neurapophysen und der Processus spinosi dem bei Hyperoodon gekenn-

[1]) Eine Modifikation des oben beschriebenen Verhaltens geht in einem mir vorliegenden Fall dahin, dass der Bogen des 3. bis 5. Wirbels geschlossen und zugleich mit demjenigen des Atlas und Epistropheus an der Spitze verschmolzen ist, während dagegen der Bogen des (freien) sechsten Wirbels oberhalb weit geöffnet bleibt.

[2]) van Beneden (Bullet. de l'acad. de Belgique, 2. sér., XXVI, 1868, p. 13 f., pl. 2) beschreibt in einer sehr launigen Kritik der von J. E. Gray auf accidentelle überzählige Rippen gegründeten Cetaceen-Gattungen und Arten einen ähnlichen Fall von Phocaena communis, welcher von dem obigen darin abweicht, dass der siebente Halswirbel beiderseits eine Rippe trägt. Diejenige der rechten Seite ist ihrer ganzen Länge nach ausgebildet, so dass sie sich durch ein Os sternocostale mit dem Brustbein — vor der ersten Brustrippe — in Verbindung setzt, während die linksseitige stark verkürzt erscheint, aber eine auffallende Hypertrophie der ersten Brustrippe im Gefolge hat.

[3]) Anales del museo publico de Buenos Aires. Entrega quinta, 1868, p. 332, pl. XVI, fig. 2.

zeichneten Verhalten an die Seite stellt. Bei der genannten Gattung und Art ist diese Verschmelzung um so bemerkenswerther, als von den vorangehenden Halswirbeln nur die drei ersten zu einer gemeinsamen Knochenmasse verwachsen, der vierte und fünfte dagegen unter sich und von den benachbarten getrennt geblieben sind.

Die neun rippentragenden Wirbel.

Im Bereich der rippentragenden Wirbel verjüngt sich das Medullarrohr von vorn nach hinten in seinem Höhendurchmesser nur unmerklich, nämlich von 88 bis auf 82 mm, in der Quere dagegen sehr beträchtlich: von 84 bis auf 45 mm.

Eine sehr auffallende Längszunahme tritt an den aufeinander folgenden Wirbelkörpern jedoch, wie die folgende Zusammenstellung ergiebt, in sehr ungleichmässiger Weise hervor:

	Länge des Corpus vertebrae.	Differenz gegen das vorangehende.
Achter Hals- (verschmolzener erster Brust-)Wirbel . . .	38 mm	mm
Erster freier Brustwirbel .	45 „	7 „
Zweiter „	64 „	19 „
Dritter „ „	78 „	14 „
Vierter „ „	87 „	9 „
Fünfter „ „	100 „	13 „
Sechster „ „	106 „	6 „
Siebenter „ „	130 „	24 „
Achter „	142 „	12 „
Neunter „ „	150 „	8 „

Worauf diese zum Theil höchst auffallenden Differenzen in der Längszunahme beruhen, entzieht sich bei Betrachtung eines einzelnen Skeletes völlig der Beurtheilung. Auffallend ist, dass die beiden grössten Differenzen (6 und 24) unmittelbar auf einander folgen, wobei möglicher Weise in Betracht kommt, dass mit dem siebenten Wirbel, welcher die stärkste Längszunahme erkennen lässt, eine von den vorangehenden wesentlich verschiedene Bildung, die sogenannte lumbare Wirbelform anhebt. Im Uebrigen mögen folgende Maasse dieser neun Wirbel hier ihren Platz finden:

	Breite des Wirbelkörpers an seiner Hinterfläche.	Höhe des Wirbelkörpers an seiner Hinterfläche.	Gesammthöhe der rippentragenden Wirbel.	Gesammtbreite der rippentragenden Wirbel.
1.	170 mm	150 mm	450 mm	355 mm
2.	167 „	152 „	508 „	390 „
3.	170 „	147 „	553 „	387
4.	170 „	147 „	590 „	366 „
5.	162 „	147 „	618 „	352 „
6.	182 „	137 „	625 „	350 „
7.	180 „	136 „	630 „	364 „
8.	185 „	140 „	640 „	414 „
9.	185 „	147	655 „	505

In der Höhenzunahme der aufeinanderfolgenden Processus spinosi tritt die auffälligste Differenz zwischen dem ersten und zweiten, wo sie 7 cm beträgt, hervor, während sie bei den folgenden sich nur zwischen 3 und 4 cm bewegt, vom siebenten an sogar auf 2 cm herabsinkt. Auch die Flächenentwickelung derselben in sagittaler Richtung nimmt an den vier vorderen stark zu (38, 52, 65, 75 mm), schwankt bei den folgenden und wird erst wieder bei den drei letzten eine progressive: 73, 85 und 94 mm. Während sich indessen die Processus spinosi der beiden ersten Wirbel nach oben hin deutlich verjüngen, diejenigen des dritten und vierten sich gleich bleiben, tritt vom fünften an eine deutliche Erweiterung gegen die Spitze hin ein, und zwar derartig, dass der Vorderrand des oberen Endes vom sechsten an immer deutlicher stumpf zahnartig ausgezogen ist.

Nur der erste bis vierte rippentragende Wirbel besitzen — gleich dem achten des Halswirbelcomplexes — Zygapophyses posteriores (Processus articulares descendentes), während solche dem fünften bis neunten vollständig abgehen. Indessen lässt der fünfte noch die oberhalb der Gleitfläche dieser Zygapophysen befindliche knollige Auftreibung, wenn auch in bedeutend abgeschwächtem Maasse, wahrnehmen, so dass an ihm wenigstens noch ein Rest jener Fortsätze verblieben ist. Die schräg von vorn, unten und innen nach hinten, oben und aussen gerichtete Gleitfläche dieser hinteren Zygapophysen bietet nur am ersten und zweiten Wirbel eine ansehnliche Flächenausdehnung und eine deutliche Concavität dar, während sie am dritten und vierten progressiv kleiner und nahezu abgestutzt erscheint. Gegen die vor ihr herabsteigende Diapophyse ist sie am ersten und zweiten durch einen tiefen, am dritten nur noch durch einen seichten Einschnitt getrennt, während ein solcher am vierten Wirbel fehlt. Auch die Zygapophyses anteriores (Processus articulares adscendentes) sind nur an den vier vorderen Wirbeln[1]) in vollkommen deutlicher Ausbildung vorhanden; indessen lässt sich am fünften wenigstens noch eine ansehnliche muldenförmige Vertiefung zur Aufnahme der hinteren Zygapophyse des vierten Wirbels erkennen. Diese Vertiefung ermangelt jedoch des aufgewulsteten Randes, welcher die Gleitfläche der vier ersten vorderen Zygapophysen nach aussen hin umgiebt.

Schon am zweiten rippentragenden Wirbel sprosst im äusseren Anschluss an die Gleitfläche der vorderen Zygapophyse, mithin zwischen dieser und der Basis der Diapophyse ein kleiner warzenförmiger Vorsprung als erster Anlauf zur Herstellung einer Metapophyse (Processus mammillaris der Anthropotomie) hervor. Nachdem diese Metapophyse am dritten

[1]) Wenn GIEBEL (in BRONN's Klassen und Ordnungen des Thierreichs, VI. 5. S. 255) von diesen vorderen Gelenkfortsätzen der Walthiere angiebt, dass sie an „der ganzen übrigen Wirbelsäule mehr ausgebildet" seien, so hat er mit den Gelenkfortsätzen die Metapophysen verwechselt. — Dasselbe geschieht auch von HASSE und SCHWARCK, wenn sie (HASSE, Anatomische Studien, Bd. I, Heft 1, S. 145) von Phocaena communis angeben, dass die vorderen Gelenkfortsätze allmählich höher an dem Bogen hinaufrücken und vom neunten bis dreizehnten Wirbel die Dornfortsätze der vorhergehenden Wirbel umfassen". In Wirklichkeit reichen die mit einer deutlichen Gelenkfläche versehenen Zygapophysen nur bis zum achten (hintere) resp. neunten Wirbel (vordere Zygapophyse), während sich am zehnten bis zwölften nur noch leichte Andeutungen von Gelenkflächen und zwar nur der vorderen Zygapophysen wahrnehmen lassen. Vom ersten Lendenwirbel an sind Zygapophysen überhaupt nicht mehr vorhanden, sondern nur Metapophysen, welche bereits am neunten oder zehnten Wirbel auf jene heraufgerückt sind; und diese sind es, welche beim Schwinden der Gelenkfortsätze den Dornfortsatz des vorhergehenden Wirbels (bis zum Beginn der Schwanzgegend) gabelzinkenartig umfassen. HUXLEY (Anatomy of vertebrated animals, p. 403) sagt daher ganz richtig: „In all but the most anterior of the dorso-lumbar vertebrae, the zygapophyses are abortive; and long accessory processes loosely embrace the spine of the vertebra in front."

Wirbel schon beträchtlich stärker ausgebildet und mehr zitzenförmig aufgetreten ist, erscheint sie am vierten bis sechsten unter allmählich zunehmender Grösse in Form eines dicken und stumpfen Kegels. Während dieser Kegel am fünften Wirbel noch die kleine Gleitfläche der vorderen Zygapophyse nach innen und oben von seinem Ursprung zu liegen hat, ist letztere am sechsten Wirbel völlig verschwunden und mithin die Metapophyse an Stelle der Zygapophyse getreten. Auch am siebenten bis neunten Wirbel ist nur noch die erstere übrig geblieben, nimmt an diesen jedoch eine von den Metapophysen der drei vorhergehenden Wirbel wesentlich verschiedene Form an. Im Gegensatz zu diesen ist sie lamellös, d. h. bei starker seitlicher Compression mehr denn doppelt so hoch geworden, auch gegen die Diapophyse hin durch einen ungleich tieferen Einschnitt ihres unteren Randes geschieden. Die Compression dieser mithin flügelförmigen Metapophysen ist in der Mitte ihrer Höhe beträchtlich stärker als am oberen und unteren Rand, welche eine wulstige Verdickung wahrnehmen lassen. Ein Vergleich derselben mit den stumpf kegelförmigen Metapophysen der vorhergehenden Wirbel ergiebt, dass ihre Höhenzunahme besonders auf Kosten ihres nach aufwärts gerichteten Randes erfolgt ist, während der untere fast in gleicher Flucht mit dem entsprechenden jener verbleibt. Diese ihre flügelartige Erhebung bringt es mit sich, dass die lamellösen Metapophysen der drei letzten (7. bis 9.) rippentragenden Wirbel zu der Neurapophyse des vorhergehenden in eine veränderte Beziehung treten: sie umfassen diesen bis zur Hälfte der Seitenwand des Processus spinosus in Form zweier Gabelzinken und schachteln ihn zwischen sich um so enger ein, je mehr sie ihre zuerst mehr divergirende Richtung mit einer mehr parallelen, also direkt vorderen vertauschen. Dieser in noch grösserer Prägnanz an den folgenden, rippenlosen Wirbeln hervortretende Parallelismus der Metapophysen trägt zu einem ungleich ausgedehnteren seitlichen Verschluss des Medullarrohres, als er an den vorderen rippentragenden Wirbeln vorhanden ist, bei.[1])

Von sogenannten „Querfortsätzen" kommen an den rippentragenden Wirbeln einerseits Diapophysen — zur Einlenkung des Tuberculum costarum — im Bereich der sieben vorderen vor, fehlen dagegen am achten und neunten; andererseits Parapophysen, wiewohl in sehr verschiedenem Grade der Grössen- und Formentwickelung, an allen mit Ausnahme des sechsten.

Die Diapophysen der sechs vorderen Wirbel zeigen bei unbedeutend abnehmender Länge unter sich zwar keine typischen Verschiedenheiten, lassen aber trotzdem sekundäre Formdifferenzen keineswegs vermissen. Während nämlich diejenigen der beiden ersten Wirbel im Bereich ihres Wurzeltheiles, d. h. bei ihrem Hervorgehen aus dem Arcus vertebrae in der Richtung von vorn nach hinten stark comprimirt und — bei der starken knolligen Verdickung ihres der Rippenartikulation dienenden Endes — von oben her betrachtet

1) An dem Skelet von Lagenorhynchus albirostris werden diese flügelförmigen Metapophysen von Claudius in seiner Dissertatio de Lagenorhynchis (Kiliae 1853. 4°. p. 12. als „Processus laterales" bezeichnet, während Münter (Ueber Lagenorhynchus albirostris. S. 29) in ihnen „eigenthümlich gestaltete Aequivalente (?) der Processus obliqui" zu finden glaubt. Dieselben zeigen hier erst vom neunten rippentragenden Wirbel an die seitlich comprimirte Flügelform, sind dagegen vom zweiten bis siebenten unter allmählich zunehmender Länge zapfenförmig. Die Metapophyse des achten Wirbels bildet zwischen beiden Formen den Uebergang. — Stannius (Vergl. Anat. d. Wirbelthiere, S. 345) bezeichnet die Metapophysen der Cetaceen als „Processus accessorii", leitet sie übrigens richtig als allmählich deutlicher hervortretende Abzweigungen von den Diapophysen her.

gekeult erscheinen, mindert sich am dritten und noch mehr am vierten Wirbel diese Compression der Wurzel schon beträchtlich herab, bis sie endlich am fünften und sechsten (Fig. 4, di) bei gleichzeitiger starker Verbreiterung einer Depression Platz macht, so dass die Diapophysen dieser beiden Wirbel von oben betrachtet abgerundet viereckig und bis zu ihrem Aussenrand völlig eben erscheinen, während dagegen ihre Unterseite eine starke Convexität erkennen lässt. Mit dieser Formveränderung des Wurzeltheiles schwindet allmählich auch die knollige Auftreibung des freien Endes, welche nur noch am dritten Wirbel in abgeschwächtem Maasse erkennbar ist, an den folgenden aber völlig fehlt. Den Formdifferenzen dieser seitlichen Enden der Diapophysen entsprechen auch Grössen- und Form-Modifikationen der an ihrer Unterseite gelegenen Foveae pro tuberculo (Fov. costales dorsales s. transversales). Am kleinsten ist diese Fovea pro tuberculo am ersten und sechsten Wirbel, am grössten, nämlich mehr denn doppelt so gross, am dritten, nächst diesem am zweiten. An den vier ersten Wirbeln ist sie ferner von innen nach aussen, also transversal, am fünften und sechsten (Fig. 4, di) dagegen von vorn nach hinten, also sagittal orientirt.

Mit dem siebenten Wirbel (Fig. 5), an welchem zuerst lamellöse (flügelförmige) Metapophysen (m) auftreten, ändert sich auch das Verhalten der Diapophysen in sehr auffallender Weise. Bei ihrem Ursprung vom Arcus vertebrae ungleich — fast um die Hälfte — schmäler als an den beiden vorangehenden, streckt sich die jederseitige Diapophyse des siebenten Wirbels (Fig. 5, di) sehr viel mehr in die Länge (Quere) und, was diesem Wirbel ein besonders eigenthümliches Gepräge und morphologisches Gewicht verleiht, sie trifft an ihrem mit einer grossen Rippengelenkfläche versehenen Aussenende mit einer gleichfalls zur Ausbildung gelangten und in gewöhnlicher Weise aus der Seite des Corpus vertebrae entspringenden Parapophyse (pa) zusammen, um in Gemeinschaft mit ihr ein grosses Foramen transversarium — ganz nach Art des typischen Säugethierhalswirbels — herzustellen. Die sehr grosse, zur Anheftung der siebenten Rippe dienende Fovea pro tuberculo wird an diesem Wirbel, wie ein noch erkennbarer Verschmelzungswulst andeutet, von der Diapophyse und Parapophyse in Gemeinschaft gebildet, jedoch der Art, dass der Diapophyse der bei weitem grössere Antheil zufällt. Sie zeigt einen breit abgerundet dreieckigen, fast herzförmigen Umriss und liegt nicht mehr horizontal an der Unterseite, sondern fast vertikal an der Aussenseite der gemeinsamen Apophyse.

Am achten und neunten rippentragenden Wirbel fehlt zwar eine Diapophyse in der bisherigen Form; doch lässt sich wenigstens linkerseits das Rudiment einer solchen noch in Form eines kleinen warzenförmigen Vorsprungs erkennen, welcher, am achten (Fig. 7, di) ungleich deutlicher als am neunten ausgeprägt, aus dem Vorderrand des unteren Theiles der Neurapophyse hervortritt und zugleich im hinteren Anschluss an die Basis der flügelförmigen Metapophyse (m) zu liegen kommt. An der rechten Seite des achten und neunten Wirbels ist von diesem Vorsprung kaum mehr eine Spur wahrzunehmen.

Auf die Parapophysen der Hyperoodon-Brustwirbel passt der Hauptsache nach die vortreffliche Schilderung, welche J. F. Meckel[1]) von dieser Wirbelgruppe für die Cetaceen

[1]) System der vergleichenden Anatomie. II. 2., S. 267.

im Allgemeinen entwirft: „Die Körper der vorderen Rückenwirbel tragen nicht, wie gewöhnlich, vorn und hinten eine Gelenkfläche für die Rippenköpfchen, sondern nur eine gegen das hintere Ende und meistens höher als gewöhnlich gelegene. Eine noch bedeutendere Ausnahme von der gewöhnlichen Bildung machen die hinteren Rückenwirbel, indem meistens die bei weitem grössere Zahl derselben gar keine Körpergelenkflächen hat, weil nur die Querfortsätze sich mit den Rippen verbinden." Diese Angaben sind für die hier in Rede stehende Gattung in folgender Weise zu vervollständigen und zu modificiren: Parapophysen in Form von „Foveae costales anteriores" zur Aufnahme der Capitula costarum sind — in Uebereinstimmung mit dem achten in den Halswirbelcomplex aufgenommenen Wirbel — nur an den fünf ersten rippentragenden Wirbeln zur Ausbildung gelangt, während der sechste ihrer schon ermangelt. Am ersten rippentragenden Wirbel ist diese Fovea pro capitulo doppelt so gross als diejenige des achten „Halswirbels". Ihr Unterrand geht aus dem Corpus vertebrae nur wenig höher hervor als an jenem, während dagegen ihr oberer Rand sehr viel weiter nach aufwärts reicht und noch eine beträchtliche Strecke über die untere Wurzel der Diapophyse hinaufragt. Ihre Ausdehnung in sagittaler Richtung entspricht fast der gesammten Länge des Corpus vertebrae mit Ausschluss seiner Epiphysen, von welchen die craniale in etwas weiterer Ausdehnung frei bleibt als die caudale; doch scheint sich auch die letztere nicht mit an der Herstellung dieser Parapophyse zu betheiligen. Gegen die vordere Epiphyse hin schliesst sich dem unteren Ende der Fovea pro capitulo am ersten Wirbel ein warzenförmiger Vorsprung an, welcher sich als eine in Form und Grösse abgeschwächte Wiederholung des bereits für den „achten Halswirbel" erwähnten grossen hakenförmigen Fortsatzes darstellt, nur dass er wegen seiner rudimentären Ausbildung bei weitem nicht so tief herabreicht. Dass er mit der Capitular-Artikulation der ersten Rippe ausser aller Beziehung steht, lässt sich durch Anpassung dieser leicht feststellen; offenbar dient er auch seinerseits der Insertion von Halsmuskeln.

An den vier folgenden rippentragenden Wirbeln (2. bis 5.) werden die Foveae pro capitulo progressiv kleiner und rücken zugleich in ihrem Ursprung vom Corpus vertebrae immer höher hinauf, so dass, während sie am ersten unterhalb der Höhenmitte des Wirbelkörpers gelegen sind, sie am fünften etwa dem unteren Ende des zweiten Fünftheils der Höhe entsprechen. Mit diesem immer weiter nach aufwärts verlegten Ursprung geht aber auch eine immer grösser werdende Entfernung von der cranialen Epiphyse der Wirbelkörper Hand in Hand: am zweiten Wirbel entspricht die noch ansehnlich grosse Fovea pro capitulo ihrer Lage nach bereits der hinteren Hälfte des Wirbelkörpers, am fünften nur dem letzten Vierttheil seiner Länge. Der für den ersten Wirbel hervorgehobene warzenförmige Vorsprung fehlt allen folgenden Foveae pro capitulo, welche zugleich immer weniger deutlich aus der Seitenwand des Wirbelkörpers heraustreten.

Nachdem es am sechsten Wirbel durch völliges Eingehen der Fovea pro capitulo überhaupt nicht mehr zur Ausbildung einer eigentlichen Parapophyse gekommen ist — dieselbe ist hier nur durch einen ganz schwachen Höcker, welcher seiner Lage nach dem Vorderrand und dem unteren Ende einer Fovea entspricht, angedeutet —, tritt mit dem siebenten Wirbel ein völlig verändertes Verhalten der Parapophysen ein. Dieselben treten jetzt in Form grosser „Processus transversi" auf, welche aus den Seitenwänden des Corpus vertebrae in horizontaler Richtung hervorgehen. Am siebenten Wirbel bleiben über ihnen noch, wie bereits erwähnt, die Diapophysen nicht nur in gleicher, sondern selbst in ansehnlicherer Grössenentwickelung als an den vorhergehenden bestehen, um sich lateral mit den Parapophysen zu verbinden. Am achten und neunten sind nur noch die letzteren, und zwar hier von besonders ansehnlichen Längs- und Querdimensionen ausgebildet. Die Parapophyse des siebenten Wirbels (Fig. 5, pa) zeigt in sagittaler Richtung den doppelten Durchmesser der Diapophyse, ist also der ungleich kräftiger entwickelte seitliche Fortsatz. Sie entspricht ihrem Hervorgang aus dem Wirbelkörper nach den zwei vorderen Dritttheilen von dessen Längsdurchmesser und ist mit ihrer vorderen Wurzel etwas niedriger als mit der hinteren gelegen, so dass ihre untere Fläche nicht völlig horizontal verläuft, sondern nach rückwärts hin leicht aufsteigt. Ihre vordere, dicht hinter der cranialen Epiphyse entspringende Wurzel lässt etwa 2 cm vom Wirbelkörper entfernt und von diesem durch einen tiefen, gerundeten Ausschnitt getrennt, einen nach vorn und unten hervorspringenden, warzenförmigen Vorsprung erkennen, welcher den Eindruck eines Processus muscularis macht, als solcher auch vermuthlich fungirt, sich aber morphologisch als das Capitulum der siebenten Rippe nachweisen lässt. Während diese vordere Wurzel einen ansehnlichen Höhendurchmesser und einen dicken, aufgewulsteten Unterrand darbietet, ist die hintere ungleich niedriger, fast depress und läuft gegen das hintere Ende des Wirbelkörpers allmählich in Form einer mondsichelförmigen Krümmung aus. Bei der Ansicht von oben zeigt sich daher zwischen der caudalen Epiphyse des Wirbelkörpers und der Artikulationsfläche für das Tuberculum costae ein weiter bogenförmiger Ausschnitt, welcher einem Halbkreise nahe kommt.

Einen so überraschenden Eindruck diese Parapophyse des siebenten Wirbels durch ihre Form und Grössendimensionen gegenüber den auf capitulare Gelenkflächen reducirten der fünf vorderen Wirbel beim ersten Anblick auch macht, so tritt sie doch keineswegs ganz unvermittelt auf. Bei näherer Betrachtung des einer Fovea pro capitulo entbehrenden sechsten Wirbels zeigen sich nämlich an den Seitenwandungen seines Körpers bereits Andeutungen von den beiden Wurzeln der am siebenten zu voller Ausbildung gelangten Parapophyse in Form zweier Wülste, von denen der grössere im Bereich der vorderen Längshälfte des Corpus vertebrae, der kleinere — bereits oben als Rest der Fovea erwähnte — seiner hinteren Epiphyse genähert gelegen ist, letzterer gleichfalls ein wenig höher als ersterer. Denkt man sich diese beiden Wülste stärker aus der Wirbelkörperwand heraustretend und mit einander verschmolzen, so würden sie zusammen eine an gleicher Stelle liegende Parapophyse, wie es diejenige des siebenten Brustwirbels ist, abgeben.

Die Parapophysen des achten (Fig. 7, pa) und neunten Wirbels endlich sind ebensowohl in sagittaler wie in transversaler Richtung von ungleich bedeutenderen Dimensionen als diejenigen des siebenten. In ersterer etwa drei Viertheilen der Wirbelkörperlänge entsprechend, treten sie mit ihrem Aussenende in zunehmendem Maasse über dasjenige der siebenten Parapophyse heraus, sind ungleich stärker depress als diese und gehen nicht mehr völlig horizontal, sondern mit deutlicher Neigung nach abwärts aus dem Wirbelkörper hervor. Die an ihrem abgestutzten Aussenende gelegenen Artikulationsflächen für die Tubercula costarum sind schmal oval, diejenige des achten fast direkt longitudinal orientirt und muldenförmig vertieft, diejenige des neunten dagegen von aussen und vorn nach innen und hinten abgeschrägt und leicht convex.[1])

Aus der vorstehenden Schilderung ergiebt sich, dass unter Hinzurechnung des mit den sieben Halswirbeln verschmolzenen achten sich die Gesammtzahl der rippentragenden Wirbel am Hyperoodon-Skelet auf zehn stellt, dass dieselben indessen zusammengenommen nur neun Rippenpaaren zum Ansatz dienen. Nach ihren ausgesprochensten Differenzen fallen diese Wirbel trotz ihrer relativ geringen Zahl fünf besonderen Categorien zu: Die erste derselben umfasst nur den sogenannten „achten Halswirbel", an welchem zwar die Fovea pro capitulo ausgebildet ist, dagegen die Diapophysen noch der Facies articularis pro tuberculo entbehren. Der zweiten Categorie gehören der erste bis fünfte „freie" Brustwirbel mit neben einander bestehender Einlenkungsfläche für das Capitulum und das Tuberculum einer Rippe an. Die dritte Categorie beschränkt sich abermals auf einen einzelnen, nämlich den sechsten „freien" Brustwirbel, welcher seinerseits nur eine Gelenkfläche an der Diapophyse zur Aufnahme eines Tuberculum costae darbietet, dagegen einer capitularen Gelenkfläche am Corpus vertebrae ermangelt. Der siebente freie Brustwirbel bildet für sich allein die vierte Categorie, welche durch gleichzeitig erfolgte Ausbildung einer Diapophyse und einer Parapophyse, sowie durch die laterale Vereinigung beider zur Herstellung eines Foramen transversarium charakterisirt ist. Endlich der fünften Categorie gehören die nach dem lumbaren Typus gebildeten: achte und neunte rippentragenden Wirbel zu, an welchen nur noch die Parapophysen mit ihrer zur Anheftung des Tuberculum costae dienenden Artikulationsfläche zur Ausbildung gelangt sind.

Unter diesen fünf Wirbelgruppen, deren ausnahmsweise hoch gesteigerte Bildungsdifferenzen nur unter gleichzeitiger Berücksichtigung der von ihnen entspringenden Rippen eine befriedigende morphologische Erklärung finden können, zieht die vierte am meisten und unwillkürlich die Aufmerksamkeit auf sich. Ein (siebenter) rippentragender, also gemeinhin als „Brustwirbel" bezeichneter, aber dennoch ein Foramen transversarium im eigentlichsten Sinne darbietender Wirbel, und noch dazu in weiterer Entfernung von den durch diese Bildung charakterisirten Halswirbeln, also gewiss eine auffallende Erscheinung, trotzdem aber weder von Cuvier und Eschricht, noch von Vrolik[2]) und Duvernoy in ihren mehr oder weniger eingehenden Beschreibungen des Hyperoodon-Skeletes auch nur mit einem Worte angedeutet! Erst Rich. Owen hat auf diese überraschende Bildung in

[1]) Gervais (Ostéographie des Cétacés p. 372) hebt für diese Parapophysen des neunten Wirbels den Mangel einer Artikulationsfläche hervor. Derselbe steht indessen an dem von ihm beschriebenen Skelet damit in Verbindung, dass das neunte Rippenpaar keine vertebrale Anfügung eingegangen war, sondern in Form von „Fleischrippen" auftrat.

[2]) Gerade bei Vrolik's so ausführlicher, wenn auch nicht immer auf das Wesentliche eingehender Schilderung des Hyperoodon-Skeletes fällt die Nichterwähnung dieser Bildung des siebenten Wirbels besonders auf. Entgegen dem wirklichen Sachverhalt hebt er (a. a. O., p. 36) ausdrücklich die doppelte Artikulation der sieben (anstatt sechs) vorderen Rippen mittels Capitulum und Tuberculum an je zwei aufeinander folgenden „Rückenwirbeln", und zwar im Gegensatz zu der achten und neunten, welche nur eine einfache Anfügung erkennen liessen, hervor. Dem entsprechend zeigt auch die von ihm (Taf. II, Fig. 2) gegebene Profil-Abbildung des Skeletes keinerlei Unterschied im Ansatz der siebenten Rippe von denjenigen der vorhergehenden, während an der achten und neunten der einfache und weiter nach abwärts verlegte Ursprung sehr deutlich in die Augen fällt. — Ein ähnlicher Mangel ist auch an der von Gervais (a. a. O., pl. XVIII, fig. 11) gegebenen Darstellung des Skeletes zu rügen, nur dass hier wenigstens die siebente Rippe deutlich des Capitulum entbehrt.

einer kurzen Notiz[1]) aufmerksam gemacht, ohne dieselbe freilich, wie sich später ergeben wird, in überzeugender und sachgemässer Weise zu erledigen. Hier mag in Betreff derselben vorläufig nur erwähnt werden, dass sie keineswegs, wie man bei dem ersten Anblick derselben zu glauben geneigt sein könnte, eine zufällige oder individuelle, sondern eine durchaus constante und für die Gattung charakteristische ist, nur dass sie sich in der oben beschriebenen Form erst an den Skeleten älterer Individuen mit verwachsenen Wirbelkörper-Epiphysen vorfindet. An jüngeren Skeleten bieten die seitlichen Apophysen dieses siebenten Wirbels (Fig. 6) ein wesentlich abweichendes Verhalten dar, welches aber gerade für die morphologische Auffassung der endgültigen Bildung besonders lehrreich ist. An dem mehrfach erwähnten jugendlichen Skelet des Berliner anatomischen Museums mit noch freien Wirbelkörper-Epiphysen gehen nämlich aus den Seiten des siebenten Wirbels gleichfalls eine Diapophyse (Fig. 6, di) und eine Parapophyse (pa), erstere in der Richtung nach aussen abwärts-, letztere ansteigend hervor, treffen aber mit ihren Aussenenden noch nicht zusammen und schliessen daher das zwischen ihnen liegende Foramen transversarium, wenn man es hier überhaupt mit diesem Namen bezeichnen will, in der Richtung nach aussen nicht ab. Ein solcher Abschluss ist nun zwar an diesem noch unfertigen Wirbel unzweifelhaft gleichfalls vorhanden gewesen, hat aber offenbar nur eine knorpelige Consistenz besessen und ist in Folge dessen bei der — in früheren Zeiten bekanntlich weniger sorgfältig ausgeführten — Präparation des betreffenden Skeletes entfernt worden. Es ist daher bei dem Zustand des letzteren auch das ursprüngliche Verhalten der siebenten Rippe zu den beiden Querfortsätzen des siebenten Wirbels gar nicht mehr zu erkennen, und wenn erstere, wie es an diesem Skelet der Fall ist, der Parapophyse künstlich, aber unrichtig angefügt ist, so müssen sich nothwendig alle hierauf gegründeten Schlussfolgerungen Münter's[2]) als hinfällig ergeben. Ein Vergleich der Maasse dieses siebenten Wirbels an dem jugendlichen Berliner und dem ausgewachsenen Greifswalder Skelet:

	jugendlich (Berlin)	ausgewachsen (Greifswald)
Höhe des Processus spinosus, von der Wölbung des Medullarrohres ab: .	28 cm	44 cm
Querdurchmesser des Corpus vertebrae	13 „	18 „

lässt in Verbindung mit dem nicht geschlossenen Foramen transversarium des ersteren

[1]) Note on the transverse processes of the two-toothed Dolphin, Hyperoodon bidens (Annals and magazine of natural history, 2. ser., XII. 1853, p. 435 f.).

[2]) Ueber diverse in Pommerns Kirchen und Schlössern conservirte Walthierknochen (Mittheil. d. naturwissensch. Vereins von Neuvorpommern und Rügen, Bd. V, 1874), S. 59. — In Unkenntniss über die 21 Jahre ältere Angabe Owen's betreffs der Diapophyse und Parapophyse am siebenten Hyperoodon-Brustwirbel hat Münter diese Bildung nach ihrem am oben erwähnten Berliner Skelet bestehenden Verhalten als etwas von ihm neu Entdecktes hervorgehoben und sich zugleich veranlasst gesehen, die Diapophysen Owen's als Processus tuberculares, seine Parapophysen als Processus capitulares zu benennen. Wenn er nun angiebt, dass „nur das Capitulum der siebenten Rippe am Proc. capitularis, nicht das Tuberculum am Processus tubercularis befestigt sei“, so beruht das auf einem doppelten Irrthum: denn erstens besitzt diese siebente Rippe von Hyperoodon überhaupt kein Capitulum und zweitens ist das (an derselben allein ausgebildete) Tuberculum in einer von der Diapophyse und Parapophyse gemeinsam gebildeten Gelenkfläche eingefügt. An den beiden folgenden Wirbeln würde aber das Tuberculum der Rippe sogar ausschliesslich an einem Processus capitularis (!) im Münter'schen Sinne artikuliren. Wenn Verfasser ferner das im Berliner anatomischen Museum aufgestellte Hyperoodon-Skelet als „einem alten Thiere angehörig“ bezeichnet, so ist dies, wie sowohl die noch freien Wirbelkörper-Epiphysen wie das geringe Längsmaass beweisen, gleichfalls unzutreffend.

leicht den Altersabstand beider erkennen; ersterer steht noch reichlich um ein Dritttheil seines Grössenwachsthums gegen letzteren zurück. Dass übrigens ein so eigenartig gestalteter Brustwirbel unter den Cetaceen nicht ganz ohne Gleichen dasteht, geht daraus hervor, dass FLOWER[1]) einen wenigstens annähernd ähnlich gebildeten von Physeter macrocephalus zur Kenntniss bringt. An dem Physeter-Skelet ist es nach ihm der zehnte rippentragende Wirbel, welcher abweichend von den beiden vorangehenden eine mächtig entwickelte Parapophyse und oberhalb derselben noch eine sich ihr zuwendende, freilich ungleich schwächere Diapophyse besitzt. Das von beiden umschlossene Foramen transversarium wird hier indessen nicht ganz perfekt und die des Capitulum entbehrende Rippe fügt sich abweichend von Hyperoodon ausschliesslich der Parapophyse an.

Die Rippen und das Brustbein.

Von den zu neun[2]) Paaren ausgebildeten Rippen gehen übereinstimmend mit den Angaben SCHLEGEL'S, VROLIK'S, DUVERNOY'S und GERVAIS' die fünf vorderen eine sternale Verbindung ein, während die vier letzten als Costae spuriae verbleiben. Ob die entgegenstehende Angabe ESCHRICHT'S[3]) von sechs sternalen Rippenpaaren auf einer individuellen Abweichung beruht, mag dahingestellt bleiben; ihre Realität scheint wenigstens insofern nicht ausser dem Bereich der Möglichkeit zu liegen, als eine von GERVAIS[4]) gegebene Abbildung des embryonalen Hyperoodon-Brustbeines gleichfalls sechs Rippenansätze jederseits wahrnehmen lässt.

Diese neun Rippen nehmen, wie die folgende Maassübersicht ergiebt, bis zur vierten (ausserhalb), resp. sechsten (innerhalb gemessen) an Länge zu, von da wieder ab. Die auffallendste Längsdifferenz gegenüber der vorangehenden tritt an der zweiten Rippe (zunehmend), nächstdem an der achten (abnehmend) auf:

	Convexe Seite vom unteren Rand der Gelenkfläche des Tuberculum ab gemessen:	Concave Seite vom hinteren Rand der Facies articularis capituli ab gemessen:	Differenz (an der Aussenseite):
Rippe 1.	62 cm	51 cm	— cm
„ 2.	85 „	78 „	23 „
„ 3.	103 „	102 „	17 „
„ 4.	109,5 „	110 „	6 „

[1]) An Introduction to the osteology of the Mammalia. 3. edit., p. 60. fig. 21. C.

[2]) Wenn MÜNTER (a. a. O., S. 59) für das im Berliner anatomischen Museum aufgestellte Skelet „nur acht Rippen auf der rechten Körperseite" angiebt, so beruht dies einfach darauf, dass die neunte Rippe verloren gegangen ist. Ebenso fehlt an diesem Skelet auch vollständig das Sternum, so dass es über die Zahl der „wahren und falschen Rippen" keinerlei Aufschluss giebt.

[3]) Zoologisch-anatomisch-physiologische Untersuchungen über die nordischen Walthiere. S. 46. „An den folgenden neun Wirbeln sind die sechs vorderen mit dem Brustbein verbundenen oder sogenannten wahren Rippenpaare sowohl an den Querfortsätzen als an den Wirbelkörpern angeheftet, die drei hintersten oder falschen Rippenpaare aber nur an dem äussersten Ende der Querfortsätze", aus welcher Angabe zugleich hervorgeht, dass ESCHRICHT die Diapophyse des siebenten Wirbels ganz übersehen hat.

[4]) Ostéographie des Cétacés, pl. XLIII, fig. 3. — Die Abbildung GERVAIS' von dem Sternum des erwachsenen Hyperoodon (pl. XVIII, fig. 14) zeigt nur fünf Rippenpaare angefügt.

	Convexe Seite vom unteren Rand der Gelenkfläche des Tuberculum ab gemessen:	Concave Seite vom hinteren Rand der Facies articularis capituli ab gemessen:	Differenz (an der Aussenseite):
Rippe 5.	109 cm	110.5 cm	0,5 cm
6.	106	111 „	3
7.	100 „	96 „	6 „
8.	84 „	77.5 „	16 „
„ 9.	76 „	72 „	8 „

Bei weitem am kräftigsten und gedrungensten ist, wie gewöhnlich, die erste Rippe gebaut, welche bei dem nach aussen stark hervorspringenden Angulus 13 cm in der Quere misst. Aber auch die zweite Rippe steht an relativer Breite der ersten ungleich näher als der dritten, welche gleich allen folgenden schon als schmächtig zu bezeichnen ist. Sonst stimmt übrigens diese dritte Rippe durch relativ starke Ausprägung des Angulus und in Folge dessen durch mehr verbreitertes oberes (vertebrales) Ende mit den beiden ersten überein und weicht durch beide Merkmale von den folgenden ab. Die Entfernung des Angulus von dem unteren Ende der Artikulationsfläche des Tuberculum nimmt übrigens an den vorderen Rippen sehr stark zu; sie beträgt an der ersten 9, an der zweiten 15, an der dritten 20, an der vierten 24, an der fünften 25 cm.

Nach einem sehr wesentlichen Unterschied in der Bildung ihres vertebralen Endes sondern sich die Rippen von Hyperoodon in zwei Gruppen, welche ihrem Umfang nach nicht den auf die sternale Verbindung, resp. den Mangel einer solchen gegründeten entsprechen. Es sind nämlich die sechs vorderen Rippen bei gleichzeitiger Ausbildung von Capitulum und Tuberculum mit einem Rippenhalse versehen, während die drei hinteren, welchen ein Capitulum vollständig abgeht, mit diesem auch des Halses entbehren. Auf dieses gerade für unsere Gattung von allen bisherigen Autoren verkannte oder unbeachtet gelassene Verhalten passt daher vollkommen der für die Delphinoiden im Allgemeinen hingestellte Ausspruch Flower's[1]): „The anterior ribs with capitular processes developed and articulating with the bodies of the vertebrae: the posterior ribs without head and only articulating with the transverse processes.“ Dass das verdickte und mit einer Artikulationsfläche versehene obere (vertebrale) Ende dieser drei hinteren Rippen keineswegs, wie Owen[2]) ausdrücklich hervorhebt, ein Capitulum, sondern in Wirklichkeit nur ein Tuberculum costae ist, lässt sich bei einem Vergleich der siebenten mit der sechsten Rippe mit voller Evidenz erkennen. Legt man beide nebeneinander, so ergiebt sich ihre völlige Uebereinstimmung bis auf ihr vertebrales Ende, welches an der sechsten mit einem das Tuberculum nach aufwärts überragenden Capitulum versehen ist, während der siebenten ein solches vollständig abgeht. Die Tubercula beider ergeben sich aber als solche nicht nur

[1]) Notes on the skeletons of Whales (Proceed. zoolog. soc. of London 1864). p. 389.

[2]) Annals of natural history, 2. ser., XII, p. 435. „In the seventh dorsal vertebra a well-marked parapophysis is developed for articulation with the head of the rib, the tubercle still articulating with the diapophysis above. In the eight dorsal vertebra the diapophysis abruptely ceases to be developed; the tubercle of the rib, which was reduced in the seventh pair, also disappears, and the eight rib articulates, like the ninth, by the head only to an elongated parapophysis.“ — In den gleichen Irrthum von der Existenz eines „Capitulum der siebenten Rippe“ ist, wie oben angegeben, auch Münter (a. a. O. S. 50) verfallen, während Schlegel (Abhandlungen aus dem Gebiete der Zoologie, I. S. 29) sogar „die sieben vordersten Rippen sich mit ihrem Kopf an die Körper der vorhergehenden Wirbel setzen“ lässt.

durch ihre übereinstimmende Form und Lage — beide sind nämlich vom Angulus gleich weit entfernt —, sondern auch dadurch, dass gerade an diesen beiden Rippen in durchaus übereinstimmender, dagegen in einer von der vorhergehenden und folgenden abweichenden Weise vom unteren Ende der Facies articularis längs der Aussenseite ein hoher Kamm heruntersteigt, welcher die Rippen hier prismatisch erscheinen lässt. Bis auf diesen der achten und neunten Rippe nicht in gleich deutlicher Weise zukommenden Kamm lässt sich übrigens auch für sie der Mangel eines Capitulum in überzeugender Weise constatiren.

Dass die sternalen Enden der fünf vorderen Rippenpaare bei Hyperoodon nicht nach Art der normal gebildeten Delphinoiden ossificiren, also nicht zu Ossa sterno-costalia[1]) ausgebildet sind, sondern knorpelig bleiben und eine relativ geringe Länge besitzen, ist bereits durch VROLIK und GERVAIS hervorgehoben worden. Etwas Näheres über dieselben mitzutheilen verbietet der Umstand, dass sie an dem Greifswalder Skelet nicht erhalten sind; nur die Art ihrer Insertion am Sternum ist durch die an diesem vorhandenen Artikulationsflächen nachweisbar.

Das **Brustbein** setzt sich in der von SCHLEGEL, VROLIK (pl. VIII, fig. 17) und GERVAIS (pl. XVIII, fig. 14) beschriebenen und dargestellten Weise aus drei selbstständigen Stücken zusammen, welche an dem hier in Rede stehenden Skelet eine Gesammtlänge von 80 cm besitzen und von denen das vorderste in der Querrichtung 34 cm, das dritte nahe seinem Ende nur 10 cm misst. Mit dieser starken Verschmälerung in der Richtung nach hinten ist eine deutlich ausgesprochene Biegung des Sternum verbunden, welche dasselbe an seiner oberen, der Wirbelsäule zugewendeten Seite muldenartig ausgehöhlt, ventralseits dagegen leicht convex erscheinen lässt. Die obere Concavität beschränkt sich indessen nur auf die beiden vorderen Sternalstücke, da das dritte durchaus abgeplattet erscheint, eher sogar unterhalb eine leichte Vertiefung darbietet. In Betreff der Anfügung der fünf Rippenpaare macht SCHLEGEL die dem wirklichen Sachverhalt nicht entsprechende Angabe, dass die beiden ersten an das vordere, das dritte an das Mittelstück des Brustbeines stosse. Genauer genommen verbindet sich, wie es auch VROLIK abbildet, nur das erste Rippenpaar mit dem vorderen Sternalstück, welches dem entsprechend im hinteren Anschluss an seinem mit einem tiefen medianen Ausschnitt versehenen und nach hinten abgeschrägten Vorderrand eine starke knorrig verdickte, seitliche Artikulationsfläche darbietet. Dagegen fügt sich die zweite Rippe jederseits nicht mehr dem ersten Sternalstück selbst, sondern einer Ausbuchtung an, welche auf der hinteren Grenze desselben zum zweiten gelegen ist; ebenso die dritte Rippe einer der Grenze vom zweiten zum dritten Sternalstück entsprechenden seitlichen Ausrandung. Erst die beiden letzten Rippen gehen dann eine seitliche Verbindung mit dem langstreckigen dritten Sternalstück, und zwar an dem vorliegenden Skelet im Bereich der

---

[1]) Ein im Berliner anatomischen Museum befindliches, von ESCHRICHT herrührendes Skelet von „Delphinapterus albicans" (Beluga albicans auct.), dessen Rippen noch ihre natürlichen Verbindungen mit der Wirbelsäule und dem Brustbein zeigen, lässt die bemerkenswerthe Eigenthümlichkeit wahrnehmen, dass das Os sterno-costale der ersten Rippe, und zwar rechter- und linkerseits in genau übereinstimmender Weise, sich an seinem unteren Ende in zwei Gabelzinken spaltet, welche je eine selbstständige Gelenkverbindung mit dem Sternum eingehen. Trotz der vollständigen Symmetrie, in welcher diese Bildung auftritt, scheint sie nur eine individuelle zu sein; wenigstens stellt GERVAIS (Ostéographie, pl. XLIV, fig. 4) dasselbe Os sterno-costale von Beluga albicans einfach dar. Dagegen zeigt nach ihm (ebenda, fig. 8) bei Monodon das erste Os sterno-costale eine entsprechende Gabelung.

hinteren Hälfte seiner Länge ein. Morphologisch betrachtet bietet dieses dreitheilige Sternum ausser den Copulae auch unzweifelhaft Aequivalente eines Episternum und eines Processus xiphoides dar. Als ersteres ist der vor der Anfügung der ersten Rippe liegende tief ausgeschnittene und zugleich stark abgeplattete Theil des vorderen Sternalstückes in Anspruch zu nehmen; als Schwertfortsatz dagegen das hinter der Anfügung der fünften Rippe liegende, zweizipfelige Ende des dritten Sternalstückes, welches abgesehen von letzterem aus der Verschmelzung zweier Copulae entstanden zu sein scheint.

Die morphologischen Beziehungen zwischen Rippen und Querfortsätzen.

Es liegt von vornherein auf der Hand, dass der wesentliche Unterschied zwischen den sechs vorderen, mit einem Capitulum versehenen, und den drei hinteren, eines solchen ermangelnden Rippen kein zufälliger sein kann, sondern in unmittelbarer Abhängigkeit von gleich auffallenden Differenzen in der Bildung der ihnen entsprechenden Wirbel stehen muss. In der That fehlen nun auch denjenigen Wirbeln, mit welchen sich bei Hyperoodon capitulare Rippen in Verbindung setzen, Parapophysen in Form ausgebildeter „Querfortsätze" vollständig; vielmehr wird ihre Stelle sowohl am „achten Halswirbel" wie an den fünf ersten (freien) Brustwirbeln durch eine Fovea pro capitulo ersetzt. Am sechsten Brustwirbel fehlt freilich auch diese, wenigstens in deutlich ausgesprochener Form. An dem siebenten bis neunten Brustwirbel dagegen, welche ausgebildete Parapophysen besitzen, treten plötzlich Rippen auf, welche eines Capitulum und mit ihm eines Rippenhalses entbehren, sich demzufolge also mit ihrem Tuberculum der Parapophyse anfügen. Der sich hieraus mit Nothwendigkeit ergebende Schluss ist, dass den drei hinteren rippentragenden Wirbeln etwas zuertheilt worden ist, was die ihnen entsprechenden Rippen eingebüsst oder abgegeben haben, nämlich der Hals der letzteren. Es ist demnach die Parapophyse des siebenten bis neunten (freien) Brustwirbels der mit dem Corpus vertebrae fest verschmolzene Rippenhals, an dessen Ende sich der übrige Theil der Rippe unter freier Beweglichkeit anfügt. Beide so auffallend von einander verschiedene Modifikationen treten aber, wie alle derartige homologe Bildungen, einander nicht unvermittelt gegenüber, sondern sie werden allmählich in einander übergeführt, und zwar in dem vorliegenden Fall durch den in seiner Gestaltung so auffallenden siebenten Brustwirbel, an welchem noch eine Diapophyse neben der Parapophyse erhalten ist. Durch die zu voller Ausbildung gelangte erstere stimmt er mit allen seinen Vorgängern, durch die zuerst an ihm auftretende letztere mit seinen Nachfolgern überein; denn wie jenen die Parapophysen, so fehlen diesen die Diapophysen. Aber auch nach einer anderen Richtung hin stellt sich dieser siebente Wirbel als ein deutlicher Vermittler von Gegensätzen und mithin im eigentlichsten Sinne als ein „Uebergangswirbel" dar. Er giebt den Hinweis darauf, in welcher Weise das bis dahin vorhandene und mit der Facies articularis des vorhergehenden Wirbelkörpers sich verbindende Capitulum der Rippe schwindet. Der an ihm bereits als Parapophyse auftretende, d. h. mit dem Corpus vertebrae verschmolzene Rippenhals lässt nämlich, wie bereits oben erwähnt, nahe der

Basis seines Vorderrandes einen gegen den Körper des sechsten Wirbels gerichteten Vorsprung erkennen, welcher sich in völlig überzeugender Weise als ein Capitulum costae darstellt, nur dass dasselbe bei seiner starken Verkümmerung bei weitem nicht mehr bis an den Körper des sechsten Wirbels heranreicht, was seinerseits wieder zur Folge hat, dass an diesem auch die Fovea pro capitulo nicht mehr zur Ausbildung gelangt, sondern nur noch andeutungsweise vorhanden ist. Nachdem in dieser Weise am siebenten Wirbel das zuvor vollkommen ausgebildete Capitulum zunächst in deutlichem Rückgang begriffen, aber doch noch nachweisbar ist, schwindet es dann an den folgenden (8. und 9.) Wirbel als solches vollständig und es bleibt nur noch das mit dem Wirbelkörper verschmolzene Collum costae in Form eines „Querfortsatzes" (Parapophysis) übrig.

So evident nun auch in diesem Fall die Homologie der Parapophyse mit einem von der Rippe losgelösten Hals ist, so steht doch die eigenthümliche Gestaltung des siebenten Brustwirbels von Hyperoodon unter den Delphinoiden immerhin so vereinzelt[1]) da, dass sich unwillkürlich das Bedürfniss geltend macht, diese Bildung auf das gewöhnlichere Verhalten der rippentragenden Wirbel zurückzuführen und nach vermittelnden Uebergängen zwischen beiden Umschau zu halten.

Rücksichtlich solcher morphologisch wichtiger Uebergangsformen ist zunächst hervorzuheben, dass bereits J. F. Meckel[2]) auf ein eigenthümliches Verhalten des siebenten Brustwirbels bei Delphinus griseus Cuv. (Grampus Cuvieri Gray) mit folgenden Worten hingewiesen hat: „Bei Delphinus griseus ist der Uebergang von der Verbindung der Rippe mit Körper und Querfortsatz zu der Verbindung mit dem letzteren allein sehr deutlich. Der Querfortsatz des siebenten Rückenwirbels ist plötzlich viel dicker als der des sechsten und schickt von seinem inneren Ende aus nach vorn gegen den Körper des sechsten einen spitzen Fortsatz, wo also deutlich der Hals der Rippe mit dem Querfortsatz verwachsen ist."

Obwohl mir ein Skelet des Grampus griseus Cuv. behufs eines direkten Vergleiches nicht zu Gebote gestanden hat, glaube ich mir doch aus der mit gewohnter Anschaulichkeit gegebenen Schilderung Meckel's um so mehr ein klares Bild von dem bei dieser Gattung auftretenden Verhalten machen zu können, als sich ein offenbar der Hauptsache nach entsprechendes auch an dem Skelet von Lagenorhynchus albirostris Gray[3]) vorfindet. Bei dieser Gattung sind die sechs vorderen Rippen in gleicher Weise mit einem (hier langgestreckten) Collum und einem Capitulum wie bei Hyperoodon versehen und gehen die gleiche doppelte Verbindung mit je zwei aufeinander folgenden Wirbeln ein. Alle folgenden Rippen (7. bis 15.) entbehren eines Rippenhalses und artikuliren lediglich mittels des Tuberculum an dem Aussenende der langen „Querfortsätze". Die Fovea pro capitulo.

[1]) Eine entfernte Aehnlichkeit mit demselben würde höchstens der zehnte Brustwirbel von Physeter macrocephalus, welchen Flower (An Introduction to the osteology of the Mammalia, 3. edit., p. 60, fig. 21, C) abbildet und von dessen Bildung ich mich an einem jugendlichen Skelet der zoologischen Staatssammlung zu München selbst habe überzeugen können, erkennen lassen. Auch hier kommt es bei gleichzeitiger Ausbildung einer Diapophyse und Parapophyse fast zur Herstellung eines Foramen transversarium; doch ist die Anfügung der (halslosen) Rippe allein auf die ungleich kräftiger ausgebildete Parapophyse beschränkt.

[2]) System der vergleichenden Anatomie, II. 2., S. 267.

[3]) Ausser dem dieser Gattung und Art angehörenden Skelet des Greifswalder Museums habe ich auch ein vorzüglich präparirtes der zoologischen Staatssammlung zu München vergleichen können.

welche an dem Körper der vorderen Wirbel bis zum fünften deutlich ausgebildet ist, fehlt bereits am sechsten (Fig. 8) und ebenso an allen folgenden. Der siebente Wirbel (Fig. 9) weicht von dem entsprechenden bei Hyperoodon dadurch ab, dass er gleich den vorangehenden nur mit einer Diapophyse (Fig. 9, di) versehen ist, dagegen der jenem eigenen Parapophyse ermangelt, wenigstens wenn man darunter einen vom Wirbelkörper ausgehenden Querfortsatz versteht. Seine Diapophyse zeigt jedoch dadurch eine sehr auffallende Bildung, dass von der Unterseite ihres freien (Aussen-)Endes ein ziemlich langer und schmaler Zahnfortsatz (Fig. 9, co) seinen Ursprung nimmt, welcher die Richtung gegen den Wirbelkörper hin einhält, ohne denselben indessen zu erreichen. Zieht man das Verhalten dieses Zahnfortsatzes zu der sich dem Aussenende der Diapophyse anfügenden siebenten Rippe in Betracht, so ergiebt sich leicht, dass er sich als ein von derselben abgelöster und an der Diapophyse angewachsener Rippenhals[1]) darstellt. Er ist demnach im Grunde gleichfalls eine Parapophyse, welche sich indessen von derjenigen des siebenten Hyperoodon-Wirbels dadurch unterscheidet, dass sie ihrer Kürze halber noch keine Verschmelzung mit dem Corpus vertebrae eingegangen ist. Was indessen an diesem siebenten Wirbel von Lagenorhynchus noch nicht zum Austrag gelangt ist, vollzieht sich an den auf ihn folgenden (8. bis 15.) rippentragenden. Betrachtet man nämlich die von diesen ausgehenden „Querfortsätze“ genauer, so stellt sich heraus, dass sie keineswegs lediglich Parapophysen sind, sondern dass sie mit zwei, einer oberen und einer unteren Wurzel von ihrem Wirbel entspringen, von denen die untere (Fig. 10, pa) wieder völlig einem Rippenhals entspricht, während die vom Arcus vertebrae herabsteigende obere (Fig. 10, di) einer Diapophyse gleichwerthig erscheint. Es wiederholt sich demnach das bei Hyperoodon auf den siebenten Wirbel beschränkte Verhalten hier — bei Lagenorhynchus — an einer ganzen Reihe von rippentragenden Wirbeln, nur mit dem Unterschied, dass die beiden Wurzeln nicht durch ein Foramen transversarium getrennt sind, sondern gleich bei ihrem Hervorgehen aus dem Wirbel mit einander zusammenschmelzen. Erst mit dem Beginn der Lendenwirbel schwindet die obere Wurzel der „Querfortsätze“, welche jetzt aus dem Corpus vertebrae allein hervortreten und sich demnach hier als Parapophysen im eigentlichen Sinne verhalten.

Ausser Lagenorhynchus habe ich auch die beiden Gattungen Thursiops und Phocaena auf das Verhalten ihrer rippentragenden „Querfortsätze“ zu prüfen Gelegenheit genommen und gefunden, dass ihre Skelete zwar des charakteristischen siebenten Brustwirbels von Grampus und Lagenorhynchus ermangeln, sonst sich aber sehr übereinstimmend verhalten.

An einem im Greifswalder anatomischen Museum befindlichen Skelet von Thursiops tursio (Delphinus tursio auct.) sind gleichfalls die sechs vorderen Rippenpaare mit Collum und Capitulum versehen, während alle folgenden (7. bis 14.) eines solchen entbehren und sich gleich mittels des Tuberculum den „Querfortsätzen“ anfügen. Der Querfortsatz des siebenten Brustwirbels ist gleich demjenigen der vorhergehenden eine vom Arcus ent-

[1]) Münter (Ueber Lagenorhynchus albirostris, S. 32) stellt freilich, ohne Meckel's oben erwähnte Auffassung zu kennen, die Bedeutung dieses von ihm gleichfalls erwähnten Fortsatzes als Rippenhals in Abrede: „Vom Processus transversus des siebenten Brustwirbels erstreckt sich eine zugespitzte Prolongation nach dem sechsten Wirbelkörper zu, erreicht diesen jedoch nicht und besitzt somit (?) das siebente Rippenpaar kein Capitulum und kein Collum mehr.“ Das erstere allerdings nicht, wohl aber das letztere!

springende Diapophyse, während eine Parapophyse diesem Wirbel völlig, auch im Rudiment, fehlt. Die rippentragenden „Querfortsätze" des 8. bis 14. Wirbels verhalten sich ganz wie bei Lagenorhynchus, d. h. sie entspringen mit doppelter Wurzel; die obere verhält sich als Diapophyse, die untere als ein mit dem Wirbelkörper verschmolzener Rippenhals, mithin als Parapophyse. Erst mit den Lendenwirbeln beginnt wieder das ausschliessliche Hervorgehen der Querfortsätze aus dem Corpus vertebrae.

An dem Skelet von Phocaena communis ist das oben geschilderte Verhalten nur dahin modificirt, dass die Zahl der mit einem Capitulum und (langstreckigen) Collum versehenen Rippenpaare um eines vermehrt ist, also sieben beträgt, so dass nur die achte bis zwölfte Rippe jederseits gleich mit dem Tuberculum beginnen und mittels dieses dem freien Ende des Querfortsatzes angefügt sind. Der Querfortsatz des achten Wirbels ist hier gleichfalls, nach Art der vorhergehenden, lediglich eine Diapophyse und entbehrt eines Rudimentes des Collum costae völlig. An den vier folgenden Wirbeln (9. bis 12.) entspringt dagegen der Querfortsatz deutlich mit zwei Wurzeln, von denen die obere als Diapophyse aus dem Arcus vertebrae (Neurapophysis), die untere als verwachsenes Collum costae aus dem Corpus vertebrae hervorgeht.[1] Erst mit Beginn der rippenlosen (Lumbar-)Wirbel zeigt sich unter allmählichem Schwinden der oberen Wurzel ein immer deutlicher werdendes ausschliessliches Hervorgehen des Querfortsatzes aus dem Corpus vertebrae, welches diese eigentlichen Parapophysen zugleich immer weiter abwärts entsendet.

Es dürfte kaum zweifelhaft sein, dass das im Vorstehenden für die Gattungen Lagenorhynchus, Thursiops und Phocaena nachgewiesene Verhalten, welches darin besteht, dass die zur Befestigung von halslosen Rippen dienenden „Querfortsätze" im Bereich ihres Wurzeltheiles von Diapophysen und Parapophysen in Gemeinschaft gebildet werden, unter den normal gebildeten Delphinoiden eine weitere Verbreitung habe, wenn nicht gar ein constantes sei. Wie es ohne Frage auch bei Grampus, schon mit Rücksicht auf die von Meckel für den siebenten Wirbel geschilderte und mit Lagenorhynchus übereinstimmende Bildung, sich wiederfindet, so zeigt es sich nach den von Flower[2]) gegebenen Abbildungen der hinteren rippentragenden Wirbel auch bei Globiocephalus melas und zwar gerade im Widerspruch mit Flower's speciell für diese Gattung hingestellter Ansicht, wonach die „Querfortsätze" der hinteren Brust- und der Lendenwirbel in gleicher Weise als Homologa der Diapophysen an den vorderen Brustwirbeln anzusprechen seien, wie die letzteren sich als Aequivalente der „oberen Querfortsätze" der Halswirbel darstellen. („In most Cetacea the transverse processes in the anterior thoracic region arise rather high on the neural arch of the vertebra, but in the hinder part of the same region become gradually placed lower etc. The transverse processes of the lumbar vertebrae are thus evidently serially homologous with the transverse processes of the anterior dorsal vertebrae, which, in their turn, continue backwards the upper series of cervical transverse processes.") Was sich aber bei genauerer Betrachtung für jene die halslosen Rippen tragenden Querfortsätze bei

[1]) Für Phocaena wird dieses Verhalten übrigens bereits von Vrolik (Natuur- en ontleedkundige Beschouwing van den Hyperoodon, p. 37) hervorgehoben, während Hasse (Anatomische Studien, I. S. 145) sich dasselbe zwar theoretisch ganz richtig construirt, es aber „allerdings für nicht nachweisbar" erklärt.

[2]) An Introduction to the osteology of the Mammalia, 3. edit., p. 59, fig. 20 B. C.

den normalen Delphinoiden ergiebt, das lässt sich in fast gleich deutlicher Weise auch an den entsprechenden rippentragenden Fortsätzen der zahnlosen Bartenwale erkennen. Nach den von BURMEISTER[1]) publicirten vorzüglichen Abbildungen der Skelete dreier Balaenoptera-Arten scheinen — abweichend von Balaenoptera intermedia und bonariensis — bei Balaenoptera patachonica die drei ersten Rippen mit Collum und Capitulum[2]) versehen zu sein, während alle folgenden gleich mit dem Tuberculum beginnen. Dem entsprechend zeigt die Abbildung des ersten, eine capitulare Rippe tragenden Brustwirbels (pl. V, fig. 7) nur eine Diapophyse ausgebildet, diejenige des letzten, mit einer halslosen Rippe versehenen (pl. V, fig. 8) dagegen einen mit zwei Wurzeln entspringenden Fortsatz nach Art desjenigen der oben erörterten Delphinoiden-Gattungen, und zwar in sehr deutlichem Gegensatz zu der Abbildung eines Lendenwirbels (pl. V, fig. 9), aus dessen Körper wieder jederseits nur die Parapophyse hervorgeht. An dem im Greifswalder anatomischen Museum aufgestellten Skelet der Balaenoptera Sibbaldi finde ich, dass unter den fünfzehn rippentragenden Wirbeln die sechs vordersten „Querfortsätze" mit deutlich doppelter Wurzel, einer oberen, aus dem Arcus, und einer unteren, aus dem Corpus vertebrae hervorgehenden besitzen, so dass hier bereits von der ersten Rippe an gewissermaassen das Collum abgelöst und als Parapophyse mit dem Corpus vertebrae verschmolzen ist. Dem entsprechend fehlen hier auch am Körper sämmtlicher Brustwirbel die bei den Delphinoiden für die Capitula costarum vorhandenen Artikulationsflächen (Parapophysen). Die „Querfortsätze" mit einfacher, aus dem Corpus vertebrae allein entspringender Wurzel beginnen hier mit dem siebenten rippentragenden Wirbel und zeigen an diesem und den folgenden ganz das Verhalten derjenigen, welche aus dem Körper der Lendenwirbel hervorgehen.

Nach alledem scheint genügender Grund für die Annahme vorzuliegen, dass die Herstellung der mit halslosen Rippen versehenen Querfortsätze unter gleichzeitiger Betheiligung von Diapophysen und Parapophysen das bei den Cetaceen allgemeiner vorkommende und ursprünglichere Verhalten sei und dass sich bei Hyperoodon hiervon eine immerhin bemerkenswerthe Abweichung zu erkennen gebe. Wenn dieselbe indessen von FLOWER[3]) als ein „very different and peculiar arrangement" bezeichnet wird, so ist jedenfalls darauf hinzuweisen, dass sie dieses Fremdartige nur im Sinne der dem eigentlichen Sachverhalt nicht entsprechenden FLOWER'schen Auffassung von der gewöhnlichen Bildung der „Querfortsätze" bei den Cetaceen an sich trägt, es dagegen bei Richtigstellung der letzteren zum grösseren Theile einbüsst. Die Eigenthümlichkeit der mit halslosen Rippen versehenen Querfortsätze von Hyperoodon besteht den normalen Delphinoiden gegenüber nur darin, dass sich die gleichzeitige Betheiligung von Diapophysen und Parapophysen an ihrer Herstellung auf einen einzigen Wirbel, nämlich den siebenten beschränkt und dass mithin schon am achten und neunten, an welchen die Diapophysen bereits eingegangen sind, die durch ausschliessliches Vorhandensein der Parapophysen charakterisirte lumbare Bildung — trotz der noch vor-

[1]) Atlas de la description physique de la république Argentine: Mammifères (Buenos Aires 1881), pl. V u. VI.

[2]) Freilich scheint dieses Capitulum, als welches es sich wenigstens formell darstellt, keine Gelenkverbindung mit dem Corpus des vorangehenden Wirbels einzugehen, da die Abbildung der Wirbelsäule von Balaenoptera patachonica (pl. III, fig. 3) ebenso wenig Parapophysen erkennen lässt, wie diejenige der beiden anderen Arten.

[3]) a. a. O., p. 59.

handenen Rippen — ihren Anfang nimmt. Es liegt mithin nur ein abgekürztes Verfahren vor, welches seine Erklärung wenigstens zum Theil in der verminderten Zahl der Rippen finden dürfte.

Gelegentlich mag hier noch erwähnt werden, dass nach der Beschreibung und Abbildung zu urtheilen, welche HASSE (Anatomische Studien, I, S. 144, Fig. 50) von der Wirbelsäule der — bei ihm noch den Cetaceen zugerechneten, diesen aber bekanntlich völlig fremden — Gattung Manatus giebt, auch bei dieser eine den Cetaceen sehr ähnliche Beziehung zwischen „Querfortsätzen" und Rippen, wenngleich nur an zwei Brustwirbeln besteht. Es folgen bei dieser Gattung auf die vier ersten sehr dünnen elf ganz auffallend kräftige und plumpe Rippenpaare, wie sie für die ganze Ordnung der Sirenia (Halicore, Rhytina, Halitherium) überhaupt charakteristisch sind. Am sechszehnten und siebenzehnten Brustwirbel sind dagegen wieder den vorderen ähnliche, sehr schwache Rippen eingelenkt. Bis zum fünfzehnten Paare scheinen alle Rippen in gewohnter Weise eine capitulare und tuberculare Anfügung zu besitzen. Dagegen tritt am siebenzehnten Brustwirbel aus der Seite des Corpus vertebrae ein „Querfortsatz" hervor, welcher durch eine obere und untere Wurzel gebildet wird und an seinem freien Ende die — unzweifelhaft halslose — Rippe trägt. Den Uebergang zu dieser Bildung zeigt der sechszehnte Brustwirbel, welcher an Stelle der grubigen Parapophyse gleichfalls schon einen, von HASSE als „Haemapophysen-Höcker" bezeichneten unteren Querfortsatz besitzen und an diesem das Capitulum der Rippe aufnehmen soll. Voraussichtlich ist indessen auch hier schon dieser Querfortsatz dem überwiegenden Theile nach einem (verschmolzenen) Rippenhalse homolog. Die an den nachfolgenden Lendenwirbeln entspringenden platten „Querfortsätze" sind dann lediglich Parapophysen (mit verschmolzenen Rippenhälsen).

Die hinteren, rippenlosen Wirbel.

Den rippentragenden Wirbeln schliessen sich an dem hiesigen Hyperoodon-Skelet zunächst zwanzig mit Neurapophysen versehene, nach dem gewöhnlichen Sprachgebrauch also Vertebrae verae an. An dem ersten derselben hat das Medullarrohr bei einer Höhe von 82 mm noch eine basale Breite von 41 mm und zeigt den Durchschnitt eines gleichschenkeligen Dreiecks; am letzten (20.), in dessen Neurapophyse es sich nur noch auf eine Länge von 15 mm hineinerstreckt, um sodann blind zu endigen, misst es nur noch bei 3 mm in der Höhe 2 mm in der Breite und zeigt ein ovales Lumen, welches übrigens bereits am vorderen Ende des siebenzehnten Wirbels seinen Anfang nimmt.[1])

Die Processus spinosi nehmen bis zum dritten dieser zwanzig Wirbel noch in gleichem Verhältniss an Länge (Höhe) zu wie an den sechs vorangehenden rippentragenden.

[1]) Die hintere Erstreckung des Medullarrohres scheint geringe individuelle Verschiedenheiten darzubieten. An dem von VROLIK (a. a. O., pl. II) abgebildeten Skelet sind anscheinend 21 Vertebrae verae vorhanden, von welchen der noch mit einem Processus spinosus versehene zwanzigste ganz dem neunzehnten des hiesigen Skeletes entspricht, während erst der einundzwanzigste die auf das Ende des Canalis vertebralis hinweisende geringe obere Erhebung erkennen lässt. Dasselbe Verhältniss scheint auch an dem von SCHLEGEL (Abhandl. a. d. Bereich der Zoologie, I, S. 25) kurz charakterisirten Skelet zu bestehen.

Vom vierten an, dessen Processus spinosus schon ein wenig niedriger als derjenige des dritten ist, macht sich eine deutliche Abnahme in der Höhe bis zum sechsten bemerkbar, doch wächst dieselbe wieder etwas am siebenten und noch mehr am achten. Vom neunten Wirbel an dagegen beginnt ein ununterbrochenes Herabsinken in der Höhe des „Rückgrates“, wie es hier im eigentlichsten Sinne genannt werden kann, und zwar in ziemlich rapider Weise, so dass, während der elfte Wirbel in der Gesammthöhe noch 65 cm misst, dieselbe am vierzehnten nur noch 53, am siebenzehnten 36, am neunzehnten gar nur 24 cm beträgt. Wenn an dieser Höhenabnahme der Wirbelkörper auch keineswegs unbetheiligt ist, so fällt sie doch ganz vorwiegend auf Rechnung des Processus spinosus, welcher z. B. am zwölften Wirbel noch eine Hinterrandslänge von 35, am fünfzehnten von 22, am achtzehnten von 7 und am neunzehnten nur gar noch von 2,5 cm zeigt. An der Neurapophyse des zwanzigsten Wirbels ist ein Dornfortsatz überhaupt nicht mehr zur Ausbildung gelangt. Mit der schnellen Höhenabnahme der Processus spinosi verbindet sich, besonders vom zehnten Wirbel an, sehr deutlich eine stärkere Flächenentwickelung. Die aufeinander folgenden Dornfortsätze werden, von der Seite gesehen, nicht nur relativ, sondern absolut immer breiter und zwar besonders in der Richtung nach aufwärts, so dass also der verdickte freie Oberrand am 13. Wirbel eine bedeutend grössere Länge als am 10. hat. An den folgenden nimmt dann mit dem Höhendurchmesser auch der sagittale, letzterer aber in geringerem Maasse ab.

Die Metapophysen dieser zwanzig Wirbel betreffend, so verhalten sie sich bis zum dreizehnten der Hauptsache nach wie diejenigen der drei letzten rippentragenden, d. h. sie sind seitlich comprimirt, flügelförmig. Ihre Divergenz in der Richtung nach vorn bleibt beim Beginn der gegenwärtigen Wirbelgruppe gleichfalls noch deutlich, wird aber allmählich immer schwächer, so dass sie vom siebenten an fast parallel verlaufen. Zugleich treten sie, je weiter nach hinten, desto schwächer aus dem Vorderrande des Arcus heraus, so dass, während sie am ersten bis sechsten die vordere Epiphyse des Corpus vertebrae noch deutlich hinter ihrer vorderen Grenze zu liegen haben, dies am siebenten nicht mehr der Fall ist und an den nachfolgenden umgekehrt das Corpus vertebrae weiter nach vorn ragt als die demselben Wirbel angehörenden Metapophysen. Mit dieser allmählichen Abnahme in Grösse und Prominenz verlieren sie auch das Vermögen, den Processus spinosus des vorangehenden Wirbels nach Art der drei letzten rippentragenden klammerartig zu umfassen. Nur an den beiden ersten dieser rippenlosen Wirbel ist dasselbe noch, wiewohl bereits in eingeschränktem Maasse, erhalten; an den folgenden erreichen die Metapophysen mit ihrem Vorderrand den vorangehenden Dornfortsatz überhaupt nicht mehr. Vom vierzehnten Wirbel an vertauschen sie ihre bis dahin eingehaltene comprimirte Flügelform mit derjenigen von dickeren, wulstigen Vorsprüngen, welche, den vorderen Eingang zum Medullarrohr flankirend, selbst am neunzehnten Wirbel, wenn auch bereits in herabgeminderter Grösse, noch vollkommen deutlich, am zwanzigsten dagegen zugleich mit dem Processus spinosus plötzlich geschwunden sind.

Deutlich aus den Seiten der Wirbelkörper heraustretende Parapophysen kommen nur den sechszehn ersten dieser rippenlosen Wirbel zu. Abweichend von den fast genau die Querrichtung einhaltenden der beiden letzten rippentragenden, wenden sich diese Parapophysen gleich vom ersten rippenlosen an etwas nach vorn und lassen eine darauf hinzielende

Krümmung vom dritten an in immer deutlicherer Weise, schliesslich sogar in ausgesprochenster Hakenform erkennen. Dem entsprechend wird auch ein ihre vordere Wurzel vom Corpus vertebrae trennender Ausschnitt an jedem folgenden Wirbel immer grösser und tiefer. In ihrem Querdurchmesser nehmen sie hinterwärts zuerst recht allmählich, später sehr viel stärker ab, wie dies daraus hervorgeht, dass die Gesammtbreite des ersten rippenlosen Wirbels 47, des elften noch 38, des vierzehnten 35, des sechszehnten nur noch 26.5 cm beträgt und dass der Querfortsatz selbst am ersten Wirbel 16, am sechszehnten nur 3.5 cm misst. Trotz dieser geringen Flächenentwickelung zeigt aber die Parapophyse dieses sechszehnten Wirbels noch immer die Form eines deutlich abgesetzten und depressen Fortsatzes. Am siebenzehnten ist dies nicht mehr der Fall; vielmehr tritt hier an Stelle des „Querfortsatzes" nur noch eine schwielige Längsleiste, welche sich, in gleicher Höhe mit den vorangehenden Parapophysen verlaufend, auf die vordere Hälfte der Wirbelkörperlänge erstreckt. Am achtzehnten bis zwanzigsten Wirbel endlich ist auch dieser letzte Rest eines Querfortsatzes, in Uebereinstimmung mit den folgenden Vertebrae spuriae, völlig geschwunden.

Im Gegensatz zu diesem immer geringer werdenden Querdurchmesser bleibt der longitudinale dieser Parapophysen vom ersten bis zum sechszehnten Wirbel annähernd gleich und völlig unabhängig von der Länge des Wirbelkörpers; er beträgt an allen nahe seiner Basis etwa 10 cm. Ebenso bleibt die Stelle ihres Hervorgehens aus letzterem überall dieselbe, nämlich im direkten hinteren Anschluss an die craniale Epiphyse. Da nun die Wirbelkörper, wie oben hervorgehoben, je weiter nach hinten, desto mehr an Länge zunehmen, so muss sich der Hinterrand der Parapophyse an den mehr rückwärts gelegenen Wirbeln von der caudalen Epiphyse des Corpus vertebrae sehr viel weiter entfernen, als an den vorderen.

Bei dem völlig übereinstimmenden Verhalten dieser Parapophysen der rippenlosen mit denjenigen der drei letzten rippentragenden Wirbel, insbesondere bei der gleichen Höhe ihres Hervorgehens aus der unteren Hälfte der Wirbelkörper, sind sie als völlige morphologische Aequivalente dieser anzusprechen und stellen sich demnach als mit dem Corpus vertebrae verschmolzene Rippenhälse heraus.[1])

Von dem Corpus vertebrae dieser zwanzig rippenlosen Wirbel verdient noch hervorgehoben zu werden, dass dasselbe an den zehn vorderen unterhalb einen scharfen medianen Längskiel aufweist, welcher sich in allmählich abgeschwächter Prominenz auch an den fünf letzten rippentragenden Wirbeln vorfindet, dagegen an den auf den zehnten folgenden in eigenthümlicher Weise modificirt wird. Will man daher eine — selbstverständlich durchaus arbiträre — Unterscheidung von Lenden- und Schwanzwirbeln vornehmen, so würde dieselbe am besten auf diesen ventralen Längskiel zu begründen und dann nach dem Vorgang von Vrolik, Duvernoy, Lilljeborg und Flower die Zahl der Lendenwirbel auf zehn, nicht, wie Schlegel und Gervais wollen, auf neun zu fixiren sein.

[1]) Mit diesem aus der morphologischen Betrachtung des ausgebildeten Skeletes gewonnenen Ergebniss steht die Angabe von Claus (Beiträge zur vergleichenden Osteologie der Vertebraten. Sitzungsber. d. mathem.-naturw. Classe der Akad. d. Wissensch., Bd. 74, I, S. 803) im vollsten Einklang, wonach „an jugendlichen Delphinskeleten die Querfortsätze sowohl der Lendenwirbel als der vorderen Sacral(?)-wirbel gesonderte Knochenkerne enthalten, welche in die Bildung des Querfortsatzes mit aufgenommen werden". (Anstatt „Sacralwirbel" soll es wohl „Caudalwirbel" heissen.)

An der Unterseite des elften Wirbels tritt an Stelle des Kieles im Bereich der vorderen Hälfte des Wirbelkörpers eine Abplattung, im Bereich der hinteren eine allmählich breiter werdende und in zwei ihren Seitenkanten entsprechende Wülste auslaufende Furche. Diese Bildung modificirt sich an den nachfolgenden Wirbeln Schritt für Schritt dahin, dass sich die der vorderen Wirbelkörper-Hälfte entsprechende Abplattung immer mehr verliert und einer Fortsetzung der sich von hinten her immer weiter nach vorn erstreckenden Furche Platz macht. Dabei wird diese allmählich sich über die ganze Wirbellänge erstreckende Furche immer breiter und tiefer und die dieselbe an der caudalen Epiphyse begrenzenden Wülste werden bis zum vierzehnten Wirbel immer umfangreicher und tiefer nach abwärts heraustretend; auch die ihnen zukommende vertiefte und überknorpelte, dem Ansatz der Haemapophysen dienende Artikulationsfläche nimmt an Grösse allmählich zu. Vom dreizehnten Wirbel an bilden sich ferner ganz ähnliche, wenngleich kleinere paarige Wülste am vorderen Ende der Furche, also unterhalb der cranialen Epiphyse des Wirbelkörpers aus. Mit dem fünfzehnten Wirbel nehmen diese vorderen und hinteren Wülste wieder allmählich an Grösse ab, bis sie am neunzehnten fast ganz verschwinden. Unabhängig von ihnen bleibt jedoch die ventrale Furche zunächst noch in gleicher Tiefe und Breite bestehen, bis sie an den drei letzten (18. bis 20.) Wirbeln, an welchen sie einen mehr spindelförmigen Umriss annimmt, sich nach vorn und hinten deutlich verflacht. Am zwanzigsten ist dieselbe nur noch 5 cm lang und zeigt in ihrer Tiefe ein 2 cm langes und 1 cm breites Loch, welches von einer mittleren Scheidewand durchsetzt wird.

An der Seitenwand des der Querfortsätze bereits entbehrenden siebenzehnten bis neunzehnten Wirbels zieht etwas hinter der Mitte seiner Länge in senkrechter Richtung eine Gefässrinne bis zu dem die ventrale Furche jederseits begrenzenden Wall herab. Ihre untere Fortsetzung ist ein den Wall durchsetzender Knochencanal, welcher mit seiner unteren Oeffnung sich in die ventrale Furche einsenkt. Am zwanzigsten Wirbel findet sich an Stelle der frei an der Aussenfläche herablaufenden Gefässrinne ein innerhalb der Knochensubstanz befindlicher Canal, dessen obere Oeffnung auf der Grenze von der oberen zur Seitenwand, dessen untere dagegen in der Tiefe der ventralen Furche gelegen ist, vor: eine Bildung, welche sich schon völlig derjenigen anschliesst, welche die folgenden Vertebrae spuriae charakterisirt.

Den zwanzig mit einer Neurapophyse versehenen rippenlosen Wirbeln hat sich vermuthlich auch an dem Greifswalder Exemplar die von den meisten Autoren angegebene Zahl von neun Vertebrae spuriae angeschlossen. Leider sind durch das Kappen des Schwanzes drei derselben verloren gegangen und die sechs erhaltenen scheinen, ihrer Grösse nach zu urtheilen, dem dritten bis sechsten und dem achten und neunten zu entsprechen. Wiewohl bei dem Verlust gerade der beiden ersten die allmähliche Umformung der Vertebrae verae in die V. spuriae nicht mehr zu verfolgen ist, lässt sich doch selbst an den noch vorhandenen erkennen, dass sich Reste des Medullarrohres, auch nachdem dasselbe als solches eingegangen ist, an ihnen noch vorfinden. Ihrer dorsalen Medianlinie entsprechend zeigt sich nämlich bis zum sechsten Wirbel in vollkommener Schärfe, andeutungsweise aber selbst noch am achten und neunten, eine stumpf kammförmige Leiste, welche, bei der Mitte ihrer Länge zuweilen unregelmässig unterbrochen, jederseits von einer muldenförmigen Einsenkung begrenzt wird. In letzterer findet sich der obere Eingang zu dem bereits am zwanzigsten

Wirbel der vorhergehenden Gruppe erwähnten, den Wirbelkörper senkrecht durchsetzenden Knochencanal[1]) vor, welcher in der ventralen Furche wieder ausmündet. Am vierten bis sechsten Wirbel erhebt sich nach aussen von dieser Oeffnung die auf der Grenze von der Ober- zur Seitenfläche liegende Kante stark wulst- oder wallartig, so dass gerade diese Wirbel bei gleicher Höhe und Breite, aber bei geringerer Länge — der vierte z. B. misst 9 cm in der Breite, 9 cm in der Höhe und 7 cm in der Länge — die Form eines in der Richtung von vorn nach hinten verkürzten und abgeplatteten, oberhalb jederseits leicht geflügelten Würfels zeigen. Wie dieser jederseitige Wulst am dritten Wirbel noch nicht zur Ausbildung gelangt, sondern nur schwach angedeutet ist, so hat er sich auch an den beiden letzten (8. und 9.) wieder völlig verloren. An den dazwischen liegenden Wirbeln verläuft über diesen Wulst eine sich gegen die obere Oeffnung des Knochencanales hin herabsenkende Furche zur Einlagerung des in jene hineingehenden Gefässes. Die an den hinteren Wirbeln der vorhergehenden Gruppe vorhandene ventrale Längsfurche ist nur noch bis zur dritten Vertebra spuria ausgebildet. Von der vierten an macht sie einer queren Vertiefung oder selbst Aushöhlung der unteren Fläche Platz, welche selbst an der achten noch sehr deutlich, an der neunten dagegen verschwunden ist. Besonders bemerkenswerth ist die sehr rapide Grössen- und besonders Höhenabnahme der letzten Schwanzwirbel. Während der sechste noch $6\frac{1}{2}$ cm hoch und $7\frac{1}{2}$ cm breit ist, zeigt der achte nur noch $3\frac{1}{2}$ cm Höhe und $4\frac{1}{2}$ cm Breite, der neunte gar nur $2\frac{1}{2}$ und $3\frac{1}{2}$ cm. Diese beiden letzten Wirbel sind demnach abweichend von den vorhergehenden viel niedriger als lang und bei ihrer starken Verschmälerung nach hinten, von der Fläche (oben) gesehen quer herzförmig. An dem jugendlichen Skelet des Berliner anatomischen Museums sind diese hinteren Wirbel durch Knorpelscheiben mit einander verbunden, deren Längsdurchmesser demjenigen der Wirbel selbst gleichkommt oder ihn sogar noch übertrifft: ein Verhältniss, welches sich am Skelet ausgewachsener Individuen aller Wahrscheinlichkeit nach zu Gunsten der Wirbelkörper umgestaltet haben wird.

Die im unteren Anschluss an die mittleren rippenlosen Wirbel befindlichen Haemapophysen, deren Zahl von Vrolik[2]), Duvernoy[3]) und Gervais[4]) übereinstimmend auf zehn angegeben wird, sind an dem Greifswalder Skelet nur zu neun vorhanden, ohne dass etwa, was ausdrücklich hervorgehoben zu werden verdient, eine derselben verloren gegangen wäre. Abgesehen davon, dass bei der Maceration des Skeletes ihrer Conservirung so wie ihrer Zugehörigkeit zu den einzelnen Wirbeln eine specielle Aufmerksamkeit gewidmet worden ist, so lässt sich auch aus der Conformation der in Frage kommenden Wirbel mit voller Bestimmtheit entnehmen, dass mehr als neun solcher Haemapophysen überhaupt nicht vor-

[1]) Derselbe wird von van Bambeke (Bullet. de l'acad. royale de Belgique, 2. sér., XXVI, 1868, p. 29) an den hinteren Schwanzwirbeln von Orca gladiator als „canal diapophysaire" bezeichnet und zwar auf Grund der völlig unzulässigen Ansicht, dass die nach aussen von demselben liegenden Theile eines solchen Wirbels Aequivalente von Diapophysen (?) sein sollen. Bekanntlich dienen diese die Schwanzwirbel durchsetzenden Canäle dem Durchtritt der aus der Arteria sacralis media hervorgehenden oberen Schwanzarterien.

[2]) a. a. O., pl. II. (Die zehnte Haemapophyse ist auf der Grenze vom zwanzigsten zum einundzwanzigsten rippenlosen Wirbel gezeichnet.)

[3]) a. a. O., p. 32.

[4]) Ostéographie des Cétacés, p. 372, pl. XVIII, fig. 11. (Die erste, nur punktirt dargestellte Haemapophyse fügt sich dem hinteren Ende des zehnten, nicht, wie an dem Greifswalder Skelet, des elften rippenlosen Wirbels an.)

handen gewesen sein können; denn es finden sich mit Artikulationsflächen versehene, unter der caudalen Epiphyse liegende paarige Wülste nur an neun Wirbeln, nämlich am elften bis neunzehnten vor, während der zehnte ebenso wie der zwanzigste derselben völlig entbehren. Die Grössen- und Formverhältnisse derselben drücken sich in folgenden Maassen aus:

Haemapophyse:	auf d. Grenze von Wirbel:	Senkrechter Durchmesser:	Querdurchmesser oben:	Querdurchmesser unten:	
1.	11 und 12	13 cm	7 cm	12 cm	(unten stark verbreitert)
2.	12 „ 13	29	16	6 „	(unten stark verschmälert)
3.	13 „ 14	28	17	16 „	(fast parallel)
4.	14 „ 15	21	19	18 „	(fast parallel, unten quer abgestutzt)
5.	15 „ 16	19	15	12 „	(unten verschmälert u. bogig abgerundet)
6.	16 „ 17	14 „	13 „	11 „	(unten quer abgestutzt)
7.	17 „ 18	10 „	13 „		(unten flachbogig abgerundet)
8.	18 „ 19	7,5 „	10,5 „		(ebenso)
9.	19 „ 20	4,5 „	6		(ebenso)

Hiernach sind die zweite und dritte Haemapophyse bei weitem am längsten und von der vierten bis zur neunten tritt eine sehr deutliche, keineswegs aber regelmässige Abnahme in der Länge ein; die erste kommt kaum der sechsten an Länge gleich, unterscheidet sich aber von dieser zugleich sehr auffallend durch ihre starke, nach unten und hinten gerichtete Verschmälerung. Beträchtlichen Schwankungen ist an den einzelnen Haemapophysen das Längsverhältniss der nach oben gerichteten Gabelzinken zu dem herabsteigenden, lamellösen Schlussstück unterworfen. An der zweiten bis sechsten überwiegt letzteres an Länge und zwar am stärksten an der zweiten und dritten. Dagegen sind an der ersten die Gabelzinken mindestens von der doppelten Länge jenes, an der siebenten bis neunten nur von annähernd gleicher Dimension.

Die Extremitäten.

Zu den auffallendsten Eigenthümlichkeiten der Gattung Hyperoodon, wie auch des in vieler Beziehung nahe verwandten Delphinorhynchus (Mesodiodon) micropterus Cuv., muss unter allen Umständen das Missverhältniss gerechnet werden, in welchem das geradezu verschwindend kleine Gliedmaassenpaar zu dem gewaltigen Kopf und Rumpf steht, so dass die Bemerkung Schlegel's[1]): „Brustflossen sehr klein“, ihre volle Berechtigung hat. Lässt schon die bei den Cetaceen ganz allgemein bestehende Grössen-Reduktion des allein restirenden vorderen Gliedmaassenpaares den Schluss zu, dass dasselbe für die so schnelle und gewandte Ortsbewegung dieser Thiere von relativ geringem Belang ist, so muss derselbe für die beiden genannten Gattungen eine doppelte Berechtigung in Anspruch nehmen. Wie sich nun schon

[1]) Abhandlungen aus dem Gebiete der Zoologie. 1. Heft. S. 28.

die aus der Rumpfhaut frei hervortretende Flosse von Hyperoodon als winzig darstellt, so zeigt u. A. auch die Scapula im Verhältniss zum Rumpfskelet eine ausserordentlich geringe Grössenentwickelung, was besonders bei einem Vergleich mit solchen Gattungen, welche, wie Phocaena und Orca, auch ihrerseits Brustflossen von nur mässigen Dimensionen besitzen, einen sehr überzeugenden Ausdruck erhält. Während sich nämlich bei Phocaena communis der Längsdurchmesser der Scapula zur Länge der Wirbelsäule wie 1 : 8,5, bei Orca gladiator wie 1 : 9,6 verhält, stellt sich für Hyperoodon rostratus nur ein Längsverhältniss beider von 1 : 12,8 heraus, d. h. mit anderen Worten: die Scapula der letztgenannten Gattung ist relativ nur von $^2/_3$ der Grösse derjenigen von Phocaena. An dem mir vorliegenden Hyperoodon-Skelet misst nämlich die Scapula bei 40 cm Höhendurchmesser 47 cm in ihrer grössten Länge[1], was zum Theil allerdings darauf beruht, dass der Vorderrand derselben nicht wie bei Phocaena und Orca in Beilform stark gerundet hervorgezogen, sondern geradlinig abgestutzt ist und mit dem oberen Rande unter einem geradlinigen, fast rechten Winkel zusammentrifft. Auf der Aussenfläche dieser Scapula steigen nicht, wie Gervais[2] angiebt, zwei, sondern drei, nach unten hin stark convergirende, scharfe Leisten herab, von denen die abgekürzte vorderste fast parallel mit dem Vorderrand verläuft und oberhalb des Processus acromialis endigt, die zweite durchgehende auf die Mitte der Cavitas glenoidalis trifft und die schräg von oben und hinten nach vorn und unten verlaufende dritte am hinteren Ende derselben Gelenkfläche ausmündet. Von den beiden — nach der bei den Cetaceen bekannten Anordnung — übereinander liegenden Fortsätzen ist das brettartig abgeplattete Acromion um die Hälfte breiter (höher) als der an seinem vorderen Ende löffelartig erweiterte und knorrig verdickte Processus coracoides. Die Cavitas glenoidalis ist um die Hälfte länger als breit, fast oval, doch nur an ihrem Aussenrande regelmässig bogig gerundet, an ihrem Innenrande dagegen etwas abgestutzt. Ihre muldenförmige Aushöhlung entspricht nur etwa dem dritten Theile der Kugelwölbung des Caput humeri, welches demnach in der Richtung von oben nach unten sehr ausgiebig in derselben rotiren kann.

Die übrigen, an dem hiesigen Hyperoodon-Skelet nur lückenhaft erhaltenen Knochen der Vordergliedmaassen geben zu keinen ergänzenden Bemerkungen Anlass. Auch an dem Skelet des Berliner anatomischen Museums sind nur die Vorderarm- und die Handwurzelknochen, dagegen nicht die Phalangen vollständig erhalten. Dagegen hat Vrolik (a. a. O., pl. III) den gesammten Handtheil in continuo so vortrefflich dargestellt, wie es bis jezt nur für wenige der grösseren und seltneren Cetaceen-Skelete geschehen ist, so dass derjenige von Hyperoodon mit zu den bestgekannten gezählt werden darf.

Vergleichend morphologische Betrachtung der Wirbelsäule bei den Cetaceen und den übrigen Säugethieren.

Aus der im Vorstehenden gegebenen Schilderung der Hyperoodon-Wirbelsäule sind als besonders bemerkenswerthe morphologische Eigenthümlichkeiten folgende noch einmal kurz zusammenzufassen: Von den 46 Wirbeln sind die acht vorderen fest mit einander ver-

[1] Die Scapula an dem viel kleineren Skelet von Orca gladiator ist absolut grösser; sie misst in der Höhe 41, in der Länge 50 cm.

[2] a. a. O., p. 373.

schmolzen, die 38 übrigen frei aneinander beweglich: die 37 vorderen bilden in Gemeinschaft das Medullarrohr, die neun letzten sind Vertebrae spuriae. Die sich aus der Neurapophyse erhebenden Processus spinosi erreichen mit dem sechsunddreissigsten Wirbel ihr Ende. Nur der achte bis zwölfte Wirbel sind mit Zygapophysen versehen; an allen folgenden Wirbeln beschränkt sich die gelenkige Verbindung auf das Corpus vertebrae mittels der Ligamenta intervertebralia. Diapophysen sind nur an den fünfzehn vorderen Wirbeln ausgebildet; am sechszehnten ist nur noch ein geringer Rest solcher nachweisbar. Metapophysen beginnen mit dem zehnten und reichen bis zum sechsunddreissigsten Wirbel, also ebenso weit wie die Processus spinosi; am zehnten bis fünfzehnten Wirbel entspringen dieselben von den Diapophysen, mit dem Aufhören dieser gehen sie auf die Neurapophysen (16. bis 36. Wirbel) über. Anapophysen sind, wie bei den Cetaceen überhaupt[1]), nirgends zur Ausbildung gelangt. Rippen oder solchen morphologische Aequivalente beginnen mit dem ersten und endigen mit dem vierunddreissigsten Wirbel. Sie treten am ersten bis vierten als mit dem Wirbelkörper verschmolzene Processus costarii auf, sind am fünften bis siebenten eingegangen, sondern sich am achten bis siebenzehnten als frei eingelenkte und stark in die Länge entwickelte Rippen ab, von denen die sechs ersten eine doppelte (capitulare und tuberculare), die drei hinteren eine einfache (tuberculare) Anfügung besitzen — eine dadurch hervorgerufene Modifikation, dass am fünfzehnten bis siebenzehnten Wirbel der Rippenhals bereits mit dem Corpus vertebrae fest verschmolzen und zu einer Parapophyse (Pleurapophyse) umgebildet ist. Letzteres Verhalten erstreckt sich auch auf den achtzehnten bis vierunddreissigsten Wirbel, an welchen überhaupt nur noch der verschmolzene Rippenhals (Pleurapophyse) übrig geblieben, der frei bewegliche Theil dagegen eingegangen ist. Rippenbildungen hören mithin um zwei Wirbel früher auf als die Processus spinosi.

Unzweifelhaft sind mehrere dieser Eigenthümlichkeiten als Modifikationen eines ursprünglicheren Verhaltens, welche eine freiere, allseitigere Beweglichkeit der Wirbelsäule in ihren einzelnen Theilen, einen höheren Grad von Elasticität in sich selbst bezwecken oder richtiger: im Gefolge haben, aufzufassen. Dahin gehört vor Allem das schon in den Bereich des vordersten Vierttheils der Länge fallende Schwinden der Zygapophysen und die daraus resultirende ausschliessliche Vereinigung der Wirbelkörper durch die Ligamenta intervertebralia. Nicht minder ist dahin auch die geringe Zahl ausgebildeter Rippen, von denen die sechs vorderen an weit von einander getrennten Stellen je zweier auf einander folgender Wirbel, die drei hinteren dagegen überhaupt nur an einer einzelnen artikuliren, zu rechnen.

Andererseits ist die hierdurch hervorgerufene, ungleich grössere Einfachheit in der Bildung der Wirbelsäule in morphologischer Beziehung besonders lehrreich für die Auffassung complicirterer Verhältnisse, wie sie sich ganz allgemein, wenn auch in sehr verschiedenen Abstufungen an der Wirbelsäule der übrigen Säugethiere zu erkennen geben. So lässt sich, was bei diesen oft zweifelhaft erscheinen könnte, bei Hyperoodon und bei den Cetaceen

[1]) Allerdings giebt Retzius (Archiv f. Anat. u. Physiol., Jahrg. 1849, S. 671) für Delphinus leucopleurus — nicht für Phocaena communis, wie Hasse und Schwalbe (Anatomische Studien. I. 1., S. 145) zu glauben scheinen. Rudimente von accessorischen Fortsätzen am zweiten und dritten Brustwirbel an. Ich selbst habe indessen keine Spur von solchen an irgend einem Walskelet bemerken können und stimme daher Owen, welcher (Anatomy of Vertebrates, II. p. 417) sagt: „There are no anapophyses in the Cetacea", vollkommen bei.

überhaupt mit voller Evidenz erkennen, dass die Metapophysen ursprünglich, wie es Owen[1]) und A. Retzius[2]) dargelegt haben, als integrirende und sich von diesen abzweigende Theile der Diapophysen auftreten und erst beim Schwinden der letzteren, also sekundär auf die Schenkel der Neurapophysen übersiedeln, am wenigsten aber als Fortsätze der Zygapophysen aufgefasst werden können[3]), mit diesen vielmehr gleichfalls nur erst durch Verschiebung eine losere oder engere Vereinigung eingehen. Vor Allem erscheint aber die Wirbelsäule von Hyperoodon dazu angethan, einen sicheren Einblick und eine Klärung in das Labyrinth der sogenannten „Querfortsätze“ an Brust- und Lendenwirbeln, sowie in ihre Beziehungen zu Rippenbildungen zu bringen. In ungleich schärferem Gegensatz, als es sonst an dem Säugethier-Skelet der Fall zu sein pflegt, treten hier obere, aus der Neurapophyse hervorgehende Querfortsätze (Diapophysen) den aus dem Wirbelkörper entspringenden unteren (Parapophysen) gegenüber und lassen deutlich erkennen, dass es sich bei beiden um morphologisch ganz verschiedene Bildungen, welche scharf auseinander gehalten und selbst als gegensätzliche aufgefasst werden müssen, handelt. Wenn ein Zweifel hierüber überhaupt aufkommen könnte, so müsste er durch das Verhalten des mehrfach erwähnten siebenten (freien) Brustwirbels von Hyperoodon und durch einen Vergleich desselben mit den vorangehenden und folgenden sofort beseitigt werden und es ist in der That schwer verständlich, wie ein so scharfsinniger Beobachter und so gründlicher Cetaceen-Forscher, wie Eschricht, aus dem gerade bei Hyperoodon so überzeugenden Sachverhalt das volle Gegentheil von dem, was sich dem Anblick unmittelbar darbietet, zu folgern sich hat verleiten lassen können, nämlich, dass die „Querfortsätze“ von den Wirbelbögen auf die Wirbelkörper herabrücken.[4]) Wenn diese Anschauung, wie schon bei einer früheren Gelegenheit erwähnt wurde, von Flower[5]) für die normal gebildeten Delphinoiden (Globiocephalus) gleichfalls vertreten wird, so kann trotz ihrer nachweisbaren Irrthümlichkeit für dieselbe wenigstens der Umstand als Entschuldigung dienen, dass hier durch die enge Verschmelzung von Diapophysen und Parapophysen an den mit halslosen Rippen versehenen „Querfortsätzen“ der eigentliche Sachverhalt wesentlich verdunkelt ist. Bei Hyperoodon dagegen liegt er völlig klar zu Tage und nur die Nichtbeachtung der Bildung des siebenten Brustwirbels seitens Eschricht's sowohl wie Vrolik's einer-, wie die völlig unberechtigte Subsumirung ganz heterogener Elemente unter der Bezeichnung „Querfortsätze“ andererseits,

[1]) On the archetype and homologies of the vertebrate skeleton. London 1848. — On the anatomy of Vertebrates. II. p. 417.

[2]) Kongl. Vetensk. Akadem. Handlingar f. 1848, II, p. 213 ff. — Ueber die richtige Deutung der Seitenfortsätze an den Rücken- und Lendenwirbeln (Müller's Archiv für Anatomie und Physiologie, Jahrgang 1849, S. 602 f.).

[3]) Als solche stellt sie, wie A. Retzius (a. a. O., S. 602) hervorhebt, Stannius (Lehrbuch d. vergleich. Anat. d. Wirbelthiere, S. 345, Anmerk. 5) für „die meisten Säugethiere“ allerdings hin; doch weist er ausdrücklich darauf hin, dass die „Processus accessorii“ bei den Cetaceen „schon an den ersten Rückenwirbeln als Theile der Querfortsätze vorkommen, erst an den hinteren an die oberen Bogenschenkel rücken“ u. s. w. — Hasse (Anatomische Studien, I, S. 164) nimmt dagegen den „Processus mammillaris“ wieder als „immer integrirenden Bestandtheil des Processus articularis anterior“ in Anspruch.

[4]) Zoologisch-anatomisch-physiologische Untersuchungen über die nordischen Walthiere, S. 49: „Vom siebenten Brustwirbel an verlieren auch die Querfortsätze den bei den Säugethieren sonst geltenden Charakter, dass sie von den Arcus vertebrarum entspringen und rücken auf den Wirbelkörper selbst herab, nach Art der Querfortsätze der Fischwirbelsäule; ein sehr merkwürdiges Verhalten, welches den Walthieren überhaupt eigen zu sein scheint, beim Entenwal aber ungemein deutlich ausgesprochen ist.“

[5]) An Introduction to the osteology of the Mammalia. 3. edit. p. 58.

wie sie nicht nur früher allgemein üblich war, sondern zum Theil auch gegenwärtig noch angewendet wird, trägt die Schuld an seiner Verkennung und Missdeutung.

Nachdem nun in Vorstehendem einerseits speciell für Hyperoodon, andererseits für die Cetaceen im Allgemeinen der, wie ich glaube, völlig überzeugende Nachweis geführt ist, dass die in der vorderen Brustgegend auftretenden Diapophysen in dem weiter nach hinten liegenden Theil der Wirbelsäule von Parapophysen, d. h. von Rippenhälsen, welche mit den Wirbelkörpern eine feste Verschmelzung eingegangen sind, abgelöst werden und mithin eine feste Basis dafür gewonnen ist, dass es sich bei den als „Querfortsätze" im Allgemeinen bezeichneten Bildungen um morphologisch völlig heterogene Elemente handelt, scheint es mir sich immerhin der Mühe zu lohnen, abermals eine Lösung der Frage zu versuchen, um was es sich denn bei den in so mannigfacher Form, Grösse und Ursprungsstelle auftretenden „Querfortsätzen" an der Wirbelsäule der übrigen Säugethiere handele, ob dieselben nämlich überall als einander gleichwerthige, homodyname Bildungen aufzufassen seien oder sich nicht vielmehr als morphologisch verschiedene und nur analog funktionirende Theile nachweisen lassen.

Bekanntlich ist diese Frage wiederholt, in älterer Zeit besonders von Joh. Müller[1]), Theile[2]) und A. Retzius[3]) diskutirt und in verschiedenem Sinne beantwortet worden. Theile schliesst sich der Anschauung Joh. Müller's, wonach die „Querfortsätze" an den Lendenwirbeln der Säugethiere als verwachsene Rippen in Anspruch zu nehmen seien, in vollem Umfange an und zwar zunächst auf Grund der auch von ihm bestätigten Beobachtung, dass sich beim Schweinsfötus in der Lendengegend an Stelle der späteren Querfortsätze jederseits selbstständige Knochenkerne vorfinden. Ein Vergleich der Lenden- mit den Brustwirbeln ergiebt ihm als Resultat, dass die Processus transversi der ersteren einem Theil der an letzteren artikulirenden Rippen, die sogenannten Processus accessorii der Lendenwirbel dagegen den Processus transversi (Diapophysen) der Brustwirbel äquivalent seien. Gewöhnlich, meint er, seien an den Brustwirbeln der Säugethiere ein Muskel- und ein Rippentheil der Querfortsätze wegen ihrer Verschmelzung nicht deutlich zu unterscheiden; beim Maulwurf dagegen sei die Trennung beider sehr deutlich zum Ausdruck gelangt, und genau so verhalte sich auch an den Lendenwirbeln die Scheidung in Processus transversi (Rippen-) und accessorii (Muskeltheil). Es würden mithin nach Theile nicht nur die Brust-, sondern auch die Hals- und Lendenwirbel rippenführend sein, nur dass an letzteren beiden Wirbelgruppen die Rippen verkürzt sind und der freien Beweglichkeit ermangeln.

Retzius glaubt auf Grund seiner sich auf die Wirbelsäule zahlreicher Säugethiertypen erstreckenden Untersuchungen dieser Theile'schen Auffassung in mehrfacher Beziehung entgegentreten oder dieselbe wenigstens nicht unwesentlich modificiren zu müssen. Er sieht in den Processus transversi der Rücken- und Lendenwirbel nicht Rippen, sondern „eigene, dem Rückgrate selbst näher angehörende Gebilde, von denen ein Theil allerdings mit der Rippenbildung im nächsten Zusammenhange stehe". Er findet ferner, „dass diese Processus

[1]) Vergleichende Anatomie der Myxinoiden, I, S. 237 ff.

[2]) Entdeckung der Rotatores dorsi beim Menschen und den Säugethieren, nebst Bemerkungen über die Processus transversi und obliqui (Archiv für Anatomie und Physiologie, Jahrgang 1839, S. 102—117).

[3]) Ueber die richtige Deutung der Seitenfortsätze an den Rücken- und Lendenwirbeln beim Menschen und den Säugethieren (Kongl. Vetensk. Akadem. Handlingar f. 1848, II, p. 213—307. — Archiv für Anatomie und Physiologie, Jahrgang 1849, S. 593—685)

transversi Elemente zu drei besonderen Fortsatzbildungen enthalten, nämlich zu Processus mammillares, costales und accessorii und dass theils mehr oder weniger bestimmte Spuren, theils deutliche Entwickelungsformen dieser drei Fortsatzbildungen bei allen Säugethierformen, mit Ausnahme der Monotremata, vorkommen".

Unzweifelhaft gebührt A. RETZIUS das grosse Verdienst, die in den „Querfortsätzen" (Diapophysen) der Brustwirbel enthaltenen und sich aus denselben Schritt für Schritt in immer grösserer Deutlichkeit entwickelnden Elemente — nämlich ausser dem eigentlichen Rippenträger die aus ihnen hervorsprossenden Metapophysen (Processus mammillares) und Anapophysen (Processus accessorii) — als Vorläufer der entsprechenden Bildungen an den Lendenwirbeln vieler Säugethiere zuerst dargelegt und damit den Nachweis geliefert zu haben, dass Metapophysen und Anapophysen keineswegs, wie es die Anthropotomen bis dahin angenommen, den Lendenwirbeln ausschliesslich zukommende und für sie charakteristische Bildungen seien. So unzweifelhaft er aber mit seinen die beiden genannten Bildungen betreffenden Ausführungen im Rechte ist, so will mir andererseits seine, wenn ich ihn recht verstehe[1]), als allgemein gültig hingestellte Behauptung, dass sich auch die Processus costarii der Lendenwirbel als ein aus den Diapophysen der Brustwirbel herstammendes Element ergeben, als höchst gewagt und bedenklich erscheinen. Auf Grund meiner eigenen Untersuchungen glaube ich gerade im Gegentheil die Ansicht vertreten zu können, dass eine Herleitung dieser Processus costarii der Lendenwirbel aus den Diapophysen der Brustwirbel nur bei der Minderzahl der Säugethiere möglich ist, während sie sich bei der überwiegenden Mehrzahl als eine von jenen ganz unabhängige Bildung zu erkennen geben. So wenig diese Querfortsätze an den Lendenwirbeln der Cetaceen irgend etwas mit den Diapophysen der Brustwirbel zu thun haben, so stellen sie sich auch bei einer ganzen Reihe von anderen Säugethieren als eine von jenen wesentlich verschiedene Bildung dar.

In neuerer Zeit hat sich über die Frage nach der morphologischen Bedeutung der Lendenwirbel-Querfortsätze und ihren Beziehungen zu Rippenbildungen zunächst GEGENBAUR[2]) folgendermaassen geäussert: „Man wird also unter dem allgemeinen Begriff des Querfortsatzes zweierlei Bildungen zu verstehen haben: einmal eine ganz selbstständige Produktion des Wirbels, und dann eine mit dem Wirbel verschmolzene oder eigentlich nicht von ihm zur Ablösung gekommene Rippe. Unter den Säugethieren bieten sich lehrreiche Beispiele dafür dar, dass die Querfortsätze der Lendenwirbel bei weitem nicht in allen Fällen als Rippenäquivalente gelten können. Während in den meisten Fällen ein allmählicher Uebergang der Rippen in diese Querfortsätze nachgewiesen werden kann — so wie die Querfortsätze der Brustregion in die accessorischen Fortsätze der Lendenregion sich verfolgen lassen — so sind bei Einigen, z. B. den Schweinen, bereits am letzten rippentragenden Brustwirbel Querfortsätze vorhanden, die mit denen des ersten Lendenwirbels übereinstimmen und eine Vergleichung der Rippen mit jenen Lumbar-Querfortsätzen unmöglich machen. Jedenfalls liegen hier sehr mannigfaltige Verhältnisse vor, die in einer

[1]) In den meisten RETZIUS'schen Beschreibungen der ihm zu Gebote gestandenen Säugethierskelete wird ein derartiger Nachweis von dem allmählichen Hervorgehen der Processus costarii der Lendenwirbel aus den Diapophysen der Brustwirbel weder direkt geführt, noch ist er aus denselben herauszulesen. Seine Charakteristiken, welche viel Nebensächliches enthalten, umgehen dafür zu sehr den eigentlichen, zu erledigenden Punkt.

[2]) Grundzüge der vergleichenden Anatomie. Leipzig 1870. S. 622.

anscheinend gleichwerthigen Beschaffenheit sich aussprechen, aber deshalb noch keineswegs zur Beurtheilung nach einer und derselben Schablone Berechtigung geben."

Wie aus meiner obigen die RETZIUS'schen Darlegungen betreffenden Bemerkung hervorgeht, kann ich mich mit der vorstehenden GEGENBAUR'schen Auffassung im Ganzen nur einverstanden erklären, wenigstens insofern, als es sich auch nach meinen Ermittelungen bei den „Querfortsätzen" der Lendenwirbel in verschiedenen Gruppen der Säugethiere um nichts weniger als identische, ja sogar um recht heterogene Bildungen handelt. Andererseits kann ich freilich, wie sich später herausstellen wird, den gegen die Querfortsätze des Schweines erhobenen Einwand nur eingeschränkt, den für die Crocodile (a. a. O., S. 621) gemachten: „Die rippentragenden Querfortsätze der Lendenwirbel der Crocodile können unmöglich Homologa von Rippen sein, die ja doch erst an ihrem Ende sitzen", aber überhaupt nicht gelten lassen, wie dies schon aus den bei Gelegenheit von Hyperoodon und der Cetaceen im Allgemeinen gemachten Bemerkungen, welche zwar nicht völlig übereinstimmende, aber doch sehr ähnliche Verhältnisse betreffen, hervorgeht. Da übrigens die Wirbelsäule der Crocodile in Verbindung mit den von ihr ausgehenden Rippen für die Aufklärung mancher auch bei den Säugethieren vorkommenden Verhältnisse von besonderem Belang und für die Fixirung der Wechselbeziehungen zwischen „Querfortsätzen" und Rippen ungewöhnlich lehrreich ist, so benutze ich den citirten GEGENBAUR'schen Einwurf zu einem Exkurs, welcher, von einer Darstellung der Crocodilinen-Wirbelsäule ausgehend, jenen strittigen Punkt zu erledigen bestimmt ist.

An dem Skelet eines 4.35 m langen Gavialis gangeticus finde ich folgende für die Morphologie der Wirbelsäule besonders wichtige Eigenthümlichkeiten: Die fünf hinteren Halswirbel (3. bis 7.) — die beiden abweichend gebildeten ersten können hier füglich ausser Betracht bleiben — lassen eine aus der Neurapophyse (Arcus vertebrae) hervorgehende Diapophyse und eine vom Corpus vertebrae hervorsprossende Parapophyse, beide von Zapfenform, erstere aber dünner und kürzer als letztere, erkennen. Mit beiden Fortsätzen durch Synchondrose verbunden ist die gabelförmige Halsrippe, deren oberer Ast (Tuberculum) länger und dünner als der untere (Capitulum) ist. Rippe und Fortsätze jedes Wirbels schliessen zwischen sich das Foramen transversarium ein.

An den zunächst folgenden vier vordersten Brustwirbeln[1]) finden sich sämmtliche, oben genannten Theile in genau entsprechender Lage, nur in etwas modificirter Form und Grösse vor. Die Diapophyse wird nämlich an jedem folgenden Wirbel länger, die Parapophyse dagegen kürzer; auch wendet sich erstere nicht mehr, wie an den Halswirbeln, nach abwärts, sondern richtet sich progressiv stärker aufwärts. Dem veränderten Längsverhältniss beider Fortsätze entsprechend, haben sich die gleichfalls vertebralwärts gegabelten Rippen genau angepasst, in der Weise, dass jetzt der obere Gabelast (Tuberculum) verkürzt, der untere dagegen (Capitulum) stark verlängert ist. Ein Foramen transversarium wird durch die Verbindung der Rippe mit den beiden Wirbelfortsätzen in ganz entsprechender Weise, wie zavor, hergestellt.

[1]) H. v. JHERING (Das peripherische Nervensystem der Wirbelthiere, S. 107) rechnet die beiden ersten dieser Brustwirbel der Crocodilinen noch zu den Halswirbeln und nimmt daher deren neun an. Mit dem achten Wirbel beginnt jedoch eine neue, von den vorhergehenden formell geschiedene Gruppe, welche bis zum elften incl. reicht.

Mit dem fünften Brustwirbel tritt plötzlich ein auffallend verändertes Verhalten ein, zunächst darin, dass das Corpus vertebrae jeder Spur einer Parapophyse entbehrt. Von seitlichen Fortsätzen ist mithin nur der obere, die aus der Neurapophyse hervorgehende Diapophyse übrig geblieben, welche jetzt für sich allein die an ihr entspringende Rippe trägt, und zwar in wesentlich übereinstimmender Weise bis zum letzten (13.) Brustwirbel. Die sekundären an diesen neun rippentragenden Diapophysen hervortretenden Unterschiede sind sehr allmählich sich entwickelnde: sie werden progressiv platter, länger und mehr horizontal verlaufend. Ihre auffallendste Eigenthümlichkeit besteht darin, dass sie nicht, wie normal gestaltete Diapophysen, nur eine terminale Artikulationsfläche zur Anheftung der Rippe besitzen, sondern ausserdem noch eine zweite, tellerförmig abgeflachte, welche an ihrem vorderen Rande näher der Basis gelegen ist. Die an einer solchen Diapophyse angeheftete Rippe hat dem entsprechend gleichfalls zwei Gelenkflächen, von welchen die terminale sich mit der mehr gegen die Basis hin verschobenen der Diapophyse, die weiter rückwärts gelegene und unter einem Wirbel vorspringende sich dagegen mit der terminalen jener verbindet. Die Rippe legt sich mithin mit einer fingerförmigen Verlängerung, welche man bei der Betrachtung der Rippe an sich als dem Capitulum entsprechend ansehen muss, dem im Bereich seiner Aussenhälfte verschmälerten Vorderrande der Diapophyse so an, dass beide fast parallel neben einander verlaufen, aber noch durch eine Lücke getrennt bleiben. Wenngleich nun aber jene fingerförmige Verlängerung einer solchen Rippe formell dem Capitulum der vier vorderen Rippen entspricht, so weicht sie von diesen doch dadurch ganz ab, dass sie die eigentliche capitulare Anfügung an eine Parapophyse völlig aufgegeben hat. Sie ist ihrer ausschliesslich diapophytischen Anheftung nach gewissermaassen auf eine des Collum costae verlustig gegangene Rippe reducirt, hat aber durch den ihr noch verbliebenen Rest des Halses einen Theil der Diapophyse, nämlich die Hälfte ihres Vorderrandes verdrängt, sie um diesen beeinträchtigt. Es ist mithin die Diapophyse an ihrem Vorderrande schon zur beweglichen Rippe geworden, wo sie am Hinterrande noch einen festgewachsenen Querfortsatz darstellt, oder, was dasselbe besagt: die Rippe hat sich von der Diapophyse, deren bewegliche Fortsetzung sie nur bildet, vorn viel früher abgetrennt als hinterwärts. Die Correktheit dieser Auffassung ergiebt sich leicht aus einem Vergleich der neun mit solchen rippentragenden Diapophysen versehenen Brustwirbel mit den auf sie folgenden Lendenwirbeln. Auch diese haben lediglich platte und gleichfalls horizontal verlaufende Diapophysen; da letztere aber der Rippen ermangeln, so fehlen ihnen einerseits die zur Anheftung dieser dienenden Gelenkflächen, mit ihnen aber auch zugleich der jenen zukommende Defekt des Vorderrandes. Von ihnen hat sich eine Rippe entweder überhaupt nicht abgelöst, oder sie ist, wenn sie als vorhanden gedacht wird, ihrer ganzen Breite nach mit der Diapophyse verschmolzen. Stellt man die Betrachtung in umgekehrter Reihenfolge, von hinten nach vorn, an, so gelangt man zu folgendem Ergebniss: An den vier Lendenwirbeln finden sich nur lange und platte, mithin rippenähnliche Diapophysen vor, an welchen noch keine Abgliederung in sich zu erkennen ist. Eine solche beginnt dagegen vom letzten (13.) Brustwirbel; das äussere Ende der noch länger gewordenen Diapophyse gliedert sich hier beweglich zur Herstellung einer Rippe ab. In dieser Form und Lage verbleibt die Rippe bis zum fünften Brustwirbel. Dagegen ändert sie ihre Lage auffallend vom vierten an, indem sie ihr bis dahin horizontal verlaufendes vorderes Ende nach unten wendet, um es mit einer aus dem Wirbelkörper hervorgehenden Parapophyse in Verbindung zu setzen. Erst von jetzt an wird sie zu einer wirklichen capitularen Rippe, während sie zuvor nur als abgegliedertes Aussenende einer Diapophyse erschienen war. Als vollständige, capitulare Rippe geht sie dann endlich von den vorderen Brust- auch auf die Halswirbel über, nur dass sie an diesen dann wieder sternalwärts verkürzt wird.

Nachdem an dreizehn aufeinander folgenden Wirbeln (den neun hinteren Brust- und vier Lendenwirbeln) jede Spur von Parapophysen gefehlt hat, treten solche von den beiden grossen Sacralwirbeln an wieder ganz constant, jetzt aber in inniger Vereinigung mit Diapophysen, auf. Bei den gerade an den Sacralwirbeln in sehr deutlicher Weise offen gebliebenen Nähten kann man den Ursprung einer oberen dünneren Wurzel (Diapophyse) von der Neurapophyse eben so scharf erkennen, wie den der ungleich dickeren unteren (Parapophyse) vom Corpus vertebrae. Beide verschmelzen aber, ohne Belassung einer Lücke, gleich von der Basis aus fest miteinander und bilden dadurch einen sehr kräftigen „Querfortsatz“[1]), welcher seiner Zusammensetzung nach genau mit denjenigen übereinstimmt, welche bei vielen Delphinoiden die hinteren halslosen Rippen an ihrer Spitze tragen. Auch an den ungleich schwächeren und mehr abgeplatteten „Querfortsätzen“ der vordersten Schwanzwirbel lässt sich die Trennungsnaht beider Wurzeln gegen die Neurapophyse und den Wirbelkörper hin noch sehr deutlich wahrnehmen, während sie vom dritten an immer undeutlicher bis zu gänzlichem Verschwinden wird. Indessen alle diese Querfortsätze, welche an dem mir vorliegenden Skelet bis zum vierzehnten Schwanzwirbel ausgebildet sind, zeigen auch nach vollständigem Verstreichen der Nähte ihren zweiwurzeligen Ursprung auf der Grenze vom Wirbelbogen zum Wirbelkörper in unverkennbarer Weise. Sie sind in ihrer ganzen Längserstreckung Composita von Diapophysen und Parapophysen und unterscheiden sich mithin nicht unwesentlich von den lediglich als Parapophysen auftretenden „Querfortsätzen“ an den Lenden- und Schwanzwirbeln der Cetaceen.

An keiner Stelle der gesammten Wirbelsäule lassen sich sekundäre Fortsätze in Form von Metapophysen und Anapophysen auch nur andeutungsweise erkennen. Vielmehr erscheinen ebensowohl die Diapophysen wie die Zygapophysen überall durchaus einfach.

An dem mir sonst noch vorliegenden Skelet eines jugendlichen, nur 0,80 m langen Crocodilus biporcatus finde ich dem vorbeschriebenen Gavial-Skelet gegenüber keine irgendwie erheblichen Unterschiede in der Bildung der Wirbelsäule und der Rippen vor. Höchstens dass von den nur in der Zwölfzahl ausgebildeten Rippenpaaren die acht einer capitularen Anfügung ermangelnden letzten sich dem Vorderrande ihrer Diapophysen in deutlich geringerer Ausdehnung anlegen als dort. Indessen kann dies sehr wohl und sogar wahrscheinlich mit dem noch wenig vorgeschrittenen Wachsthum im Zusammenhang stehen.

[1]) Claus, „Rippen und unteres Bogensystem“ (Sitzungsberichte der math.-naturwiss. Classe der Akad. d. Wissenschaften zu Wien, 74. Bd., 1. Abth., S. 789), bezeichnet dieselben auf Grund ihrer freien Nahtverbindung im Gegensatz zu Rathke (Untersuchungen über die Entwickelung und den Körperbau der Crocodile, S. 42), dagegen in Uebereinstimmung mit Gegenbaur (Jenaische Zeitschr. f. Medizin und Naturwissenschaft, VI, S. 208) direkt als „discrete Rippenstücke“, hält sie mithin für wesentlich von den Querfortsätzen der Brust- und Lendenwirbel verschiedene Bildungen, von denen sie sich indessen ungleich mehr in Betreff ihrer doppelten Wurzel unterscheiden.

Die vorstehende Darstellung dürfte mit Evidenz ergeben, dass bei den Crocodilinen die in Form von Diapophysen auftretenden „Querfortsätze“, der Ansicht Gegenbaur's entgegen, keine der Rippennatur widersprechende Bildungen sind, und dass sie möglicher Weise selbst dann als partielle Rippenbildungen aufgefasst werden können, wenn, wie an den Lendenwirbeln, keine Abgliederung an denselben vor sich gegangen ist.

Von den durch Gegenbaur bezüglich der lumbaren Querfortsätze vertretenen Ansichten wesentlich abweichend sind die Resultate, zu welchen C. Hasse und W. Schwarck in einer gleichzeitig (1870) erschienenen umfangreichen Abhandlung „Studien zur vergleichenden Anatomie der Wirbelsäule, besonders des Menschen und der Säugethiere“[1], gelangt sind, wiewohl in derselben gerade die Beziehungen zwischen Querfortsätzen zu Rippen mehr gelegentlich gestreift als speciell und eingehend erörtert werden. Nach ihrer Betrachtungsweise würde es sich bei den Querfortsätzen der Lendenwirbel, gleichviel ob dieselben vom Arcus oder vom Corpus vertebrae ihren Ausgang nehmen, stets um dieselben Bildungen handeln, welchen gerade in Bezug auf ihren Ursprung ein beliebig freier Spielraum gestattet ist. Ein Beweis für diese offenbar vorgefasste Meinung ist allerdings in keiner Weise beigebracht und ebenso wenig der Versuch gemacht, diese Querfortsätze aus denjenigen der Brustwirbel herzuleiten oder ihre Beziehungen zu denselben darzulegen. Es fällt dies um so mehr auf, als die beiden Verfasser selbst angeben, zu ihren Untersuchungen durch die von A. Retzius herrührenden Ausführungen, welche sie weiter zu entwickeln bestrebt seien, angeregt worden zu sein. Uebrigens haben sie sich nicht auf die Wirbelsäule der Säugethiere beschränkt, sondern den Versuch gemacht, die an derselben auftretenden Fortsätze aus einfacheren Bildungen, wie sie sich an der Wirbelsäule der voraufgehenden Vertebratenklassen darstellen, herzuleiten und zu entwickeln. Freilich bilden die auf die Haupttypen der Fische, Reptilien u. s. w. bezüglichen Ausführungen nach der beiden Verfasser eigener Angabe „nur einen allgemeinen Rahmen, in welchen die Detailforschung die Einzelheiten noch einzufügen haben wird“, während die sich auf ca. fünfzig verschiedene Säugethierformen erstreckenden Darstellungen noch ungleich detaillirter als die Retzius'schen gehalten sind und sich auch mehrfach auf Verhältnisse erstrecken, welche in jenen, als ausserhalb ihres Zweckes liegend, unbeachtet gelassen worden sind. In der Einzelbetrachtung der Wirbel und der an ihnen hervortretenden Differenzen weichen die beiden Verfasser von Retzius u. A. auch darin ab, dass sie dieselben nicht in der Reihenfolge von vorn nach hinten verfolgen, sondern vielmehr von den Schwanzwirbeln aus die Richtung nach vorn einschlagen. Dass sie bei Verfolgung dieses umgekehrten Weges zu theilweise abweichenden Anschauungen gelangen, ist gerade nicht verwunderlich; doch will es mir, wie ich gleich an einem Beispiele zu zeigen beabsichtige, durchaus fraglich erscheinen, ob dieselben eine grössere sachliche Berechtigung für sich in Anspruch nehmen können.

Als den wesentlichsten Differenzpunkt ihrer Untersuchungen den Retzius'schen Resultaten gegenüber heben Hasse und Schwarck am Schluss ihrer Abhandlung (S. 166) folgenden hervor: „Nur die Processus accessorii und costales sind Elemente des Seitenfortsatzes und gehören, wenn dieser in die beiden Querfortsätze zerfallen ist, wesentlich dem oberen an.

[1]) In: C. Hasse, Anatomische Studien, Bd. I, Heft 1 (Leipzig 1870), S. 21—167, Taf. IV—V.

Der Processus mammillaris ist immer integrirender Bestandtheil des Processus articularis anterior und rückt nur unter gewissen Verhältnissen auf den Seitenfortsatz." Die Hauptstütze für diese Auffassung scheinen die beiden Verfasser in dem Umstand zu finden, dass ein Processus mammillaris schon zuweilen unter den Verläufern der Säugethiere vorhanden sein und dann lediglich als Appendix der vorderen Zygapophysen auftreten soll. Wie verhält es sich indessen hiermit in Wirklichkeit? Auf S. 52 heisst es von den Wirbeln der Schlangen: „Die Gelenkfortsätze zeigen zugleich das Eigenthümliche, dass an ihnen, und damit ist ein Anklang an die Verhältnisse bei den Vögeln, den Säugern und dem Menschen gegeben, zwei Rauhigkeiten auftreten, von denen wir den des hinteren Gelenkfortsatzes als Processus muscularis, den des vorderen als Processus mammillaris bezeichnen wollen. Letzterer ist als starker, nach aussen ragender Höcker vom hinteren Schwanzende bis zu den vordersten Wirbeln ausgeprägt." Sehe ich mir diesen vermeintlichen Processus mammillaris, dessen übrigens bereits Stannius[1]) als Processus accessorius Erwähnung thut, an dem Skelet von Pelias berus an, so finde ich, dass er im Bereich der drei mittleren Viertheile der Wirbelsäule in allmählich zu- und wieder abnehmendem Maasse deutlich entwickelt ist, dagegen am vorderen und hinteren Achttheil der Länge undeutlicher wird und schwindet. Eine merklich weitere Erstreckung zeigt er an der Wirbelsäule von Tropidonotus natrix, Python Javanicus und Acrochordus Javanicus, indem er sich bei erstgenannter Gattung und Art bis zum siebenten, bei der zweiten bis zum dreizehnten, bei der dritten bis etwa zum vierundzwanzigsten Wirbel deutlich verfolgen lässt, während er sich hinterwärts bei allen diesen erst mit Beginn der rippenlosen Schwanzwirbel verliert. In seiner Form und relativen Grösse bietet er insofern leichte Modifikationen dar, als er bei Pelias und Python kürzer und stumpfer, mehr zitzenförmig, bei Acrochordus und Tropidonotus dagegen länger und dünner, besonders bei letzterer Gattung fast griffelförmig erscheint. An der Aussenseite der vorderen Zygapophyse, vorwiegend aber von ihrer Basis entspringend, überragt er in der Richtung nach aussen und zugleich nach vorn die jene deckende hintere Zygapophyse sehr deutlich. Hiernach kann man ihn, wenn man „will", allenfalls als Processus mammillaris (Metapophyse) bezeichnen, nur bleibt es dabei durchaus fraglich, ob damit auch seine Aequivalenz mit dem gleichnamigen Fortsatz an den hinteren Brust- und den Lendenwirbeln — denn nur um diese kann es sich handeln — bei den Säugethieren gewährleistet ist. Nach meiner Ansicht ist Letzteres keineswegs über jeden Zweifel erhaben. Denn abgesehen davon, dass bei den Schlangen dieser Processus mammillaris nicht dem oberen Rand der vorderen Zygapophyse aufsitzt, sondern aus ihrer Basis hervorgeht, so hält er auch eine von derjenigen der Zygapophyse verschiedene Ebene ein und liegt oberhalb des vertebralen Endes der Rippe vorwiegend horizontal, ähnlich einer noch schwach entwickelten, gewissermaassen im ersten Anlauf begriffenen Diapophyse. Gleichviel nun, ob er mit einer solchen nicht etwa ebenso berechtigt, wie mit einer Metapophyse in Vergleich gebracht werden kann, so steht unter allen Umständen wenigstens so viel ausser Zweifel, dass er von den Schlangen aufwärts gegen die Vögel hin nicht continuirlich Bestand hat, sondern gerade bei den mit den Vögeln osteologisch ungleich

[1]) Handbuch der Anatomie der Wirbelthiere. 2. Aufl. 1854. Zweites Buch: Amphibien. S. 18.

näher verwandten Sauriern und Crocodilen vollständig fehlt. Für erstere erwähnen in Folge dessen Hasse und Schwarck seiner auch mit keinem Wort, und dass er bei ihnen thatsächlich nicht vorhanden ist, habe ich an den mir zu Gebote stehenden grösseren Saurier-Skeleten von Monitor, Tejus, Iguana, Uromastix und Trachysaurus mit Leichtigkeit constatiren können. Die grossen tellerförmigen, horizontal orientirten vorderen und hinteren Zygapophysen decken sich hier bis auf ihre Ränder genau und schneiden mit diesen in übereinstimmender Weise ab. Dasselbe ist auch mit den deutlich aufgerichteten Zygapophysen von Chamaeleo der Fall, höchstens dass die beim Beginn des Brustkorbes befindlichen vorderen einen kleinen, aber nach hinten hervortretenden Zapfen zu besitzen scheinen. Bei den Crocodilen wollen die beiden Verfasser freilich einen Processus mammillaris der vorderen Zygapophysen „namentlich an den mittleren Schwanzwirbeln" aufgefunden haben; ich kann indessen nur die obige, bei Beschreibung des Gavial-Skeletes gemachte Angabe wiederholen, dass es mir nicht hat gelingen wollen, solche auch nur andeutungsweise an irgend einer Stelle der Wirbelsäule wahrzunehmen. Somit fällt für mich die genealogische Basis für den „als integrirender Theil der vorderen Zygapophyse auftretenden Processus mammillaris" vollständig fort; ich meinerseits kenne ihn nur an der Wirbelsäule der Vögel und Säugethiere. Unter ersteren vermisse ich ihn übrigens an dem Skelet von Struthio camelus vollständig, und zwar sowohl an den vorderen Zygapophysen, wie an den Diapophysen, von denen diejenigen der drei ersten Brustwirbel zwar an ihrem Aussenende beträchtlich breiter als die folgenden und auch mehr abgeplattet erscheinen, aber dennoch keinen nach vorn heraustretenden Vorsprung erkennen lassen. Sonst scheinen, soviel ich es übersehe, Metapophysen an der Vögel-Wirbelsäule ganz allgemein aufzutreten, eigenthümlicher Weise jedoch in einer den Säugethieren gerade entgegenstehenden Anordnung. Bei Strix otus z. B. sind sie an den drei letzten Hals- und den beiden ersten Brustwirbeln — nach Art der hinteren Brust- und der Lendenwirbel bei den Säugethieren — ganz dicht an die Aussenseite der vorderen Zygapophyse herangerückt, während sie dagegen an den vier hinteren freien Brustwirbeln aus dem Seitenrande der stark entwickelten, platten, fast horizontal verlaufenden Diapophyse zusammen mit spitzen, nach hinten gewendeten Anapophysen hervortreten. Bei Circus rufus finde ich dieses Verhalten dahin modificirt, dass die völlige Verschmelzung der Metapophysen mit den vorderen Zygapophysen schon mit dem sechsten Halswirbel ihr Ende erreicht. Vom siebenten an beginnt die seitliche Entfernung der ersteren ganz allmählich, um an den beiden letzten (10. und 11.) Halswirbeln bereits ebenso deutlich wie an den sieben freien, d. h. nicht mit dem Becken verschmolzenen Brustwirbeln in die Augen zu treten. An den beiden ersten, mit Costae spuriae versehenen Brustwirbeln sind sodann die aus dem freien Aussenrande der Diapophysen hervortretenden Metapophysen und Anapophysen noch kurz und stumpf; erst an den folgenden werden sie langstreckig und spitz. Von Hasse und Schwarck wird (S. 59) dieses ihr Verhalten ganz übereinstimmend, nur in umgekehrter Reihenfolge von hinten nach vorn geschildert, und danach müssten sie wenigstens für die Vögel offenbar der Retzius'schen Auffassung beipflichten, dass die Metapophysen erst sekundär von den Diapophysen auf die vorderen Zygapophysen übersiedeln. Wie oben angeführt, verwerfen sie diese aber gerade ausdrücklich als unhaltbar und glauben an ihrer Stelle die entgegengesetzte als die allein sachlich begründete hinstellen zu müssen. Die Säugethierwirbelsäule könnte nun allerdings, wenigstens bei dem von den beiden Verfassern eingeschlagenen Wege, sie in der Richtung von hinten nach vorn auf das Verhalten ihrer Fortsätze zu prüfen, ihrer gegensätzlichen Anschauung eine scheinbare Stütze bieten: dagegen würde die in gleicher Richtung verfolgte Fortsatzbildung an der Wirbelsäule der Vögel ihr diese Stütze wieder entziehen, ja sie sogar vollständig zu Falle bringen, wenigstens nachdem die präsumirte „Mittelstufe gegen die Schlangen hin“ sich als illusorisch erwiesen hat. RETZIUS, welcher die Wirbelsäule der Vögel überhaupt nicht mit in den Kreis seiner Betrachtungen gezogen, sondern sich auf diejenige der Säugethiere beschränkt hat, konnte für diese, welche er der täglichen Gewohnheit entsprechend, jedes Ding von vorn anzufangen, ganz naturgemäss in der Richtung von vorn nach hinten in ihren allmählichen Modifikationen verfolgte, selbstverständlich überhaupt nur zu der von ihm vertretenen Auffassung gelangen, und so wenig sich dieselbe als die objektiv allein richtige beweisen lässt, so wenig kann sie auch als irrig hingestellt werden. Ueberdies wird man aber RETZIUS gewiss nur darin beipflichten können, dass er die Brustwirbel als die unzweifelhaft am normalsten gebildeten zum Ausgangspunkt seiner Betrachtungen und Vergleiche gemacht hat: denn die betreffs ihrer morphologischen Bedeutung in Frage kommenden paarigen Wirbelfortsätze stehen in so unmittelbarer Beziehung gerade zu den Rippen, dass sie ohne Mitberücksichtigung dieser überhaupt nicht beurtheilt werden können. Wie sich die Brustwirbel aber schon bei den Säugethieren im Vergleich mit Hals-, Lenden- und Sacralwirbeln als die ursprünglicher gebildeten und am wenigsten beeinträchtigten zu erkennen geben, so stellen sie sich als solche auch bei dem Vergleich mit den bei den Vorläufern der Säugethiere auftretenden rippentragenden Wirbeln, welche hier (Reptilien, besonders Schlangen) in ungleich weiterer Erstreckung zum Austrag gekommen sind, dar. Mir will es wenigstens ungleich näher liegend und sachlich berechtigter erscheinen, die Hals- und Lendenwirbel als eigenthümlich modificirte oder so zu sagen degradirte Brustwirbel aufzufassen, als letztere für vollkommener entwickelte Hals- oder Lendenwirbel in Anspruch zu nehmen, und zwar schon deshalb, weil die Degradation nach beiden Richtungen hin eine gleich augenfällige, wenn auch in vieler Beziehung verschiedenartige ist. Indem ich aber diese Ansicht von der morphologischen Präponderanz der Brustwirbel vertrete, drücke ich damit gleichzeitig mein entschiedenes Bedenken gegen den Versuch aus, von den meist völlig verkümmerten Schwanzwirbeln aus eine sogenannte progressive Entwickelung der an den weiter nach vorn gelegenen Wirbeln auftretenden Fortsätze darzuthun und dadurch jenen kümmerlichen Endwirbeln eine Werthschätzung beizulegen, welche sie offenbar gar nicht beanspruchen können. Dieselben repräsentiren den Wirbel entschieden weder in seiner ursprünglichen, noch in seiner typischen Form und können schon aus diesem Grunde nicht als Ausgangspunkt für die Betrachtung dienen, während sie, wenn dies geschieht, sehr leicht eine Quelle für Irrthümer[1]) werden können. Was an ihnen von dem normalen

[1]) Zu solchen rechne ich u. A. die von HASSE und SCHWARCK (a. a. O.) versuchte Herleitung der „Seitenfortsätze“ aus den Haemapophysen, wie sie nach dem Beispiel der Teleostier für Coecilia und die Perennibranchiaten (S. 49), ebenso für gewisse Saurier (S. 54), wo sogar bald die oberen, bald die unteren „Seitenfortsätze“ an deren Stelle treten sollen, geführt wird; während dann wieder bei anderen Ordnungen der Reptilien (Schlangen, S. 52, und Crocodilen, S. 57) ebenso wenig wie bei den Vögeln (S. 58) von einem derartigen Ersatz der Haemapophysen durch „Seitenfortsätze“ die Rede ist. In Wirklichkeit scheint ein solcher überhaupt nirgends von den Amphibien an aufwärts vorhanden zu sein; auch glaube

Wirbel noch übrig geblieben ist, wird bei ihrer abortiven Erscheinung übrigens ohnehin nur durch den Vergleich mit jenem zu ermitteln sein, beruht also bereits auf Abstraktion.

In ungleich eingehenderer Weise als von Seiten der beiden letztgenannten Autoren ist die Frage nach der Natur der an den Lendenwirbeln der Säugethiere auftretenden „Querfortsätze" von F. FRENKEL bei Gelegenheit seiner belangreichen Untersuchungen über die Bildung der Sacralwirbel[1]) diskutirt worden. Indem er den letzteren nach dem Vorgang von QUAIN und GEGENBAUR Rippenrudimente zuerkennt, auf welchen, wie er nachzuweisen sucht, die Bildung ihrer sogenannten ventralen Schenkel beruht, schliesst er sich (S. 394) der Ansicht von A. RETZIUS an, wonach „die Querfortsätze der Lendenwirbel bei keinem Säugethier mit den Rippen verglichen werden dürfen, vielmehr etwas von Rippen ganz Verschiedenes, nämlich Fortsätze des oberen Bogens seien", und wendet sich speciell gegen die von LANGER versuchte Deutung der an den menschlichen Lendenwirbeln auftretenden „Querfortsätze" (Processus costarii) als verwachsener Rippenrudimente. In seinen an den eigentlichen Gegenstand der Untersuchung (Entwickelung der Sacralwirbel) angeschlossenen Folgerungen (S. 426 f.) versucht er sodann den Nachweis zu führen, „dass die immer noch weit verbreitete Ansicht, die Querfortsätze der Lendenwirbel seien festgewachsene Rippen oder sie repräsentirten einen indifferenten Zustand zwischen Rippe und Querfortsatz, durch keine Thatsache weder der Entwickelungsgeschichte noch der vergleichenden Anatomie unterstützt werde". Die Gründe, auf welche er diese Ansicht stützt, sind folgende: 1) Die Processus transversi der Lendenwirbel bei den Säugethieren „verknöchern stets nur vom oberen Bogen aus". 2) Bei überzähligen Rippen — speciell an der menschlichen Wirbelsäule — werden „niemals Querfortsätze in bewegliche Rippen umgewandelt", vielmehr sind in derartigen (präsumirten) Fällen neben den letzteren (Rippen) stets auch noch erstere (Querfortsätze) nachweisbar. „Wenn aber an rippentragenden Wirbeln ausser diesen Rippen auch noch den Processus transversi der Lendenwirbel homologe Fortsätze auftreten, so können die Processus transversi der Lendenwirbel keine Rippen sein, denn es giebt kein Wirbelthier, das an demselben Segment seiner Wirbelsäule zweierlei Arten von Rippen besässe." 3) Bei „vielen" Säugethieren kann man die Querfortsätze der Lendenwirbel nach vorn zu allmählich in Fortsätze der Brustwirbel übergehen sehen, welche einen Theil der sogenannten Querfortsätze der Brustwirbel ausmachen. Als Beispiel hierfür wird zunächst das bereits von GEGENBAUR angeführte Verhalten des Querfortsatzes am letzten rippentragenden Wirbel des Schweines herangezogen und sodann fortgefahren: „Bei den Cetaceen tragen die Querfortsätze der hinteren Brustwirbel, welche den Processus transversi der Lendenwirbel ganz homolog sind, an ihrem Ende die Rippen, deren Capitulum, wie es scheint, an diesen Wirbeln durch Rückbildung verloren

---

ich, dass die nach dieser Richtung hin sehr mannigfachen Verhältnisse der Teleostier bis jetzt viel zu wenig gesichtet und auf einander zurückgeführt sind, als dass sie als Anhalt und Ausgangspunkt für die Wirbelsäulen-Details der übrigen Vertebraten benutzt werden können. STANNIUS (Handbuch der Anatomie der Wirbelthiere, 2. Aufl., Amphibien, S. 13) kommt bei der Betrachtung der Wirbelsäule in der Richtung von vorn nach hinten für die Urodelen zu dem sachlich ungleich correkteren Resultat, dass an einigen Wirbeln die hypaxonischen Bogenschenkel mit der Basis der unteren Querfortsätze eine Verschmelzung eingehen.

[1]) Beiträge zur anatomischen Kenntniss des Kreuzbeins der Säugethiere (Jenaische Zeitschrift für Medizin und Naturwissenschaft. VII. 1873. S. 391—435. Taf. XXI u. XXII).

ging: auch hier sehen wir die Fortsätze, die man immer noch für Rippen ausgeben will (als besten Beweis, wie irrig diese Angabe ist), zugleich mit Rippen an den Wirbeln auftreten, als alleinige Träger derselben fungiren und dabei unmittelbar nach hinten in freie Processus transversi übergehen." 4) Die von den Querfortsätzen der Lendenwirbel entspringenden lateralen Bündel des Musc. longissimus dorsi sind nicht mit den gleichnamigen des Brustabschnittes identisch. 5) Während die Rippen nach hinten kürzer werden, nehmen die Querfortsätze der Lendenwirbel fast durchweg nach hinten an Länge zu, haben in vielen Fällen gerade die entgegengesetzte Richtung u. s. w. — Diese Punkte dürften, wie der Verfasser fortfährt, „genügen, um jeden Zweifel an der Natur der Processus transversi als blosser Fortsätze der oberen Bogen schwinden zu lassen". „Sind wir aber zu der Einsicht gekommen, dass jene Querfortsätze keine Rippen sind, so folgt daraus, dass die Lendenwirbel nichts den Rippen Vergleichbares besitzen. Bei den Säugethieren finden wir daher Rippen nur in der Halsregion, in der Brustregion und in der Sacralregion — bisweilen auch in der Caudalregion; ausschliesslich fehlen sie in der Lendenregion."

Diese Aussprüche lassen an Bestimmtheit gewiss nichts zu wünschen übrig, auch enthalten sie Manches, was wie z. B. No. 3, dass man bei vielen Säugethieren die Querfortsätze der Lendenwirbel nach vorn allmählich in Fortsätze der Brustwirbel übergehen sehen kann, nicht dem mindesten Zweifel unterliegt. Indessen, wenn auf dieselben auch nicht gerade der Goethe'sche Vers: „Viel Irrthum und ein Fünkchen Wahrheit", angewendet werden soll, so stellt sich doch bei näherem Zusehen das Eine oder Andere wesentlich anders heraus, als der Verfasser es angiebt, beziehentlich auffasst.

An einem mir vorliegenden, in der Folge zu beschreibenden Skelet des zweizehigen Faulthieres (Choloepus Hoffmanni) finde ich: 1) das letzte (24.) Rippenpaar nur im Bereich seiner Endhälfte in schmaler Rippenform (mit den dreiundzwanzig vorangehenden übereinstimmend), im Bereich seiner Basalhälfte dagegen in der Form eines breiten und platten Querfortsatzes, ganz nach Art derjenigen der drei freien Lendenwirbel, vor. Mit dieser seiner breiten und platten Basis fügt sich dieses Rippenpaar doppelt, d. h. mittels Capitulum und Tuberculum ganz ebenso der Parapophyse und der Diapophyse wie die vorhergehenden an, ist aber abweichend von diesen nicht mehr frei beweglich, sondern mit den beiden genannten Wirbelfortsätzen fest verschmolzen. Durch dieses Verhalten wird die Ansicht Frenkel's, wonach Rippen sich nicht direkt in Querfortsätze umwandeln können, vollständig widerlegt; hier haben sie es im Bereich ihrer Basalhälfte in jeder Beziehung gethan. 2) Die an den auf die Brustwirbel zunächst folgenden drei freien Lendenwirbeln — ein vierter ist seitlich mit den Ossa ilei verschmolzen — befindlichen Querfortsätze, welche, nebenher bemerkt, nach hinten an Länge kaum merklich zunehmen und ganz genau dieselbe Richtung wie die Rippenbasis einhalten, entspringen auch ihrerseits mit doppelter Wurzel, von denen die obere der Diapophyse und dem Tuberculum, die untere der Parapophyse plus einem Rippenhals auf das Genaueste entspricht. Es sind demnach diese Querfortsätze morphologisch betrachtet nichts Anderes, als auf ihr gegabeltes vertebrales Ende reducirte Rippen, durch welche wiederum drei von Frenkel aufgestellte Thesen: 1) dass die Lendenwirbel nichts den Rippen Vergleichbares besitzen,

2) dass Rippenbildungen in der Lendenregion stets fehlen und 3) dass die Querfortsätze der Lendenwirbel stets nur Fortsätze der „oberen Bogen" sind, als hinfällig erwiesen werden.

Ferner: Für die Querfortsätze der hinteren Cetaceen-Brustwirbel, über deren völlige Homologie mit den Processus transversi der Lendenwirbel ich durchaus mit FRENKEL einverstanden bin, habe ich bei Erörterung der Wirbelsäule von Hyperoodon, Grampus und Lagenorhynchus den nicht zu widerlegenden Nachweis geführt, dass sie nichts Anderes als Rippenhälse, welche sich von den Rippen selbst abgelöst haben und mit dem Wirbelkörper eine feste Verschmelzung eingegangen sind, darstellen können. Gleichzeitig habe ich auf Grund ihrer Identität mit den „Querfortsätzen" der Lendenwirbel gefolgert, dass auch diesen letzteren nur die Bedeutung von verschmolzenen Rippenhälsen, an welchen der übrige Theil der Rippe eingegangen sei, zugesprochen werden könne. Auch ganz abgesehen von der betreffenden Orts angeführten CLAUS'schen Beobachtung, das Verhalten dieser Querfortsätze bei Delphinen-Embryonen anlangend, so lässt schon der genaue Verfolg derselben an dem ausgebildeten Delphinoiden-Skelet nicht den mindesten Zweifel an der allein möglichen Deutung als verwachsener Rippenhälse aufkommen. Gerade weil jene hinteren Brustwirbel der Delphinoiden stets nur halslose Rippen tragen und da ausserdem die wirklichen Querfortsätze (d. h. die Diapophysen) der Brustwirbel schon vor dem Auftreten der den Lendenwirbel-Querfortsätzen gleichwerthigen rippentragenden vollständig eingegangen sind, können jene die hintersten Rippen tragenden „Querfortsätze" nur abgelöste Theile von solchen sein. Es liegt demnach auch hier wieder ein Fall vor, welcher die beiden FRENKEL'schen Thesen, dass die Lendenwirbel nichts den Rippen Vergleichbares besitzen und dass Rippenbildungen ausschliesslich in der Lendenregion fehlen, auf das Schlagendste widerlegt. Die in ihrer Allgemeinheit allerdings zu beanstandende und insofern von FRENKEL mit Recht bekämpfte Ansicht, „die Querfortsätze der Lendenwirbel seien festgewachsene Rippen", hat gerade für die Cetaceen ihre volle morphologische Berechtigung.

An dem später zu beschreibenden Skelet eines Cercolabes villosus findet sich im Anschluss an die fünfzehn mit normal ausgebildeten Rippen versehenen Brustwirbel ein Wirbel vor, welchen nach dem Mangel eigentlicher Rippen als ersten Lendenwirbel anzusprechen Niemand Anstand nehmen würde, um so weniger, als er genau an derselben Stelle, von welcher an den folgenden die platten „Querfortsätze" ausgehen, einen länglichen und schmalen, mit dem Wirbelkörper fest verschmolzenen Anhang trägt. Mit Rücksicht auf diese seine Verschmelzung würde derselbe nach dem gewöhnlichen Sprachgebrauch als ein Lendenwirbel-Querfortsatz zu gelten haben, welcher, wie es am ersten Lendenwirbel der Säugethiere sehr häufig der Fall, nur eine geringe Entwickelung in der Querrichtung eingegangen ist. Dagegen lässt er bei näherer Betrachtung eine so vollständige formelle Uebereinstimmung mit einem Rippenhals (der vorangehenden Rippen) erkennen, dass man ihn mit gleichem Recht für ein auf das vertebrale Ende reducirtes Rippenrudiment in Anspruch nehmen kann, und zwar um so mehr, als er sich mit seinem dem Capitulum costae entsprechenden vordersten Ausläufer bis zu dem den letzten Brust- mit dem ersten Lendenwirbel verbindenden Intervertebral-Ligament erstreckt. — Ein etwas abweichendes, aber der Hauptsache nach übereinstimmendes Verhalten liegt mir an dem letzten Brustwirbel eines später zu beschreibenden Skeletes von Meles taxus vor. An diesem ist rechterseits die fünfzehnte Rippe noch in ganz normaler Länge und Anfügung (nur mittels Capitulum am Wirbelkörper) vorhanden; linkerseits dagegen ist sie verkürzt und beträchtlich dünner, dabei auch nicht am Wirbelkörper selbst, sondern an einem mit diesem fest verschmolzenen kleinen „Querfortsatz" eingelenkt, welcher sich völlig übereinstimmend mit den „Querfortsätzen" des zunächst folgenden Lendenwirbels verhält. Mit anderen Worten: diese verkümmerte linksseitige fünfzehnte Rippe hat sich ihres Halses entledigt und denselben an den Wirbelkörper, mit dem er verschmolzen ist, abgegeben, zeigt mithin hier ausnahmsweise (asymmetrisch) dasselbe Verhalten, welches bei den Delphinoiden zur Regel geworden ist. — Auch diese beiden Fälle sprechen mit Evidenz gegen die FRENKEL'sche Ansicht, wonach Rippen und Lendenwirbel-Querfortsätze durchweg wesentlich von einander verschiedene Bildungen sein sollen; in dem ersten haben sich „Querfortsätze" eines Lendenwirbels in Rippenrudimente, in dem zweiten hat sich eine Rippe basal in einen „Querfortsatz" umgewandelt.

Am unverständlichsten ist mir an den FRENKEL'schen Ausführungen der zweimal wiederkehrende Versuch, die „Querfortsätze" der Lendenwirbel dadurch in einen scharfen Gegensatz zu Rippenbildungen zu bringen, dass sie als „blosse Fortsätze des oberen Bogens" hingestellt werden; denn man muss doch hieraus nothwendig den Schluss ziehen, dass der Verfasser Rippen nicht als dem oberen Bogensystem angehörig ansieht, während sie thatsächlich zu diesem ursprünglich genau dieselben Beziehungen wie jene „Querfortsätze" haben. Um sich hiervon zu überzeugen, braucht man sich nur das Skelet eines noch ungeborenen oder neugeborenen Säugethieres anzusehen, an welchem diese Beziehungen völlig klar vor Augen liegen. Ich wähle zu diesem Nachweis das Skelet einer neugeborenen Katze, dessen Betrachtung sich auch nach anderer Richtung hin als keineswegs den FRENKEL'schen Schlussfolgerungen günstig ergeben wird. An den vorderen zweiunddreissig Wirbeln eines solchen Skeletes zeigt sich ein bereits völlig ossificirtes Wirbelcentrum, welches von dem ihm entsprechenden Wirbelbogen noch vollständig durch Knorpelmasse getrennt ist, also als selbstständiger Theil auftritt. Die Homodynamie dieser zweiunddreissig vorderen Wirbelcentren — diejenigen der hinteren Schwanzwirbel lasse ich absichtlich ausser Betracht — kann nicht dem mindesten Zweifel unterliegen; doch ist zu bemerken, dass das vorderste durch das Os odontoides (den späteren Processus odontoides des Epistropheus) repräsentirt wird, während der ventrale Bogen des Atlas sich demselben nach vorn und unten als eine besondere, davon unabhängige Knochenspange anlegt. Die sich diesen Wirbelcentren seitlich anschliessenden Neurapophysen bestehen bekanntlich zu dieser Zeit noch aus zwei selbstständigen, übrigens gleichfalls bereits ossificirten Hälften (Bogenschenkeln), welche in der dorsalen Medianlinie noch durch Knorpelmasse mit einander verbunden werden. Der Länge der späteren Processus spinosi entsprechend, erhebt sich dieser mediane Schlussknorpel zu verschieden hohen, also besonders in der Brustregion prominirenden Kegeln. An den Halswirbeln entspringen aus der ventralen Fläche jedes Bogenschenkels zwei nach unten gerichtete zapfenförmige Fortsätze, welche am zweiten bis sechsten von annähernd gleicher Länge und Form und durch einen tiefen Ausschnitt von einander getrennt sind, während sie am siebenten mehr brückenartig verbunden erscheinen. Die inneren, dem Wirbelcentrum zugewendeten Fortsätze sind Parapophysen, die äusseren dagegen Diapophysen. An keinem dieser Halswirbel ist bereits das spätere Foramen transversarium vorhanden; dagegen führen die nach abwärts gerichteten Enden der Diapophysen wie besonders der Parapophysen Knorpelaufsätze als erste Anlage der späteren „Halsrippen". Letztere fehlen mithin als solche in diesem Stadium noch vollständig.[1]) An den dreizehn folgenden Brustwirbeln gehen gleichfalls aus dem ventralen Theil der beiden Bogenschenkel, in entsprechender Lage wie an den Halswirbeln, Parapophysen hervor, welche jedoch in weniger vorgeschrittener Weise ossificirt erscheinen. Von den bereits völlig ossificirten Diapophysen schlagen nur die der beiden vordersten Brustwirbel noch in ähnlicher Weise wie an den Halswirbeln die Richtung nach unten ein, während sie an den folgenden unter gleichzeitiger Verkürzung mehr transversal verlaufen. Alle diesen Diapophysen und Parapophysen — vom elften Brustwirbel an nur den letzteren — sich anschliessende Rippen, welche demnach Ausläufer des „oberen Bogens" sind, ergeben sich im Gegensatz zu den „Halsrippen" als bereits vollständig ossificirt. Vom zehnten Brustwirbel an entwickeln die Diapophysen aus ihrem Hinterrande kegelförmige Anapophysen, welche sich auch auf die fünf vorderen Lendenwirbel (in völlig übereinstimmender Lage mit denjenigen der Brustwirbel) fortsetzen, während die Diapophysen als solche bereits am elften Brustwirbel eingehen und dem entsprechend auch den Lendenwirbeln ganz fehlen. Diese Anapophysen sind der Hauptsache nach bereits ebenso vollständig ossificirt wie die Diapophysen; doch finden sich an ihnen noch kleine knorpelige Spitzenkegel vor. Für die Beurtheilung der später an den Lendenwirbeln auftretenden „Querfortsätze" ist nun von besonderer Wichtigkeit die Feststellung des an diesen Wirbeln zur Zeit der Geburt, resp. vor derselben nachweisbaren Befundes, insbesondere die Erledigung der Frage: Sind an denselben mit den Diapophysen, wie es bei dem Fehlen der Rippen a priori denkbar wäre, auch die Parapophysen, d. h. die den Parapophysen der Brustwirbel entsprechenden Theile geschwunden? Die Antwort darauf lautet kurz und entschieden: nein. Die Parapophysen finden sich an den Lendenwirbeln genau an derselben Stelle wie an Hals- und Brustwirbeln vor, nämlich am ventralen, dem Wirbelcentrum zugewendeten Rande der Bogenschenkel in Form ossificirter Wülste, deren abgeplattetem Ende ein Knorpelzapfen aufsitzt. In letzterer Beziehung verhalten sie sich ganz wie die Parapophysen der Halswirbel, während sie durch ihre stärkere Verkürzung und ihrem Sitz nach — auf der Grenze von Unter- und Vorderrand der Bogenschenkel — mehr denjenigen der letzten Brustwirbel gleichen. Wenn demnach die Parapophyse eines Lendenwirbels derjenigen eines Halswirbels in jeder Beziehung homolog ist und auch die Gleichwerthigkeit des dem Ende beider aufsitzenden Knorpelzapfens schwerlich in Frage gezogen werden kann, so ergiebt sich daraus mit Nothwendigkeit, dass wenigstens bei der Katze die aus dem Knorpelaufsatz der lumbaren Parapophysen sich mittels eines besonderen Knochenkernes hervorbildenden „Querfortsätze" völlig gleichwerthige Bildungen

---

[1]) Dieses Verhalten wird vermuthlich für die Halswirbel der Säugethiere durchgängig nachweisbar sein. Vgl. die von C. Hasse (Anatomische Studien, I, S. 63 f., Taf. IV, Fig. 4) gegebene Beschreibung und Abbildung eines ihm von Kölliker gelieferten Querschnittes von dem embryonalen Halswirbel eines Schweines. An demselben sind Diapophysen und Parapophysen gleichfalls noch völlig getrennt. Ueber die erst später erfolgende Bildung der „Halsrippen" äussert sich auch kurz Kölliker, Entwickelungsgeschichte des Menschen und der höheren Thiere, 2. Aufl. 1879, S. 408.

zunächst mit den „Halsrippen" sind, zumal sie gerade mit diesen sich in dem gleichen Stadium der Ausbildung, welches demjenigen der Brustrippen gegenüber als sehr retardirt erscheint, befinden. Aus letzterem Grunde könnte man vielleicht die völlige Aequivalenz der Lendenwirbel-Querfortsätze mit den Brustrippen in Frage ziehen; dagegen kann man unmöglich „Halsrippen" zugestehen, wenn man „Lendenrippen" leugnet, da beide sich in ihrer Ausbildung genau decken. Unter allen Umständen stellen sich aber alle drei Bildungen: Halsrippen, Brustrippen und Lendenwirbel-Querfortsätze bei der Katze in übereinstimmender Weise als dem oberen Bogensystem angehörend dar und unterscheiden sich nur sekundär einerseits durch den verschiedenen Grad der Längenentwickelung, andererseits durch die freie Beweglichkeit oder feste Verschmelzung.

Bei diesem somit von der Frenkel'schen Auffassung sehr abweichenden thatsächlichen Verhalten ist es selbstverständlich geboten, auch die von ihm als „Sacralrippen" bezeichneten Gebilde am Skelet der neugeborenen Katze mit in den Kreis der Betrachtung zu ziehen. Von den drei sogenannten Sacralwirbeln weichen die beiden hinteren ungleich weniger von den Lendenwirbeln ab als der vorderste (erste), daher sie denn auch hier zunächst zur Sprache kommen sollen. An ihnen zeigt sich das Verhalten des ventralen Theiles der Bogenschenkel zum Wirbelcentrum genau so wie an den Lumbaren: die Art ihres Anschlusses und der Grad ihrer Ossifikation sind die gleichen. Nur das zeichnet die Bogenschenkel dieser beiden hinteren Sacralwirbel aus, dass auf der Grenze ihrer ventralen und senkrecht aufsteigenden Fläche eine stark ossificirte — daher hell elfenbeinfarbige — hemdenknopfförmige Scheibe von unten her aufsitzt, etwa wie ein auf Papier gedrücktes Siegel. Uebrigens sind diese stark ossificirten Scheiben an dem mir vorliegenden Skelet durchaus asymmetrisch, was hervorzuheben nicht unwichtig erscheint: die linke des zweiten Wirbels ist mehr denn doppelt so gross als die rechte, während auf dem dritten gerade die linke ganz fehlt. Für den ersten Sacralwirbel ist zunächst hervorzuheben, dass ihm eine der Parapophyse des letzten Lendenwirbels entsprechende Bildung abgeht. Ferner krümmt sich der ventrale Theil des Bogenschenkels im Bereich seines vorderen Theiles deutlich aufwärts und drittens erscheint er, wenn man von der gleich zu erwähnenden, stark ossificirten Platte, welche ihm von unten her aufliegt, absieht, noch vorwiegend knorpelig, daher von rothbrauner Färbung. Da er endlich auch, von der Bauchseite aus betrachtet, etwas tiefer eingesenkt erscheint als das Niveau des Wirbelcentrums, so bietet der jederseitige Bogenschenkel dieses ersten Sacralwirbels von dem entsprechenden der Lendenwirbel eine ganze Anzahl nicht zu verkennender, wenngleich offenbar nicht besonders schwer wiegender Differenzen dar. Was nun die ihm ventral aufliegende, durch weit vorgeschrittene Ossifikation gleichfalls elfenbeinfarben erscheinende Platte betrifft, so liegt sie an dem hier in Rede stehenden Skelet nicht, wie in der Frenkel'schen Abbildung (Taf. XXI, Fig. 8) rückwärts, sondern direkt seitlich vom Wirbelcentrum und stimmt nicht nur hierdurch, sondern auch darin mit dem ventralen Theile des Bogenschenkels an den vorangehenden Lendenwirbel überein, dass sie an ihrem Innenrande genau dasselbe Niveau mit dem Wirbelcentrum einhält. Abweichend an ihr ist allerdings, dass sie sich in der Richtung nach aussen einerseits ansehnlich verbreitert, andererseits aber deutlich abwärts neigt. Sie verhält sich demnach entre deux und ist ihrem morphologischen Werthe nach nicht so ohne Weiteres mit voller Sicherheit zu taxiren. Wenn es auch kaum einem Zweifel unterliegen kann, dass sie gleich den knopfartigen Scheiben der beiden hinteren Sacralwirbel auf einem selbstständigen, ausserhalb des eigentlichen ventralen Bogenschenkels gelegenen Ossificationspunkt beruht, d. h. sich aus einem solchen hervorgebildet hat, so kann sie auf der anderen Seite bei ihrem einem ventralen Bogenschenkel genau entsprechenden Lagerungsverhältniss zum Wirbelcentrum doch auch durchaus nicht als ein jenem fremdes, selbstständiges Element angesehen und nach meiner Ansicht am wenigsten mit einer Brustrippe in Vergleich gebracht werden. Das Einzige, was sie mit einer solchen gemein hat, ist die gleich weit vorgeschrittene Ossification, nach welcher dann aber wieder ihre von FRENKEL betonte Gleichwerthigkeit mit einer „Halsrippe“ in Wegfall kommen müsste. Was diese sogenannten „Sacralrippen“ von den Brustrippen sehr wesentlich unterscheidet, ist nicht etwa ihre ganz abweichende Form, auf welche übrigens gleichfalls ein Gewicht immerhin zu legen sein dürfte, sondern ihre unmittelbare seitliche Anfügung an das Wirbelcentrum; während dagegen die Brustrippen an dem Skelet der neugeborenen Katze sich nicht direkt dem Wirbelcentrum, sondern in deutlichem Abstand von diesem erst dem ventralen Theil der Bogenschenkel oder specieller der von diesem ausgehenden Parapophyse anfügen. Ist demnach hier nichts weder mit einer Hals- noch mit einer Brustrippe Vergleichbares nachweisbar, so dürfte es sich bei dieser stärker ossificirten Platte des ersten Sacralwirbels um nichts Anderes handeln als um einen Belegknochen, welcher den ventralen Theil des Bogenschenkels behufs seiner seitlichen Verbindung mit dem Os ilei widerstandsfähiger zu machen dient. Uebrigens ergiebt auch die Betrachtung des ausgewachsenen Katzenskeletes, dass die zum Os ilei verlaufenden Seitenflügel des ersten Sacralwirbels ventral in gleicher Flucht mit den „Querfortsätzen“ der hinteren Lendenwirbel, welche vom Wirbelkörper aus gleichfalls ventralwärts verlaufen, zu liegen kommen und daher letzteren der Hauptsache nach gleichwerthig sind. Endlich scheint mir aber auch die von FRENKEL (Taf. XXI, Fig. 8) gegebene Abbildung, welche anscheinend ein etwas früheres Stadium der Katzenwirbelsäule darstellt, ungleich mehr meiner Auffassung als der seinigen das Wort zu reden, da das, was er am ersten Sacralwirbel mit cs bezeichnet, offenbar dem ob des letzten Lendenwirbels correspondirt, ebenso wie das mit ob am ersten Sacralwirbel bezeichnete Stück sich am letzten Lendenwirbel als ptr, wenn auch in grösserer Längsentwickelung wiederfindet. Auf einem Querschnitt, welchen FRENKEL von dem Sacralwirbel der Katze nicht gegeben hat, würde sich schwerlich seine präsumirte Sacralrippe in gleicher Weise als ein vom oberen Bogenschenkel getrenntes Stück dargestellt haben, wie am jugendlichen Sacralwirbel des Menschen und des Rindes, an welchem wesentlich verschiedene Verhältnisse vorliegen. Bei diesen werden die „Querfortsätze“ der Lendenwirbel nicht, wie bei den Raubthieren, durch Parapophysen gebildet, sondern lassen sich als Schritt für Schritt aus den Diapophysen hervorgehend nachweisen, sind also umgebildete Theile der „Brustwirbel-Querfortsätze“. Dass letzteres Verhalten nichts weniger als ein sich gleichbleibendes sei, gesteht übrigens FRENKEL dadurch selbst zu, dass er den ganz allmählichen Uebergang der Lendenwirbel-Querfortsätze in solche der Brustwirbel nur für „viele“, nicht für alle Säugethiere geltend macht. Hätte er diesem sich in der Wirbelsäulenbildung der Säugethiere kundgebenden Unterschied eine speciellere Aufmerksamkeit zugewandt, so würde er das Auftreten von deutlichen, resp. rückgebildeten „Sacralwirbeln" auch gewiss nicht mit Deciduaten und Indeciduaten oder mit Disco- und Zonoplacentalien in Beziehung gesetzt, sondern lediglich davon abhängig gemacht haben, ob die Querfortsätze der Lendenwirbel durch Parapophysen oder durch Theile von Diapophysen gebildet werden. Ist Letzteres der Fall, so treten an den Sacralwirbeln zur Bildung der „Querfortsätze" die — an den Lendenwirbeln eingegangenen — Parapophysen, welche man zur Noth ihrem Aussentheil nach als „Sacralrippen" bezeichnen könnte, wieder von Neuem auf, während sie im ersteren Fall sich von den Lendenwirbeln continuirlich auf die Sacralwirbel fortsetzen.

Wie verschieden sich die Bildung der Sacralwirbel nicht selten sogar bei systematisch nahe verwandten Säugethieren darstellt und in wie direkter Abhängigkeit dieselbe von dem morphologischen Verhalten der an den Lendenwirbeln auftretenden „Querfortsätze" steht, mag hier gelegentlich für den Orang (Pithecus satyrus) und einem Hundsaffen (Cynocephalus spec.) dargelegt werden. Bei ersterem gehen die „Querfortsätze" der Lendenwirbel — in Uebereinstimmung mit dem Menschen — ganz allmählich durch Umformung aus den Diapophysen hervor; bei letzterem dagegen bleibt, wie bei allen Platyrrhini und Cynopitheci, keine Spur der Diapophysen an den Lendenwirbeln zurück, sondern die an diesen auftretenden „Querfortsätze" bilden sich — ganz nach Art der Raubthiere — lediglich aus Parapophysen und einem mit ihnen verschmelzenden Rippenrudiment.[1]) Dem entsprechend zeigen die Sacralwirbel beider wesentliche Differenzen. An dem Skelet eines noch keineswegs ausgewachsenen, aber doch schon ansehnlich grossen männlichen Pithecus satyrus — von der Sohle bis zum Scheitel 1 m in der Höhe, der Arm vom Caput humeri bis zur Spitze des Mittelfingers 0,90 m in der Länge messend —, dessen Epiphysen noch nicht verwachsen sind und an welchem u. A. die Naht zwischen Os ilei und pubis noch offen ist, finde ich den zum Os ilei gehenden ventralen Schenkel des ersten Sacralwirbels vom Corpus vertebrae noch durch eine freie — rechterseits allerdings schon theilweise verstrichene — Naht getrennt. Dass dieser ventrale Schenkel, welchen man hier in gleicher Weise wie beim Menschen nach seiner einem Collum costae entsprechenden Anlagerung sehr wohl als „Sacralrippe" bezeichnen kann, ein den vorangehenden Lendenwirbeln völlig fremdes Element repräsentirt, ist bei genauerem Zusehen leicht zu erkennen: denn der den Lendenwirbeln zukommende jederseitige „Querfortsatz", welcher als durch Umformung aus der Diapophyse hervorgegangen, mehr dorsal gelegen ist, findet sich an diesem ersten Sacralwirbel gleichfalls noch in vollständiger Ausbildung vor, ja er verläuft bei seinem Anlegen an den Innenrand des Os ilei sogar noch stärker rückwärts, als dies mit den Querfortsätzen der Lendenwirbel der Fall ist. Bei Cynocephalus dagegen nimmt der ventrale Schenkel des ersten Sacralwirbels vom Corpus vertebrae in ganz übereinstimmender Weise seinen Ursprung wie der „Querfortsatz" des letzten Lendenwirbels und schlägt auch denselben queren Verlauf wie dieser ein. Es ist mithin hier dem ersten Sacralwirbel **kein den Lendenwirbeln fehlendes Element** hinzugefügt, wenigstens kein als „Sacralrippe" zu bezeichnendes; viel-

[1]) Diesen Ursprung der „Querfortsätze" der Lendenwirbel aus dem Corpus vertebrae bei den Affen (Cebus, Papio), den Fleischfressern und Nagern hebt im Gegensatz zu denjenigen des Menschen bereits Theile (Archiv für Anatomie und Physiologie, Jahrgang 1839, S. 108) ganz richtig hervor.

mehr wird in dem einen, wie in dem anderen Fall der ventrale Schenkel durch eine Parapophyse hergestellt. Was an diesem ersten Sacralwirbel von Cynocephalus im Gegensatz zu den Lendenwirbeln hinzugekommen ist, nämlich der mehr dorsal gelegene platte Flügelfortsatz, welcher sich mit dem Innenrand des Os ilei in Verbindung setzt, erweist sich vielmehr als homolog mit den Diapophysen der Brustwirbel, also einer Bildung, welche an den dazwischen liegenden Lendenwirbeln überhaupt nicht mehr zur Ausbildung gelangt ist. — Das für den ersten Sacralwirbel des Orang dargelegte Verhalten lässt sich übrigens in gleich deutlicher Weise auch an demjenigen der Wiederkäuer, deren lumbare Querfortsätze gleichfalls Diapophysen sind, und zwar selbst an der Wirbelsäule ausgewachsener Individuen sehr deutlich erkennen. Bei Ovis aries z. B. kommt zu der flügelförmigen Diapophyse, welche, bei übereinstimmendem Verlauf mit derjenigen des letzten Lendenwirbels, sich seitlich mit dem Innenrand des Os ilei in Verbindung setzt, am ersten Sacralwirbel noch der ventrale Schenkel in Form eines starken, schräg von vorn und innen nach hinten und aussen verlaufenden Querwulstes hinzu, in welchem trotz seiner völligen Verschmelzung mit dem übrigen „Querfortsatz" noch sehr deutlich die ursprüngliche „Sacralrippe" wiedererkannt werden kann. Aber auch an dem Körper der beiden letzten (5. und 6.) Lendenwirbel lässt sich wenigstens die einer Rippenanfügung entsprechende Parapophyse in einer den Brustwirbel-Parapophysen genau entsprechenden Lage, nämlich jederseits am Hinterrande der ventralen Fläche, leicht erkennen. Am fünften Lendenwirbel ist dieselbe nur durch eine abgeschrägte Fläche markirt; am sechsten dagegen tritt sie als kegelförmiger Fortsatz über den seitlichen Contour deutlich heraus.

Die gegen die FRENKEL'schen „Folgerungen" zu erhebenden Einwände lassen sich mithin in folgender Weise resümiren: 1) Zwischen Rippen und Lendenwirbel-Querfortsätzen lässt sich ein Gegensatz schon insofern nicht statuiren, als die einen wie die anderen ihrer Anlage nach lediglich dem oberen Bogensystem, nicht aber dem Wirbelkörper angehören; die Lagerungsbeziehungen beider zu letzterem sind erst sekundäre. 2) Rippen und Lendenwirbel-Querfortsätze können unter den Säugethieren in der That ganz direkt in einander übergehen. 3) Den Brustrippen homologe Querfortsätze fehlen keineswegs an den Lendenwirbeln aller Säugethiere. 4) Die allmähliche Umbildung der Brustwirbel-Querfortsätze in solche der Lendenwirbel lässt sich zwar bei einer ganzen Reihe von Säugethieren, z. B. bei den Ungulaten, den anthropoiden Affen in Gemeinschaft mit dem Menschen in völlig unzweifelhafter Weise erkennen; doch steht diesen eine mindestens ebenso grosse Zahl solcher gegenüber, bei welchen, wie z. B. bei den Ferae, bei den Platyrrhini und Cynopithecі unter den Primates, die sogenannten „Brustwirbel-Querfortsätze" nur in ihren Abzweigungen (Anapophysen) auf die Lendenwirbel übergehen, während sie selbst, d. h. ihr eigentlicher, rippentragender Haupttheil, mit dem Beginn der Lendenwirbel vollständig verschwinden. In diesem Fall sind die an den Lendenwirbeln auftretenden „Querfortsätze" keine Aequivalente der „Brustwirbel-Querfortsätze" (Diapophysen), sondern Bildungen, welche ihrem Ursprung vom Wirbel nach durchaus einem mit dem unteren Querfortsatz (Parapophyse) verschmolzenen Rippenhalse entsprechen. 5) Sowohl die eine wie die andere Art der Lendenwirbel-Querfortsätze kann aus der Verschmelzung eines eigentlichen Wirbelfortsatzes mit einem Rippenrudiment hervorgehen; denn es kann sich ein solches auch mit einer Diapophyse[1]), resp. einer Abzweigung derselben verbinden, entspricht dann aber selbstverständlich nicht einem Rippenhals, sondern erst dem auf diesen folgenden Theil der Rippe (z. B. beim Schwein und den Wiederkäuern).

Mit diesen durch Thatsachen gestützten Einwänden ist dem von Frenkel gemachten Versuch, die Lendenwirbel-Querfortsätze der Säugethiere als durchgehends identische Bildungen in summarischer Weise abzufinden, der Boden unter den Füssen weggezogen und die um drei Jahre ältere Anschauung Gegenbaur's, wonach es sich bei denselben „um sehr mannigfache Verhältnisse handelt, welche keineswegs zur Beurtheilung nach einer und derselben Schablone Berechtigung geben", ist nicht nur nicht ihrem ganzen Umfang nach wieder zur Geltung gelangt, sondern noch durch weitere Argumente gestützt worden.

Für den Nachweis solcher unter sich wesentlich verschiedener Bildungen hat mir leider nur eine relativ geringe Zahl von Säugethier-Skeleten zu Gebote gestanden. Es sind der Mehrzahl nach diejenigen, welche ich selbst im Verlauf von zehn Jahren für das hiesige zoologische Institut zu beschaffen Gelegenheit hatte, zum kleineren Theil solche, welche mir durch die Güte meines geehrten Collegen Budge auf dem anatomischen Institut zu prüfen gestattet worden ist. Da sich dieselben jedoch auf fast sämmtliche Hauptgruppen der Säugethiere vertheilen und gerade die morphologisch wichtigeren und am meisten charakteristischen in sich vereinigen, so wird das Material immerhin als ein für den vorliegenden Zweck annähernd genügendes angesehen werden können. Manches, was Retzius und Hasse haben verwerthen können, hat mir freilich gefehlt, dagegen aber das Eine oder Andere zu Gebote gestanden, was von ihnen übergangen worden ist. In meinen Beschreibungen bin ich von denjenigen meiner Vorgänger mehrfach abgewichen, besonders darin, dass ich nicht alles an der Wirbelsäule sich als bemerkenswerth Darbietende, sondern meist nur dasjenige hervorgehoben habe, was für die Erledigung der in Frage stehenden Punkte von Wichtigkeit war und auf dieselben direkten Bezug hatte. Es sind daher u. A. die unpaaren Fortsätze der Wirbel so gut wie ganz ausser Betracht gelassen, dagegen ist das Verhalten der Rippen bei ihren unmittelbaren Beziehungen zu den paarigen Fortsätzen speciell berücksichtigt worden. Handelte es sich doch gerade speciell um die Erledigung der Frage, in welchem morphologischen Verhältniss die letzteren zu den Rippen stehen, ebenso wie darum, welchen Einfluss die Ausbildung der Rippen, resp. ihre Form-Modificationen auf die Beschaffenheit der Wirbel und ihrer paarigen Fortsätze ausübe.

Aus dem Vergleich einer embryonalen oder noch sehr jugendlichen Wirbelsäule mit derjenigen eines erwachsenen Säugethieres ergiebt sich, dass im Verlauf des Wachsthums einerseits mit der Verschmelzung ursprünglich selbstständiger Theile, wie Wirbelcentrum und Bogenstücke, eine wesentliche Lagerungsverschiebung der den letzteren angehörenden paarigen Fortsätze vollzogen wird, andererseits gleich den unpaaren auch bestimmte paarige Fortsätze eine ansehnliche relative Grössenveränderung und schärfere Formausprägung

[1]) Die Anlage eines solchen Rippenrudimentes an den terminalen Theil der Diapophyse des ersten Lendenwirbels und die allmähliche Verschmelzung des ersteren mit der Spitze des „Querfortsatzes" hat E. Rosenberg (Ueber die Entwickelung der Wirbelsäule des Menschen. Morpholog. Jahrbuch. I. S. 90 ff., Taf. III. Fig. 6—9) an menschlichen Embryonen eingehend beschrieben und abgebildet. Auch sieht er die „Seitenfortsätze" der übrigen Lendenwirbel, an welchen kein selbstständiges Rippenrudiment mehr zu erkennen war, gleichfalls als durch Mitaufnahme eines solchen entstanden an.

erfahren. Da im Gegensatz zu diesen andere, wie die Zygapophysen und die rippentragenden Diapophysen, sich schon an der embryonalen Wirbelsäule in einem relativ weit vorgeschrittenen Stadium der Ausbildung vorfinden, so wird man nicht fehlgreifen, die erst später eintretende Formvollendung jener ersten als auf Muskelwirkung beruhend anzusprechen und zwar in völlig gleicher Weise, wie sich dies für die Cristae am Scheitel der Ferae, der anthropoiden Primates, einzelner Delphinoiden u. A. mit voller Evidenz darthun lässt. Mit Rücksicht hierauf ist es für die vergleichend anatomische Betrachtung von Wichtigkeit, sich möglichst ausgewachsener Säugethierskelete zu bedienen, da nur an solchen die fraglichen Wirbelfortsätze in ihrer endgültigen Grösse und Form ausgebildet sind, ausserdem aber auch in ihrer definitiven gegenseitigen Lage zur Erscheinung kommen. So wichtig auch die Kenntniss der Thatsache ist, dass „Querfortsätze“ ursprünglich niemals dem Wirbelcentrum angehören, sondern erst nachträglich vom Arcus auf das Corpus vertebrae herabrücken, so ist auf der anderen Seite doch gewiss nicht von minderem Belang der Umstand, dass dieses Herabrücken auch an der ausgebildeten Wirbelsäule keineswegs in allen Fällen erfolgt, sondern dass sich in dieser Beziehung die wesentlichsten Unterschiede zu erkennen geben. Ich kann daher nur H. von Jhering[1]) vollkommen beipflichten, wenn er für die morphologische Betrachtung der Wirbelsäule keineswegs in der Embryologie das alleinige Heil sieht, und zwar um so mehr, als diese gerade für die wesentlichsten hier in Betracht kommenden Punkte vollkommen im Stich lässt. Bei den in Frage stehenden Homologien spielt in der That die primäre Anlage eine durchaus untergeordnete Rolle: eine um so wichtigere dagegen fällt denjenigen Wachsthumsstadien zu, welche die definitive Form einleiten und ihr zunächst vorangehen. Aber auch letztere wird bei aufmerksamer Betrachtung schon für sich allein Vieles und Wichtiges mit annähernder Sicherheit erkennen lassen. Die volle Gewähr dafür liefert schon die strenge Gesetzmässigkeit in der Schritt für Schritt erfolgenden Ausbildung, beziehentlich Formveränderung der sich aneinander reihenden Wirbelfortsätze.

Monotremata.

Tachyglossus hystrix (mas). Sieben Halswirbel, nur der zweite bis vierte mit Foramen transversarium, am siebenten die Parapophyse rippenartig nach abwärts gekrümmt, die Diapophyse unterhalb löffelartig ausgehöhlt. Sechszehn Rippenpaare, das letzte stark verkürzt und zuweilen nur einseitig ausgebildet. Die erste bis vierzehnte Rippe mit deutlichem, wenn auch sehr verkürztem Collum und doppelter — capitularer und tubercularer Anfügung, die beiden letzten nur noch mit Tuberculum. Die Parapophysen in Form von Foveae pro capitulo auf der Grenze von je zwei Wirbelkörpern gelegen, am fünfzehnten und sechszehnten Brustwirbel fehlend. Diapophysen (zur Anheftung des Tuberculum costae) ungemein schwach entwickelt, kaum seitlich aus dem Arcus heraustretend, nur in Form schwacher, fast senkrecht verlaufender Leisten ausgebildet. Die mit dem zweiten Brustwirbel beginnenden Metapophysen sind an diesem und dem dritten nur in Form schwacher.

[1]) Das peripherische Nervensystem der Wirbelthiere (Leipzig 1878). Vorwort, S. X.

schwielenartiger Auftreibungen, welche noch in deutlichem Abstand hinter den Zygapophyses anteriores sich aus dem Arcus vertebrae erheben, ausgebildet, rücken am vierten und fünften in Form von Längsleisten schon höher hinauf und dichter an die Zygapophysen heran, während sie an allen folgenden — und in gleicher Weise auch an den drei Lendenwirbeln — sich im unmittelbaren hinteren Anschluss an die Zygapophysen als senkrechte, comprimirte Lamellen, welche gerade umgekehrt als die nur wenig höheren Processus spinosi in der Richtung nach vorn hakenförmig umgekrümmt und ausgezogen sind, erheben. Es sind demnach hier die Metapophysen der vorwiegend oder fast ausschliesslich stark entwickelte Abschnitt der Diapophysen, während diese selbst so gut wie verkümmert sind.[1]) Auch Anapophysen fehlen an der Mehrzahl der Brustwirbel ganz, sind aber wenigstens am sechszehnten und am ersten Lendenwirbel als stumpfer, vom unteren und hinteren Ende des Wirbelbogens sich erhebender Höcker nachweisbar. Von den Lendenwirbeln entbehren die beiden ersten der „Querfortsätze“ gänzlich, während der dritte ein Rudiment solcher in Form eines warzenförmigen, auf der Grenze von Arcus und Corpus vertebrae hervortretenden Höckers erkennen lässt. (Bei diesem rudimentären und zweideutigen Verhalten der Lendenwirbel-Querfortsätze lässt sich ihr morphologischer Werth nicht mit Sicherheit bestimmen.) Mit Rücksicht auf die Zygapophysen gleichen die drei ersten Brustwirbel mehr den Hals- als den folgenden Brustwirbeln; während sich der vierte als Uebergangswirbel darstellt, zeigen alle folgenden in Bezug auf Zygapophysen und Metapophysen eine durchaus lumbare Bildung, sind aber dadurch bemerkenswerth, dass die Foramina intervertebralia nicht auf der Grenze je zweier auf einander folgenden Wirbelbogen gelegen sind, sondern den Arcus selbst durchsetzen. Betreffs der Metapophysen ist noch hervorzuheben, dass sie sich auf die Kreuz- und Schwanzwirbel fortsetzen und dass sie an den vier vordersten Schwanzwirbeln sich um den Processus spinosus des vorhergehenden wie Gabelzinken herumlegen. Vom fünften an werden sie immer kürzer, allmählich warzenförmig, um schliesslich ganz zu verschwinden. Gleich dem letzten Kreuzbeinwirbel zeigen auch der erste bis sechste Schwanzwirbel stark entwickelte, platte, an den Seiten des Wirbelkörpers entspringende „Querfortsätze“, ganz nach Art derjenigen, welche bei Didelphen und Monodelphen von den Lendenwirbeln entspringen. Nachdem dieselben sich am siebenten bis neunten Schwanzwirbel immer mehr verkürzt haben, schwinden sie an den beiden letzten vollständig.

Marsupialia.

Macropus (Halmaturus) rufus. Alle sieben Halswirbel mit Foramen transversarium. Dreizehn Rippenpaare mit sehr langem Hals und scharf ausgeprägtem Tuberculum, sämmtlich mit doppelter Anfügung an die Brustwirbel. Der erste Brustwirbel sendet, abweichend

[1]) Meckel (System der vergleichenden Anatomie, II. 2., S. 269) sagt daher in seinem Sinne mit Recht: „Den Monotremen fehlen (an den Brustwirbeln) die Querfortsätze.“ Wenn dagegen Flower (An Introduction to the osteology of the Mammalia, 3. edit., p. 65) angiebt: „The spinous and transverse processes are very short and the ribs have no articulation with the latter, but are attached to the bodies only“, so hat er offenbar die Metapophysen als „Querfortsätze“ angesprochen, denn mit den verkümmerten Diapophysen setzen sich die Tubercula costarum allerdings durch Ligamente in Verbindung.

von allen folgenden, einen von der Vorder- und Unterseite der vorderen Zygapophyse ausgehenden, mit dünnerem Hals und dickerem Köpfchen versehenen Fortsatz schräg nach vorn und unten gegen das Ligamentum intervertebrale, welches den Körper des siebenten Hals- mit demjenigen des ersten Brustwirbels verbindet, aus. Gegen die hintere und untere Seite dieses Fortsatzes und zwar besonders seines Köpfchens legt sich das Capitulum der ersten Rippe mit seiner oberen Fläche an, während es im Uebrigen mit der Fovea articularis des Wirbelkörpers artikulirt. Die Foveae articulares pro capitulo (Parapophysen) für die zweite bis siebente Rippe sind je zwei auf einander folgenden Wirbelkörpern in allmählich abnehmendem Maasse gemeinsam, bis endlich diejenigen für die achte bis dreizehnte Rippe nur noch auf das hintere Ende des der Rippe vorangehenden Wirbelkörpers — also wie bei den Cetaceen — beschränkt sind. Die Diapophysen nehmen in ihrer Querentwickelung von vorn nach hinten zwar allmählich, aber sehr merklich ab, während sie in der Längsdimension deutlich zunehmen; sie sind horizontal gerichtet und entbehren bis zum elften Brustwirbel der Metapophysen vollständig, während der zehnte — abweichend von allen vorhergehenden und folgenden — zwei von der Oberseite der hinteren Zygapophyse sich erhebende zitzenförmige Fortsätze darbietet. Als Uebergangswirbel würde sich der elfte Brustwirbel insofern darstellen, als sich an ihm zuerst die Gleitfläche der hinteren Zygapophyse mehr senkrecht stellt, der zwölfte dagegen dadurch, dass er der erste ist, an welchem sich in Uebereinstimmung mit den folgenden Brust- und den Lendenwirbeln Metapophysen, und zwar gleich von vorn herein in ansehnlicher Grösse zeigen. Dieselben erheben sich, schräg nach oben und aussen aufsteigend, sehr hoch über die Gleitfläche der vorderen Zygapophysen. Auch Anapophysen heben zuerst mit dem zwölften Brustwirbel, wenngleich noch von sehr geringer Grösse an. Zunächst nur in Form kleiner Spitzchen zwischen der hinteren Zygapophyse und der Diapophyse hervorsprossend, werden sie an dem folgenden Brust- und den drei ersten Lendenwirbeln immer länger und kräftiger, um vom vierten Lendenwirbel an wieder an Grösse abzunehmen. Nach alledem zeigen der zwölfte und dreizehnte Brustwirbel eine vorwiegend lumbare Bildung. Andererseits bieten aber wieder die eigentlichen, in der Sechszahl vorhandenen Lendenwirbel Besonderheiten dar, welche diesen beiden letzten Brustwirbeln abgehen. Zunächst fehlt ihnen die Diapophyse, welche am dreizehnten Brustwirbel bereits beträchtlich kürzer als am zwölften ist, vollständig, ohne Zurücklassung irgend welchen Restes. Als neues, den Brustwirbeln fehlendes Element treten „Querfortsätze" auf, welche an den vier vordersten Lendenwirbeln aus den Seiten des Corpus vertebrae und zwar nahe an seinem vorderen Ende ihren Ursprung nehmen. Diejenigen des ersten sind kurz und stumpf, quer verlaufend, die des zweiten bis vierten stark an Länge zunehmend, völlig abgeflacht, im rechten Winkel hakenförmig nach vorn gebogen und zugespitzt endigend. Während diejenigen des ersten sich genau im Niveau der Brustwirbel-Parapophysen befinden, rücken diejenigen der drei folgenden ganz allmählich höher am Wirbelkörper hinauf, ohne jedoch selbst am vierten noch irgend welche Berührung mit dem Arcus erkennen zu lassen. Es kann daher nach keiner Richtung hin einem Bedenken unterliegen, sie als Parapophysen und mit solchen verwachsene Rippenhälse in Anspruch zu nehmen. Anders verhält es sich mit den Querfortsätzen der beiden letzten (5. und 6.) Lendenwirbel, welche auf der Grenze von Corpus und Arcus vertebrae gleichzeitig mit zwei Wurzeln entspringen und dem entsprechend oberhalb auch nicht abgeflacht, sondern deutlich gewölbt sind; sie entstehen mithin aus der Verschmelzung einer Diapophyse und einer Parapophyse. Dieses Verhalten überträgt sich auch auf den ersten Sacralwirbel, dessen „Querfortsätze“ gleichfalls sehr deutlich durch eine obere und untere Wurzel mit dem Os ilei in Verbindung treten. Am zweiten Sacralwirbel beginnt alsdann die obere Wurzel (Diapophyse) schon wieder beträchtlich schwächer zu werden, um vom ersten Schwanzwirbel an ganz einzugehen. Dem entsprechend werden die vom Wirbelkörper allein entspringenden „Querfortsätze“ der Schwanzwirbel wieder ausschliesslich durch Parapophysen und mit ihnen verschmolzene Rippenhälse gebildet.

Phascolarctos cinereus. Alle sieben Halswirbel mit Foramen transversarium. Alle elf Rippenpaare mit Capitulum und Tuberculum, letzteres jedoch am zehnten und elften sehr abgeschwächt und mit der gleichfalls verkürzten Diapophyse durch ein verlängertes Ligament verbunden. Sämmtliche Parapophysen (Foveae pro capitulo) auf der Grenze von je zwei aufeinander folgenden Wirbelkörpern gelegen. Die Diapophysen der neun vorderen Brustwirbel an ihrem aufgerichteten Ende knopfartig verdickt, die der beiden letzten kurz, niedrig und seitlich comprimirt. Metapophysen vom achten Brustwirbel an entwickelt, an diesem und dem neunten nur noch schwach, vom zehnten an bereits sehr deutlich und sich auf die acht Lendenwirbel in zunehmender Grösse und Formausbildung fortsetzend. Anapophysen mit dem zehnten Brustwirbel beginnend und bis zum siebenten Lendenwirbel an Länge und Prominenz allmählich zunehmend, am letzten (achten) dagegen wieder verkümmert. Der neunte Brustwirbel stellt sich als der Uebergangswirbel dar, der zehnte und elfte zeigen bereits die lumbare Bildung; doch sind Dorsalen und Lumbaren hier nur unmerklich verschieden. Die horizontal verlaufenden „Querfortsätze“ der eigentlichen, d. h. nicht rippentragenden Lumbaren erweisen sich mit Evidenz als Parapophysen mit Rippenhälsen, da ihr Ursprung vom oberen Ende des Corpus vertebrae durchaus mit demjenigen der elften Rippe übereinstimmt. Ihr Unterschied dieser gegenüber liegt nur darin, dass sie ihr freies Ende nicht nach rück-, sondern nach vorwärts kehren.

Phascolomys fossor (Wombat). Alle sieben Halswirbel mit Foramen transversarium. Alle fünfzehn Rippenpaare mit Capitulum, dagegen nur die zehn ersten und dann wieder das fünfzehnte mit ausgebildetem und an der Diapophyse artikulirendem Tuberculum. An der elften bis vierzehnten Rippe fehlt letzteres; sie verbinden sich nur durch Ligamente mit den entsprechenden Diapophysen. Die Parapophysen sämmtlicher Brustwirbel auf der Grenze von je zwei aufeinander folgenden Wirbelkörpern gelegen. Die Diapophysen in der Richtung von vorn nach hinten allmählich kürzer werdend und vom achten Brustwirbel an mit ihrem freien Ende stärker abwärts gekrümmt. Starke, aufwärts gerichtete Metapophysen treten ganz plötzlich, fast ohne irgend welche Vermittelung, zuerst am zwölften Brustwirbel auf, um von da ab auch an sämmtlichen Lendenwirbeln zu verbleiben; am elften Brustwirbel werden dieselben nur durch eine ganz unmerkliche, höckerförmige Erhebung repräsentirt. Anapophysen beginnen gleichfalls mit dem zwölften Brustwirbel, verbleiben jedoch auch an den folgenden und an den Lendenwirbeln auf einer relativ geringen Stufe der Ausbildung. Der elfte Brustwirbel stellt sich als der Uebergangswirbel dar, indem sich die Gleitfläche seiner hinteren Zygapophyse zuerst und zwar plötzlich senkrecht stellt: der zwölfte bis fünfzehnte verhalten sich wie rippentragende Lendenwirbel. Eigentliche Lumbares sind nur zu vier vorhanden. Ihre stark in die Quere entwickelten, horizontal verlaufenden und etwas nach vorn gewendeten „Querfortsätze“ erweisen sich in gleich deutlicher Weise wie diejenigen von Phascolarctos als mit den Wirbelkörpern verschmolzene Rippenhälse.

Didelphys virginiana. Von den sieben Halswirbeln nur der Epistropheus mit Foramen transversarium[1], der zweite bis fünfte mit colossal massivem Processus spinosus. Alle dreizehn Rippenpaare mit capitularer, die sieben vorderen zugleich mit deutlicher tuberculärer Artikulation; am achten und neunten ist letztere bereits im Verschwinden begriffen. Die Parapophysen sämmtlich auf der Grenze je zweier auf einander folgender Wirbelkörper gelegen. Die Diapophysen, überhaupt von geringer transversaler Entwickelung, werden bis zum neunten Brustwirbel immer schwächer und zeigen sich an den drei letzten nur noch in Form einer bogigen Seitenleiste. Metapophysen mit dem achten Brustwirbel beginnend, wie gewöhnlich zuerst schwach ausgeprägt, allmählich deutlicher werdend und sich auch auf die Lendenwirbel fortsetzend, indessen durchweg nur leicht aus der Wand der vorderen Zygapophysen heraustretend. Anapophysen an den Brustwirbeln ganz fehlend, dagegen an den Lendenwirbeln die Diapophysen (der Brustwirbel) ersetzend oder wenigstens dem hinteren Ende dieser entsprechend, in der Form vollständig compress. Als Uebergangswirbel stellt sich der siebente Brustwirbel dar; die folgenden stimmen durch die Metapophysen und die massigen Dornfortsätze mehr mit den Lendenwirbeln überein. An den sechs (rippenlosen) Lumbaren nehmen die „Querfortsätze“, welche am ersten nur sehr schwach ausgebildet sind und gleich denjenigen der folgenden fast vertikal herabsteigen, vom oberen Rand des Corpus vertebrae ihren Ausgang und scheinen hiernach Rippenhälse zu repräsentiren. Doch liegen die Verhältnisse am Didelphys-Skelet so ungünstig, dass ein sicherer Entscheid über ihre morphologische Aequivalenz kaum zu treffen ist.

Edentata.

Manis javanica. Alle sieben Halswirbel mit Foramen transversarium. Fünfzehn Rippenpaare, das letzte stark verkürzt und nicht abwärts gekrümmt, sondern im Gegentheil schräg nach hinten und aufwärts gerichtet, im Uebrigen durch die doppelte (capitulare und tuberculare) Anfügung mit den vorhergehenden genau übereinstimmend. Mit Ausnahme des ersten und fünfzehnten Brustwirbels, deren Parapophysen auf ihr eigenes Corpus vertebrae beschränkt sind, vertheilen sich letztere auf je zwei aufeinander folgende Wirbel. Metapophysen treten am zweiten bis dreizehnten Brustwirbel zuerst in Form dicker und abgerundeter, allmählich aber seitlich comprimirter und schräg aufgerichteter Fortsätze auf, welche aus der Oberfläche der Diapophysen hervorgehen und im Bereich der genannten Wirbel sich noch vollständig unabhängig von den Zygapophysen verhalten. Vom vierzehnten Brustwirbel an rücken sie dicht an die Aussenseite der vorderen Zygapophysen heran und werden

[1]) An dem Skelet einer mittelgrossen Columbischen Didelphysart, welche nicht näher bestimmt werden konnte, hat neben dem Epistropheus auch der Atlas ein Foramen transversarium.

dabei, wie schon FLOWER[1]) richtig hervorhebt, ihr zipfelartig ausgezogenes oberes Ende, abweichend von dem gewöhnlichen Verhalten, nach hinten. Sie behalten diese Form und Lage auch an den Lenden-, den (verschmolzenen) Sacral- und den Schwanzwirbeln — bis auf die hinteren, an denen sie allmählich verkümmern — unverändert bei. Anapophysen sind ebenso wenig wie bei den Cetaceen irgendwo ausgebildet oder angedeutet. Als Uebergangswirbel giebt sich der dreizehnte Brustwirbel zu erkennen; die beiden letzten zeigen bereits eine vollkommen lumbare Bildung. Die in der Sechszahl vorhandenen (rippenlosen) Lendenwirbel entbehren jedweden Restes von Diapophysen; ihre abgeflachten „Querfortsätze", welche vom oberen Ende des Wirbelkörpers ihren Ausgang nehmen, entsprechen genau einem mit der Parapophyse verschmolzenen Rippenhals; dieselben setzen sich von den Lenden- auch auf die Sacral- und Schwanzwirbel fort.

Myrmecophaga tamandua. Alle sieben Halswirbel mit Foramen transversarium. Von den siebenzehn[2]) Rippenpaaren ist das letzte nur rudimentär entwickelt, sehr viel kürzer als die beiden vorangehenden. Die dreizehn vorderen Rippen haben eine doppelte, je auf einen Brustwirbel beschränkte Anfügung mittels Capitulum und Tuberculum, die vier letzten nur eine einfache mittels Capitulum. An allen siebenzehn Brustwirbeln entsprechen die Parapophysen ihrer Lage nach der kleineren Vorderhälfte der Wirbellänge, sind also nicht je zwei aufeinander folgenden Wirbeln gemeinsam und beschränken sich schon an den vordersten, mit sehr niedrigem Corpus vertebrae versehenen Brustwirbeln nicht auf dieses, sondern dehnen sich noch auf den unteren Theil des Arcus aus. Je weiter nach hinten an der Wirbelsäule, desto höher rücken diese Parapophysen — trotz der an Höhe allmählich zunehmenden Wirbelkörper — hinauf, so dass in der Mitte der Brustwirbelreihe ihre untere Grenze schon dem unteren Rande der Foramina intervertebralia entspricht, während sie am hinteren Ende der Brustwirbelreihe sogar mit dem oberen Rande jener in gleicher Höhe zu liegen kommt. Auf diese Art sind sie an den fünf letzten Brustwirbeln zu Parapophysen des Wirbelbogens geworden, nur dass sie nicht, wie am zehnten bis zwölften Brustwirbel des Menschen, zwischen, sondern selbst über den Foramina intervertebralia zu liegen kommen. Diese Verschiebungen der Parapophysen in ihrer Lage sind jedoch, wie gesagt, ganz allmähliche, Schritt für Schritt erfolgende. — Die Diapophysen sind an den beiden ersten Brustwirbeln etwas stärker transversal entwickelt, aber kürzer als an dem dritten bis zwölften, welche im Grossen und Ganzen untereinander übereinstimmen. Vom achten an tritt aus ihrem Vorderrand, und zwar in ansehnlicher Entfernung von ihrem leistenartig aufgeworfenen Seitenrand, ein zuerst nur angedeuteter, an jedem folgenden Wirbel aber graduell stärker werdender, stumpf dreieckiger Vorsprung heraus, welcher, wie ein Vergleich mit den hinteren Brust- und den Lendenwirbeln ergiebt, nur als Metapophyse angesprochen werden kann. Auch am dreizehnten Brustwirbel ist dieser Fortsatz bei ungleich beträchtlicherer Grössenentwickelung in genau entsprechender Entfernung von der Medianlinie vorhanden; dagegen erscheint er dem aufgewulsteten Seiten-

[1]) An Introduction to the osteology of the Mammalia, 3. edit., p. 64.

[2]) A. RETZIUS (Archiv für Anatomie und Physiologie, Jahrgang 1849, S. 654) giebt deren achtzehn an, PANDER und D'ALTON (Skelete der Edentaten, S. 11) dagegen gleichfalls nur siebenzehn, aber drei (anstatt: zwei) Lendenwirbel.

rand der Diapophyse dadurch mehr genähert, dass letztere einerseits ungleich schwächer transversal entwickelt ist, andererseits ihren Seitenrand schräg nach innen gerichtet zeigt. Uebrigens weicht diese Metapophyse des dreizehnten Brustwirbels von den vorhergehenden dadurch etwas ab, dass ihre hintere Ecke etwas stärker ausgezogen ist und auf diese Art den ersten Anlauf zur Herstellung einer Anapophyse nimmt. Sowohl nach diesen beiden Fortsätzen als nach der vertikalen Gleitfläche seiner hinteren Zygapophyse stellt sich dieser dreizehnte Brust- als der Uebergangswirbel dar, während der vierzehnte bis siebenzehnte bereits völlig die lumbare Bildung erkennen lassen. Diese besteht darin, dass trotz der noch vorhandenen Rippen an den Diapophysen die Artikulationsfläche für das Tuberculum und mit ihr der eigentliche Processus costalis (Retzius) vollständig verschwunden ist. Die Diapophysen haben sich hier in eine nach vorn gerichtete Metapophyse und in eine grosse, zuerst schräg nach hinten gewendete, nachher mehr quer verlaufende Anapophyse aufgelöst, welche beide durch einen tiefen seitlichen Ausschnitt gesondert sind. Die Metapophysen, welche sich als unzweifelhafte Aequivalente der oben erwähnten Fortsätze des achten bis dreizehnten Brustwirbels darstellen, unterscheiden sich von diesen nur darin, dass sie, wie gewöhnlich in dieser Gegend der Wirbelsäule, dichter an die Aussenseite der vorderen Zygapophysen herangerückt sind. Durch diese Dislokation der Metapophysen und den Mangel eigentlicher Diapophysen an den vier letzten Brustwirbeln erscheinen zugleich die ihnen entsprechenden Rippen in der Weise modificirt, dass sie mit ihrem Capitulum zwischen den getrennten Metapophysen und Anapophysen freiliegen, während dasselbe an allen vorhergehenden durch die Diapophysen von oben her bedeckt ist. — Die nur zu zweien vorhandenen eigentlichen Lendenwirbel unterscheiden sich von den vier letzten Brustwirbeln nur durch die Ausbildung platter und fast horizontal verlaufender „Querfortsätze", welche sich auch auf die Sacral- und Schwanzwirbel übertragen und sich zwischen die Metapophysen und Anapophysen der Lendenwirbel genau so einfügen, wie dies an den vorhergehenden Brustwirbeln mit den Rippen der Fall ist. Es stellen sich mithin diese Querfortsätze hier in völlig überzeugender Weise als mit den Parapophysen verschmolzene Rippenhälse dar.

Die vorstehende Darstellung der Wirbelsäule von Myrmecophaga unterscheidet sich in mehreren wesentlichen Punkten von derjenigen, welche A. Retzius[1]) gegeben hat. Letzterer spricht u. A. auch von Processus mammillares (Metapophysen) am ersten Brust- und den vorangehenden Halswirbeln. Die von ihm als solche bezeichneten Vorsprünge gehören indessen überhaupt gar nicht den Diapophysen an, sondern sind äussere, knopfartige Verdickungen der vorderen Zygapophysen, welche bereits am zweiten Brustwirbel, dessen vordere Zygapophysen nicht mehr vertikale, sondern horizontale Gleitflächen besitzen, eingegangen sind. Aber auch die am zweiten und den folgenden Brustwirbeln von Retzius als Processus mammillares bezeichneten Bildungen verdienen diesen Namen in keiner Weise, sondern erweisen sich als vordere Verdickungen des aufgewulsteten Seitenrandes der Diapophysen, welche an jedem folgenden Wirbel immer schwächer werden und schon am sechsten ganz fehlen. Schon dieser Umstand würde gegen Metapophysen, welche sich in der

[1]) a. a. O., S. 653.

Richtung nach hinten graduell stärker ausbilden, mit Entschiedenheit sprechen, auch wenn nicht, wie oben nachgewiesen, wirkliche Metapophysen, welche Kitzius auffallender Weise ganz übersehen hat oder wenigstens mit keinem Worte erwähnt, vorhanden wären. Was derselbe Autor mit den sich aus seinen „Mammillarfortsätzen" des vierten und der folgenden Brustwirbel entwickelnden Processus accessorii gemeint hat, ist mir unerfindlich geblieben.

Orycteropus aethiopicus. Von den sieben Halswirbeln nur die sechs vorderen mit Foramen transversarium. Vierzehn Rippenpaare, sämmtlich mit capitularer und tubercularer Anfügung, die dreizehn vorderen mit langem, das vierzehnte mit verkürztem Collum. Der an den neun vorderen Rippen sehr deutlich ausgeprägte Angulus wird an den fünf hinteren bis zum schliesslichen Schwinden allmählich schwächer. Die Parapophysen, am oberen Rande der auffallend niedrigen Wirbelkörper gelegen, sind mit Ausnahme des ersten Brustwirbels, an welchem das Capitulum der ersten Rippe ohne deutliche Betheiligung des siebenten Halswirbels für sich allein artikulirt, je zwei aufeinander folgenden Wirbeln gemeinsam. Die Diapophysen der sechs ersten Brustwirbel zeigen keine bemerkenswerthen Eigenthümlichkeiten. Vom siebenten an beginnen Metapophysen aus der Oberfläche derselben hervorzusprossen, bis zum neunten nur in Form kleiner warzenförmiger Erhebungen, am zehnten bereits als kleine stumpfe Kegel, aber noch in ansehnlicher Entfernung von den vorderen Zygapophysen. Am elften Brustwirbel ist die Metapophyse der Gleitfläche der vorderen Zygapophyse schon stark genähert, dreimal so lang und stark als diejenige des zehnten und mit breit abgestutzter Spitze; an den drei letzten bildet sie sogar eine unmittelbare obere Fortsetzung der vorderen Zygapophyse und verbleibt in diesem Verhalten, nur an Grösse zunehmend, auch an den acht Lendenwirbeln. Anapophysen beginnen erst mit dem neunten Brustwirbel, erreichen am zwölften und dreizehnten ihre grösste Längsentwickelung, werden aber bereits am vierzehnten wieder kürzer. An den beiden ersten Lendenwirbeln lassen sie sich nur noch in Form einer schwachen Aufwulstung erkennen, um an den folgenden ganz zu schwinden. Als Uebergangswirbel tritt hier bereits der elfte Brustwirbel auf, einerseits mit Rücksicht darauf, dass die Gleitfläche der hinteren Zygapophysen an ihm zuerst senkrecht gestellt ist, sodann aber wegen der Grössenentwickelung und des höheren Hinaufrückens der Metapophysen. Die drei letzten Brustwirbel zeigen in beiderlei Beziehung eine vollkommen lumbare Bildung. An den acht eigentlichen Lendenwirbeln nehmen die nach vorn und unten gerichteten platten Querfortsätze bis zum sechsten in transversaler Entwickelung allmählich zu, von da an wieder etwas ab. Sie ergeben sich bei einem Vergleich mit den Diapophysen der Brustwirbel als diesen gleichwerthig, indem sie gleich ihnen aus dem Arcus vertebrae hervorgehen, sind mithin völlig von Myrmecophaga verschiedene Bildungen. Während es sich bei den Querfortsätzen dieser Gattung um mit den Parapophysen verwachsene Rippenhälse handelte, erscheinen sie im gegenwärtigen Fall als Gebilde, welche an ihrer Basis Diapophysen, im Bereich ihres Endtheiles vielleicht Rippen-Aequivalente, denen aber gerade das Collum mangelt, darstellen.

Dasypus novemcinctus. Von den sieben Halswirbeln ist der Epistropheus mit dem dritten und vierten im Bereich des Corpus, der Neurapophyse incl. der Processus spinosi und der Seitenfortsätze fest verschmolzen; die drei letzten ermangeln der Processus spinosi, der sechste und siebente sind im Bereich ihrer Querfortsätze mit einander verschmolzen und zeigen kein Foramen transversarium. Sämmtliche zehn Rippenpaare mit capitularer und tubercularer Anheftung, auffallend breit, vom dritten an mit wallartig aufgeworfenem Hinterrand. An den Brustwirbeln[1]) die Wirbelkörper auffallend niedrig und unterhalb abgeplattet; die Parapophysen auf der Grenze von je zwei aufeinander folgenden gelegen. Die Diapophysen der neun vorderen Brustwirbel unterhalb von besonderen Oeffnungen durchsetzt, welche gleich den Foramina intervertebralia mit dem Medullarrohr communiciren und augenscheinlich dem Durchtritt getrennter vorderer Wurzeln der Spinalnerven dienen.[2]) Besonders an den fünf vorderen Brustwirbeln sind diese Diapophysen verlängert und schräg aufgerichtet; an den hinteren werden sie allmählich kürzer und verlaufen mehr horizontal. Metapophysen zeigen sich am zweiten bis fünften Brustwirbel nur in Form schwacher, auf der Oberseite der Diapophysen schräg von vorn und innen nach hinten und aussen streichender Leisten, erheben sich auf dem sechsten stärker und laufen nach vorn in eine freie Spitze aus, liegen aber noch, wie an den vorhergehenden, in weiter Entfernung von den Zygapophysen. Erst am siebenten Brustwirbel flankiren sie in Form hoher, schräg aufsteigender Flügel die vorderen Zygapophysen und verbleiben in dieser Stellung an allen folgenden Brust- und den fünf Lendenwirbeln, indem sie ununterbrochen sowohl an Breite wie an Höhe zunehmen, derart dass, während sie am siebenten Brustwirbel noch kaum der halben Höhe der Processus spinosi gleichkommen, sie bei 25 mm Länge diese an den letzten Lendenwirbeln sogar etwas überragen. Nach dieser aussergewöhnlichen Form der Metapophysen in Verbindung mit der vertikalen Stellung der Gleitflächen an den Zygapophysen zeigen die vier letzten Brustwirbel eine durchaus lumbare Bildung, während der sechste sich als der Uebergangswirbel darstellt. Uebrigens hören die Metapophysen mit den Lendenwirbeln keineswegs auf; sie sind einerseits in ähnlicher Form, wenn auch plötzlich in sehr viel geringerer Länge am ersten Kreuzbeinwirbel, welcher seiner Form nach allerdings richtiger als ein mit dem Darmbein verschmolzener sechster Lendenwirbel bezeichnet werden könnte, ausgebildet, andererseits beginnen sie von Neuem wieder an denjenigen Schwanzwirbeln, welche keine Verschmelzung mehr mit dem Os ischii eingegangen sind. Sie haben hier zuerst fast genau die Grösse und Form derjenigen des achten und neunten Brustwirbels, werden aber vom fünften freien Schwanzwirbel an immer niedriger und sind hier nicht mehr seitlich comprimirt, sondern an ihrem freien oberen Ende zu platten, ovalen Scheiben abgestutzt. — Als Anapophysen muss man wulstige Auftreibungen des hinteren Endes der Diapophysen ansehen, welche bereits mit dem ersten Brustwirbel, wenngleich schwach, beginnen, bis zum siebenten allmählich deutlicher werden, vom achten an aber wieder an Prominenz abnehmen und sich gegen die vorderen Zygapophysen hin leistenartig verlängern. An den Lendenwirbeln ist nur noch diese Leiste als letzter Rest derselben, und zwar gleichfalls in abnehmender Deutlichkeit wahrnehmbar. Mit dem letzten Brustwirbel hören die Diapophysen selbst vollständig auf; auch nicht einmal ein Rest derselben ist an den Lendenwirbeln nachweisbar. Die schräg

[1] Die Angabe bei Pander und d'Alton (Skelete der zahnlosen Thiere, S. 11) von dreizehn Rückenwirbeln bei Dasypus novemcinctus beruht wohl nur auf einem Druckfehler, da die Abbildung auf Taf. VII nur zehn Rippen darstellt.

[2] Meckel (System der vergleichenden Anatomie, II. 2., S. 269 f.) erwähnt dieser doppelten Durchgangsöffnungen für die Spinalnerven bei verschiedenen Hufthieren (Equus, Bos, Tapirus, Sus), bei den Monotremen und bei Galeopithecus, nicht aber bei Dasypus.

nach vorn und abwärts gerichteten „Querfortsätze“ der letzteren ergeben sich schon nach ihrem Hervorgehen aus dem Vorderrand der Wirbelkörper als Bildungen, welche mit Diapophysen Nichts gemein haben, können dagegen sowohl hiernach, als weil ihr Ursprung in gleichem Niveau mit den Rippen liegt, als mit Parapophysen verschmolzene, wenn auch in ihrem Verlauf modificirte Rippenhälse in Anspruch genommen werden. Ausser an den Lendenwirbeln treten sie auch an den Sacral- und an sämmtlichen Schwanzwirbeln, gleichviel ob dieselben mit dem Os ischii verschmolzen oder frei sind, in genau entsprechendem Hervorgehen aus dem Wirbelkörper, auf.[1])

Bradypus tridactylus. Von den neun Halswirbeln der dritte und vierte überzählig (eingeschoben), der letzte mit kurzer, nur an der Diapophyse artikulirender Rippe jederseits. Die fünfzehn Brustrippenpaare sämmtlich mit capitularer und tubercularer Anfügung. Die Parapophysen am ersten und fünfzehnten Brustwirbel auf das Corpus dieser beschränkt, an allen dazwischen liegenden je zwei aufeinander folgenden Wirbelkörpern gemeinsam. Die Diapophysen sämmtlich platt, horizontal gestellt, nach hinten allmählich stärker in der Längsrichtung entwickelt, mit aufgewulstetem Aussenrand, welcher gleich am ersten Brustwirbel sein nach vorn gerichtetes Ende etwas verdickt zeigt. In dieser Verdickung könnte man mit Retzius[2]) eine rudimentäre Metapophyse erblicken, welche dann sämmtlichen Brustwirbeln zukommen würde. Doch macht sie sich als solche in deutlicherer Weise nur an den sechs hintersten Brustwirbeln (10. bis 15.) geltend, an welchen sie in allmählich zunehmendem Maasse sich der vorderen Zygapophyse zuwendet und zugleich eine bedeutendere Breite und Wölbung annimmt. Anapophysen sind an keinem der fünfzehn Brustwirbel zur Ausbildung gekommen. Von diesen stellt sich erst der fünfzehnte als Uebergangswirbel dar, indem an ihm zuerst die Gleitfläche der hinteren Zygapophysen die bisher eingehaltene horizontale Richtung mit einer wenigstens annähernd vertikalen vertauscht.[3]) Es fehlen mithin Brustwirbel mit lumbarer Bildung hier ausnahmsweise ganz. Den scheinbar nur zu dreien vorhandenen Lendenwirbeln ist als vierter derjenige Wirbel beizuzählen, welcher seitlich bereits mit dem Vorderrand des Os ilei verschmilzt, dessen Körper aber gegen das eigentliche Os sacrum hin noch eine deutliche Trennungsfurche, in welcher sogar noch ein kurzes Ligamentum intervertebrale hervortritt, erkennen lässt. Die ungleich stärker als an den Brustwirbeln hervortretenden Metapophysen dieser vier Lendenwirbel rücken direkt an die Aussenseite der vorderen Zygapophysen. Die horizontal verlaufenden, nach rückwärts gewendeten, kurzen und platten „Querfortsätze“ der drei freien Lendenwirbel stellen sich sehr deutlich als Diapophysen[4])

[1]) Von Claus (Beiträge zur vergleichenden Osteologie der Vertebraten: Sitzungsberichte der mathem.-naturwiss. Classe der Akad. d. Wissensch. zu Wien, 74. Bd., 1. Abth., S. 801, Taf. II, Fig. 5 u. 6) sind an dem Skelet eines jugendlichen Dasypus novemcinctus die noch freien Rippenhälse dieser Schwanzwirbel nachgewiesen und dargestellt worden.

[2]) Archiv für Anatomie und Physiologie, Jahrg. 1849, S. 650.

[3]) Wenn A. Retzius (a. a. O., S. 651) angiebt, dass „alle Gelenkfortsätze am Rückgrat von Bradypus platt liegen, ohne sich aufzurichten“, so ist dies für den fünfzehnten Brust- und für die Lendenwirbel genau genommen nicht mehr zutreffend. Seine Angabe (S. 650): „Am letzten (10.) Rückenwirbel“ ist wohl auf einen Druckfehler (anstatt: 15.) zurückzuführen.

[4]) Retzius glaubt an diesen Querfortsätzen der Lendenwirbel auch Aequivalente von Processus accessorii (Anapophysen) wahrnehmen zu können. Ich selbst vermag an dem mir vorliegenden, sehr sorgsam präparirten Skelet von solchen keine Spur zu erkennen.

dar, da sie in gleicher Flucht mit den gleichnamigen Fortsätzen der Brustwirbel liegen und gleich diesen aus den Neurapophysen hervorgehen. Doch steht nichts der Vorstellung im Wege, dass mit ihnen Rippenrudimente ohne Rippenhals eine feste Verschmelzung eingegangen seien.

Anmerkung. Dass es sich bei dem achten und neunten Halswirbel von Bradypus nicht im Entferntesten, wie Bell dies seiner Zeit nachzuweisen versucht hatte, um rippenlos gewordene Brustwirbel handeln kann, sondern dass dieselben dem sechsten und siebenten (resp. fünften und sechsten) Halswirbel von Choloepus genau entsprechen, was ebensowohl C. E. von Baer und von Rapp nach dem Verhalten des Plexus brachialis, wie Joh. Müller und de Blainville auf Grund ihrer Ossification dargethan haben, kann nicht dem mindesten Zweifel unterliegen. Der Beweis hierfür ist neuerdings noch einmal durch H. von Jhering[1]) unter gleichzeitiger Zurückweisung der höchst wunderlichen, auf den Nachweis des Gegentheiles abzielenden Ausführungen Solger's[2]) in ebenso klarer wie überzeugender Weise geführt worden. Den von Seiten von Jhering's für die Intercalation von zwei präbrachialen, d. h. vor dem Plexus brachialis gelegenen Wirbeln beigebrachten Gründen kann jedoch noch hinzugefügt werden, dass diese beiden intercalirten (bei der Gattung Choloepus fehlenden) Wirbel sich bei näherem Zusehen mit voller Sicherheit bestimmen lassen. Es sind dies nämlich die beiden auf den Epistropheus folgenden, also der dritte und vierte Halswirbel, welche sich dadurch auszeichnen, dass ihre Processus costarii durchaus horizontal verlaufen, unterhalb abgeplattet und völlig einfach gestaltet sind, und zwar im scharfen Gegensatz zu den folgenden (fünften bis achten), welche an ihren Processus costarii die charakteristischen, nach vorn und hinten vorspringenden und an jedem folgenden allmählich stärker abwärts gebogenen Muskelfortsätze tragen. In solcher Weise gebildete Halswirbel folgen bei Choloepus, wie bei der überwiegenden Mehrzahl der Säugethiere, unmittelbar auf den Epistropheus, so dass also der dritte Halswirbel von Choloepus bereits den fünften von Bradypus repräsentirt. Dass man sich nun diese Intercalation von zwei Halswirbeln ebenso wenig wie die Dislokation des Plexus brachialis als „bei Lebzeiten des Thieres allmählich erworben vorstellen" könne, ist gewiss ohne Weiteres zuzugeben, schon aus dem Grunde, weil jeder Erwerb selbstverständlich nur das Resultat eines zielbewussten Handelns sein kann, mithin ein reflektirendes und mit Selbstbestimmung versehenes Wesen voraussetzt. Um so leichter erklärt

[1]) Das peripherische Nervensystem der Wirbelthiere (Leipzig 1878, 4°), S. 7 ff.

[2]) Zur Anatomie der Faulthiere (Morphologisches Jahrbuch, I, S. 199 ff.). Trotz des das gerade Gegentheil beweisenden Ursprungs des Plexus brachialis sollen einer vorgefassten und durch Nichts begründeten Meinung zufolge der neunte Halswirbel von Bradypus dem zweiten (resp. dritten) Brustwirbel von Choloepus und die zweiundzwanzig vorderen Wirbel beider Gattungen einander streng homolog sein. Für eine derartige Zurückführung ungleichwerthiger Wirbel auf einander läge aber doch offenbar nur dann eine Art Berechtigung vor, wenn bei beiden Gattungen die verschiedenen Zahlen, in welchen Hals- und Brustwirbel auftreten, sich gegenseitig ergänzten. Da indessen, abgesehen von den sich in beiden Gruppen kundgebenden Schwankungen, auf welche Welcker (Ueber Bau und Entwickelung der Wirbelsäule im Sitzungsbericht der naturforschenden Gesellschaft zu Halle, 26. October 1878) nach Vergleich zahlreicher Skelete beider Gattungen hingewiesen hat, für Bradypus bei neun Hals- und fünfzehn Brustwirbeln nur die Gesammtzahl 24, für Choloepus bei sechs (resp. sieben) Hals- und vierundzwanzig (resp. dreiundzwanzig) Brustwirbeln dagegen diejenige von 30 vorliegt, so ist dies auch nicht einmal annähernd der Fall. Ueberdies würde ein solches Verfahren, wenn man es — mit völlig gleicher Berechtigung — auf die Vögel anwenden wollte, bei diesen zu den ungeheuerlichsten Resultaten führen; denn es würde sich dann z. B. der vierundzwanzigste Halswirbel von Cygnus musicus als „homolog" mit dem fünften Lendenwirbel von Strix otus herausstellen. Aber auch der versuchte Beruf auf paläontologische Thatsachen, welche das Verhalten der Halswirbelsäule von Bradypus als „einen allen übrigen Säugethieren gegenüber späteren Zustand" erweisen sollen, stellt sich insofern als völlig verfehlt heraus, als fossile Bradypodiden bekanntlich überhaupt gar nicht vorliegen. Die sogenannten Riesenfaulthiere („The great ground sloths", Owen, Anatomy of Vertebrates, II, p. 400) sind allerdings nur mit sieben Halswirbeln — wie alle übrigen bekannt gewordenen fossilen Säugethiere — versehen, haben aber trotz des kurzen, vorn abgestutzten Schädels überhaupt keine nähere verwandtschaftliche Beziehung zu den lebenden Bradypodiden, sondern stellen sich durch die ungemein kurzen und kräftigen Grabbeine, den langen und starken Stützschwanz sowie durch die gesammte Conformation des Rumpfskeletes unmittelbar den Effodientia, besonders Dasypus, als besondere Familie Gravigrada an die Seite.

sich aber aus jenen beiden einfach gebildeten und daher einer ausgiebigen Rotation fähigen, überzähligen Wirbeln die höchst auffallende, dem Unau ganz abgehende Fähigkeit des Ai, seinen Kopf im Umfang eines vollen Halbkreises drehen, d. h. die Gesichtsfläche genau in dieselbe Ebene mit seinem Rücken bringen zu können.

Choloepus Hofmanni. Nur sechs Halswirbel, der sechste linkerseits eine kurze, mit der Diapophyse vollkommen fest verschmolzene Rippe tragend; dieselbe sendet auch ein dünnes Collum gegen das Corpus vertebrae hin aus. Vierundzwanzig Brustrippenpaare, welche sämmtlich eine capitulare und tuberculare Anfügung an die Brustwirbel zeigen. Die Parapophysen sind durchweg intervertebral gelegen. Die der Hauptsache nach horizontal verlaufenden und nach hinten allmählich länger werdenden Diapophysen sämmtlicher Brustwirbel sind mit Metapophysen versehen, welche sich auch auf die vier letzten Halswirbel fortsetzen und an diesen sogar stärker hervortreten als an den nächstfolgenden Brustwirbeln. Beim dreizehnten Brustwirbel werden diese Metapophysen unscheinbarer, entwickeln sich aber vom achtzehnten an wieder zu grösserer Länge, während sie mit Beginn der Lendenwirbel verschwinden. Anapophysen fehlen durchweg. Auch hier stellt sich erst der vierundzwanzigste Brust- als der Uebergangswirbel dar, ebensowohl mit Rücksicht auf die an ihm zuerst vertikal gestellte Gleitfläche der hinteren Zygapophysen als wegen der mit dem Wirbelbogen fest verschmolzenen, an ihrer Basis ebenso stark verbreiterten wie in der Querrichtung verkürzten Rippen, welche vollständig einen Querfortsatz der Lendenwirbel repräsentiren und von denen an dem mir vorliegenden Skelet die linke einen um so deutlicheren Uebergang zu einem Querfortsatz bildet, als sie nur in halber Länge der rechten, dagegen merklich breiter als diese ausgebildet ist. Brustwirbel mit lumbarer Bildung fehlen in gleicher Weise wie bei Bradypus. Die kurzen, seitlich breit abgerundeten und platten „Querfortsätze" der drei (freien) Lendenwirbel ergeben sich als vollständige, nur stark verkürzte Aequivalente der Rippen. Gleich diesen entspringen sie deutlich mit zwei Wurzeln, einer capitularen vom Corpus vertebrae und einer tubercularen von der Neurapophyse. Sie bilden sich mithin durch basale Verschmelzung einer Parapophyse und Diapophyse und weichen hierdurch von denjenigen bei Bradypus ab, an welchen die untere Wurzel wenigstens nicht mehr erkennbar ist.

Ungulata.

Cervus capreolus.[1]) Von den sieben Halswirbeln der letzte ohne Foramen transversarium, überhaupt mehr dem ersten Brustwirbel als dem sechsten Halswirbel gleichend; doch scheint auch an ihm der „Querfortsatz" durch Diapophyse und Parapophyse in Gemeinschaft gebildet zu werden. Alle dreizehn Rippenpaare mit capitularer und tubercularer Anfügung. Die Parapophysen der Brustwirbel zwar sämmtlich zwei aufeinander folgenden Wirbelkörpern gemeinsam, indessen dem bei weitem grösseren Theil nach dem der Rippe vorangehenden Wirbel, also dem siebenten Hals- und den zwölf ersten Brustwirbeln angehörend; daher eine deutliche Anlehnung an die für die Cetaceen charakteristische Bildung.

[1]) Skelet eines achtzehn Monate alten Rehbockes mit noch freien Wirbelkörper-Epiphysen.

Die Diapophysen nur am ersten Brustwirbel einfach, vom zweiten an mit deutlichen, oberhalb der Rippen-Gelenkfläche nach vorn hervortretenden Metapophysen, welche am zweiten bis fünften spitz kegelförmig, am sechsten bis achten ungleich kürzer und stumpfer, am neunten bis elften wieder spitzer und länger sind.[1]) Vom zwölften Brustwirbel an vertauschen sie ihren bis dahin eingehaltenen Ursprung von den Diapophysen selbst, indem sie sehr viel weiter nach oben hinaufrücken und jetzt als vordere flügelförmige Fortsetzungen der Zygapophyses anteriores erscheinen. In dieser Form und Lage verbleiben sie auch an den sechs nun folgenden Lenden- und dem ersten Sacralwirbel, nur dass sie an diesen nicht mehr seitlich zusammengedrückt, sondern ausserhalb verdickt, daher mehr zitzenförmig erscheinen. Es zeigen demnach der zwölfte und dreizehnte Brustwirbel eine völlig lumbare Bildung; der elfte kann nur insofern als Uebergangswirbel bezeichnet werden, als seine Metapophyse schon deutlich der vorderen Zygapophyse genähert ist, während diese selbst noch die horizontale Stellung der Gleitfläche beibehalten hat. Anapophysen fehlen an den neun vorderen Brustwirbeln ganz.[2]) Der zehnte zeigt am Hinterrand der Rippen-Gelenkfläche eine sehr unscheinbare stumpfe Erhebung, welche am elften und zwölften sehr viel deutlicher und höher, am elften sogar spitz kegelförmig, dagegen am dreizehnten schon wieder sehr abgeschwächt erscheint. An den Lendenwirbeln schwinden diese Anapophysen schon wieder vollständig. Die von denselben entspringenden platten „Querfortsätze", welche deutlich nach vorwärts gekrümmt sind und sich abwärts senken, ergeben sich mit voller Evidenz als Diapophysen, mit welchen man sich eine beiderseits abgekürzte, mithin halslose Rippe verschmolzen denken kann. Ihre Homodynamie mit den Diapophysen der Brustwirbel tritt besonders bei einem Vergleich des letzten (13.) Brust- mit dem ersten Lendenwirbel in die Augen: an letzterem ist der „Querfortsatz" seinem Ursprung aus dem Wirbelbogen nach völlig eine Diapophyse incl. Anapophyse im Sinne des dreizehnten Brustwirbels, nur dass er nicht wie dieser bald nach seinem Hervorgehen aus dem Wirbel — behufs Ansatzes der Rippe — aufhört, sondern sich in der Richtung nach aussen weiter fortsetzt.

Cervus elaphus. Abgesehen von einigen unbedeutenden Formunterschieden der Metapophysen stimmt die Wirbelsäule in allen Einzelheiten genau mit derjenigen von Cervus capreolus überein.

Bos taurus (fem.). Von den sieben Halswirbeln der letzte ohne Foramen transversarium, u. A. auch durch den hohen Processus spinosus mehr pectoral als cervical gestaltet. Dreizehn Rippenpaare, sämmtlich mit capitularer und tubercularer Anfügung. An den Brustwirbeln sämmtliche Parapophysen je zwei aufeinander folgenden Wirbelkörpern gemeinsam. An den Diapophysen schon vom zweiten Brustwirbel an nach vorn hervortretende, zuerst stumpfhöckerige Metapophysen hervorsprossend; dieselben werden nach hinten hin allmählich länger kegelförmig und bleiben bis zum elften Brustwirbel incl. von den vorderen Zygapophysen deutlich entfernt. Eine Annäherung an letztere zeigen erst die merklich höheren Metapophysen des zwölften, bis endlich am dreizehnten — in gleicher

---

[1]) Abweichend von Retzius' Angaben, a. a. O., S. 665.

[2]) Retzius (Archiv für Anatomie und Physiologie, Jahrg. 1849, S. 663) erwähnt Processus accessorii (Anapophysen) schon für den zweiten bis vierten Brustwirbel, an welchen ich, wie an den folgenden, keine Spur solcher zu entdecken im Stande bin.

Weise wie an den Lendenwirbeln — ein dichtes Heranrücken an die Aussenseite der Zygapophysen zu Stande kommt. Es stellt sich demnach der zwölfte Brust- als der Uebergangswirbel dar; der dreizehnte zeigt allein völlig die lumbare Bildung. Anapophysen sind nur am elften bis dreizehnten Brustwirbel vorhanden und auch an diesen nur andeutungsweise ausgebildet. Die platten, nach hinten länger werdenden „Querfortsätze" der fünf vorderen Lumbaren entsprechen nach ihrem Ursprung aus der unteren Grenze des Arcus vertebrae völlig dem Rippenträger (Processus costalis RETZ.) plus der Anapophyse der drei letzten Brustwirbel, sind mithin als Aequivalente von Diapophysen und mit diesen etwa verschmolzener, halsloser Rippenrudimente in Anspruch zu nehmen. Anders verhalten sich die „Querfortsätze" des letzten (6.) Lendenwirbels, welche sehr deutlich mit einer oberen, vom Arcus und einer unteren, vom Corpus vertebrae ausgehenden Wurzel versehen sind, mithin durch Diapophysen und Parapophysen in Gemeinschaft gebildet werden und das am ersten Sacralwirbel bestehende gleiche, nur noch schärfer ausgeprägte Verhalten bereits anbahnen. (Eine völlige Uebereinstimmung in der Bildung der Querfortsätze des letzten Lendenwirbels lässt auch das Skelet von Bison europaeus erkennen).

Ovis aries. Da der vorhergehenden Gattung gegenüber keine wesentlichen Unterschiede in der Bildung der Brustwirbel-Querfortsätze vorliegen, so mag die Bemerkung genügen, dass die langen und platten „Querfortsätze" der Lendenwirbel genau in derselben Flucht mit den Diapophysen der Brustwirbel liegen und gleich diesen die Foramina intervertebralia direkt hinter sich zu liegen haben. Sie sind daher ihrem Ursprung nach diesen völlig gleichwerthig, während die Parapophysen der Brustwirbel unterhalb der Foramina intervertebralia gelegen sind. Dass an den beiden letzten (5. und 6.) Lendenwirbeln als Vorläufer der sogenannten Sacralrippen von Neuem Parapophysen in gleicher Lage mit denjenigen der Brustwirbel auftreten, ist bereits oben gelegentlich bemerkt worden. Eine Betheiligung derselben an der Herstellung der Querfortsätze in der für die Gattung Bos hervorgehobenen Weise findet hier jedoch ebenso wenig statt, wie bei Capra hircus und Antilope (Capella) rupicapra, welche sich beide mit Ovis aries gleich verhalten.

Sus scrofa (fem.). Alle sieben Halswirbel mit Foramen transversarium, der letzte mit auffallend hohem Processus spinosus und gleich den Brustwirbeln mit einem die Basis der Diapophyse durchsetzenden Foramen zum Durchtritt des betreffenden Spinalnerven versehen. Fünfzehn Rippenpaare, sämmtlich mit capitularer und tubercularer Anfügung; die Tubercula der vier letzten indessen ungleich schwächer als an den vorhergehenden ausgebildet. Die Parapophysen der Brustwirbel am ersten bis elften je zwei aufeinander folgenden Wirbelkörpern gemeinsam, an den vier letzten — den Rippen mit verkümmertem Tuberculum entsprechend — auf das hintere Ende des vorhergehenden beschränkt. Die Diapophysen nur an den beiden ersten Brustwirbeln einfach; vom dritten an sprossen aus denselben stumpf wulstförmige Metapophysen, vom sechsten an auch nach hinten gerichtete, kegelförmige Anapophysen hervor. Die am dritten bis sechsten Brustwirbel noch niedrigen Metapophysen richten sich am siebenten bis neunten in Form spitzer Pyramiden auf, vertauschen aber diese Form mit der früheren wieder am zehnten. Bis zu diesem incl. liegen sie horizontal und in ansehnlicher Entfernung von den vorderen Zygapophysen. Vom elften Brustwirbel an zeigen sie eine mehr vertikale Stellung und rücken dicht an die vorderen Zygapophysen heran, verbleiben in dieser Stellung auch an sämmtlichen Lendenwirbeln, verändern aber vom zwölften Brustwirbel an ihre Form in der Weise, dass sie einen schräg nach hinten und aufwärts gerichteten kegelförmigen Vorsprung aus sich hervortreten lassen. Es stellt sich demnach der zehnte Brust- als der Uebergangswirbel dar; die fünf letzten zeigen eine völlig lumbare Bildung. Die Anapophysen behalten die Form spitzer Kegel vom sechsten bis elften Brustwirbel in annähernd übereinstimmender Weise bei; vom zwölften bis incl. vierzehnten strecken sie sich immer mehr in die Länge und werden dabei immer niedriger, so dass sie oberhalb der Rippenträger in Form einer seitlich comprimirten, bis nahe an die Facies pro capitulo reichenden Leiste zu liegen kommen. In völlig unvermittelter, auffallend abweichender Bildung, nämlich als platte „Querfortsätze“ treten sie endlich am fünfzehnten Brustwirbel auf, zeigen aber dabei noch genau die gleiche relative Lage zur eigentlichen Diapophyse (Proc. costalis Retz.) wie an den vorhergehenden. Auch die an den sechs eigentlichen (rippenlosen) Lendenwirbeln vorhandenen, ungleich grösseren, platten „Querfortsätze“ ergeben sich mit Evidenz als Aequivalente der Anapophysen, mit welchen sie den genau übereinstimmenden Ursprung vom Wirbelbogen, wie an den lumbar gestalteten Brustwirbeln, wahrnehmen lassen. Dadurch wird indessen keineswegs ausgeschlossen, dass das äussere Ende dieser Querfortsätze einem mit der Anapophyse verschmolzenen halslosen Rippenrudiment entspricht, was Gegenbaur[1]) ausdrücklich, aber ohne überzeugenden Grund, in Abrede stellt. Der durch Joh. Müller und Thiele[2]) geführte Nachweis, dass beim Schweinsfötus dem Ende dieser Querfortsätze ein besonderer Ossificationspunkt entspricht, würde einer derartigen Annahme sogar eine wesentliche Stütze verleihen.

Equus caballus. Von den sieben Halswirbeln der letzte ohne Foramen transversarium. Achtzehn Rippenpaare, sämmtlich mit capitularer und tubercularer Anheftung. Die Parapophysen der Brustwirbel durchweg zwei aufeinander folgenden Wirbelkörpern gemeinsam. Die Diapophysen vom dritten Brustwirbel an Metapophysen aus sich hervorgehen lassend, welche am dritten bis achten merklich dicker als an den darauf folgenden sind, vom vierzehnten an eine deutliche seitliche Compression zeigen, sich vom vierzehnten bis sechszehnten allmählich mehr den vorderen Zygapophysen nähern, aber erst an den beiden letzten dicht an die Aussenseite dieser heranrücken, um in dieser Stellung auch an sämmtlichen Lendenwirbeln zu verbleiben. Es stellt sich demnach der sechszehnte Brust- als der Uebergangswirbel dar; der siebenzehnte und achtzehnte sind bereits völlig lumbar gestaltet. Anapophysen treten erst vom zwölften Brustwirbel an und zwar sehr schwach entwickelt auf, nämlich mehr in Form einer zwischen der Metapophyse und dem Processus costalis verlaufenden Leiste als eines wirklichen Fortsatzes. Am siebenzehnten und achtzehnten Brustwirbel sind sie schon wieder stark reducirt, an den Lendenwirbeln nicht mehr wahrnehmbar. Von den sechs eigentlichen Lumbaren sind die beiden letzten nur im Bereich ihrer Processus spinosi frei, im Uebrigen mit einander verschmolzen. Ihre sehr langen und platten, völlig

[1]) Grundzüge der vergleichenden Anatomie, 2. Aufl., S. 622. — Der wirkliche Sachverhalt ist also der, dass die ungleich kürzeren platten „Querfortsätze“ des noch Rippen tragenden fünfzehnten Brustwirbels lediglich Anapophysen, die stark verlängerten der rippenlosen Lendenwirbel dagegen Composita aus Anapophysen und Rippenrudimenten sind.

[2]) Archiv für Anatomie und Physiologie. Jahrg. 1839. S. 106.

horizontal verlaufenden „Querfortsätze“ nehmen auf der Grenze von Neurapophyse und Corpus vertebrae ihren Ursprung, liegen in gleicher Flucht mit den Processus costales plus Anapophysen der Brustwirbel und sind daher als Aequivalente von Diapophysen und mit diesen verschmolzener halsloser Rippenrudimente in Anspruch zu nehmen.

Lamnunguia.

Hyrax Abyssinicus. Sieben Halswirbel, nur die beiden ersten mit Foramen transversarium. Zweiundzwanzig Rippenpaare, von denen das letzte ganz rudimentär; die zwanzig vorderen mit capitularer und tubercularer Anfügung, die beiden letzten nur mit capitularer. Die Parapophysen je zwei aufeinander folgenden Wirbelkörpern gemeinsam, vom fünfzehnten Brustwirbel an allmählich tiefer herabrückend. Die Diapophysen der beiden ersten Brustwirbel gegen die vorderen Zygapophysen hin überhaupt nicht abgesetzt, an den folgenden sich zu einem knopfartig verdickten Fortsatz erhebend, welcher vom achten Brustwirbel an mehr comprimirt erscheint und an den nun folgenden sich zu der vorderen Zygapophyse wie eine Metapophyse verhält. Dieses Verhalten bleibt, wie bereits Retzius[1]) hervorgehoben hat, an den hinteren Brust- und sämmtlichen Lendenwirbeln dasselbe, wie denn überhaupt an der ganzen Wirbelsäule eine ungemeine Gleichförmigkeit sowohl in den Gleitflächen der Zygapophysen, welche sich erst von den Lendenwirbeln an sehr allmählich und leicht aufrichten, wie besonders in dem gänzlichen Mangel von Anapophysen sich kund giebt. Die an den sieben Lendenwirbeln hervortretenden flachgedrückten und in transversaler Richtung allmählich zunehmenden „Querfortsätze“ erweisen sich nach ihrem Hervorgehen aus den Wirbelkörpern als Parapophysen und mit diesen verschmolzene Rippenhälse.

Ferae.

Felis catus (domestica). Von den sieben Halswirbeln nur die sechs vorderen mit Foramen transversarium. Dreizehn Rippenpaare, die zehn vorderen mit doppelter, die drei letzten nur mit einfacher (capitularer) Anfügung. Die Parapophysen der zehn ersten Brustwirbel je zwei aufeinander folgenden Wirbelkörpern gemeinsam, diejenigen des elften bis dreizehnten auf den Vorderrand ihres eigenen beschränkt. Die Diapophysen der drei ersten Brustwirbel ganz einfach, am vierten bis siebenten bereits mit leichter Andeutung von Metapophysen und Anapophysen in Form kleiner Auftreibungen, während am achten bis zehnten beide in starker Längszunahme begriffen sind. An den drei letzten Brustwirbeln erscheinen die Diapophysen ungleich grösser als an den vorhergehenden, haben jedoch ihren Processus costalis eingebüsst. Die Metapophysen sind bis zum zehnten Brustwirbel niedrig, vom elften an wie auch an sämmtlichen Lendenwirbeln dagegen stark aufgerichtet. Die Anapophysen bereits vom zehnten Brustwirbel an verlängert, bis zum zwölften incl. an

---

[1]) Archiv für Anatomie und Physiologie. Jahrg. 1849. p. 661.

ihrer Spitze gegabelt, vom dreizehnten ab einfach, dolchförmig, gerade nach hinten gerichtet, Eigenschaften, welche sie auch an den vier vorderen Lendenwirbeln beibehalten, während sie am fünften bereits zu verkümmern beginnen. Die drei letzten Brustwirbel zeigen eine völlig lumbare Bildung; der zehnte, an welchem sich zuerst die Gleitflächen der hinteren Zygapophysen aufrichten, stellt den Uebergangswirbel dar. Die „Querfortsätze“ der sieben Lendenwirbel, welche gleich vom ersten an auch nicht den mindesten Rest von eigentlichen Diapophysen mehr erkennen lassen, entsprechen ihrem Ursprung aus dem vorderen Ende der ventralen Wand der Wirbelkörper nach völlig den Parapophysen und einem mit ihnen verschmolzenen Rippenhals.

Canis lupus. Von den sieben Halswirbeln nur die sechs vorderen mit Foramen transversarium. Vierzehn Rippenpaare, das letzte linkerseits rudimentär, rechts von ansehnlicher Länge; alle vierzehn mit capitularer und tubercularer Anfügung, letztere jedoch an den beiden hintersten Paaren nur locker. Die Parapophysen bis zum zwölften Brustwirbel je zwei aufeinander folgenden Wirbelkörpern gemeinsam, am dreizehnten und vierzehnten auf das vordere Ende ihres eigenen beschränkt; auch betheiligt sich der siebente Halswirbel nicht an der Capitular-Artikulation des ersten Rippenpaares. Die Diapophysen schon vom dritten Brustwirbel an mit deutlich ausgeprägten, wenn zunächst auch noch kurzen Metapophysen und Anapophysen, erstere vom zwölften Brustwirbel an dicht an die vorderen Zygapophysen herangerückt und aufgerichtet, ein Verhalten, welches sie auch an sämmtlichen Lendenwirbeln beibehalten. Die Anapophysen am zehnten bis zwölften Brustwirbel allmählich länger werdend, vom dreizehnten an — wie an den Lendenwirbeln — gerade nach hinten gewendet, zugespitzt und sich der Aussenfläche der Metapophysen des folgenden Wirbels dicht anlegend, vom fünften Lendenwirbel an schwindend. Als Uebergangswirbel stellt sich der zehnte Brustwirbel dar, an welchem sich die Gleitfläche der hinteren Zygapophyse zuerst aufrichtet; die vier letzten Brustwirbel sind formell rippentragende Lendenwirbel. Die „Querfortsätze“ der sechs eigentlichen (rippenlosen) Lendenwirbel sind, wie bei der Katze, Parapophysen mit einem an sie angewachsenen Rippenhals.

Otaria leonina. Alle sieben Halswirbel mit Foramen transversarium.[1]) Fünfzehn Rippenpaare, alle mit capitularer und tubercularer Anfügung, die tuberculare jedoch an den beiden letzten nur locker. Die Parapophysen bis zum zwölften Brustwirbel je zwei aufeinander folgenden Wirbelkörpern gemeinsam, am dreizehnten bis fünfzehnten auf das vordere Ende des eigenen beschränkt; auch der siebente Halswirbel nicht an der Capitular-Artikulation der ersten Rippe betheiligt. Die Diapophysen gleich vom ersten Brustwirbel an mit Andeutungen von Metapophysen und Anapophysen; erstere rücken schon vom fünften Brustwirbel an immer näher an die vorderen Zygapophysen heran, letztere treten bereits am zweiten deutlich nach hinten über den Ansatz der Rippe hinaus. Vom zwölften Brustwirbel an legen sich die Metapophysen den vorderen Zygapophysen dicht an und zeigen das gleiche Verhalten auch an sämmtlichen Lendenwirbeln. Die Anapophysen nehmen bis zum vierzehnten Brustwirbel an Länge zu, werden am fünfzehnten schon beträchtlich

[1]) Dieses Verhalten findet sich an dem Skelet eines weiblichen Individuums. Dagegen entbehrt der siebente Halswirbel des Foramen transversarium an einem mir vorliegenden, wie gewöhnlich ungleich stärkeren Skelet eines männlichen Seelöwen.

kürzer und sind an den Lendenwirbeln nur noch als schwache Längsleisten, beziehentlich Höckerchen erkennbar. Als Uebergangswirbel stellt sich der elfte Brustwirbel, dessen hintere Zygapophysen zuerst eine aufrechte Gleitfläche besitzen, dar. Die vier hintersten Brustwirbel sind wenigstens nach dem Verhalten der Metapophysen rippentragende Lendenwirbel. Die „Querfortsätze" der fünf eigentlichen (rippenlosen) Lendenwirbel verhalten sich nach ihrem Hervorgehen aus dem vorderen Ende der Wirbelkörper als Parapophysen und mit diesen verschmolzene Rippenhälse.

Meles taxus. Von den sieben Halswirbeln sind nur die sechs vorderen mit einem Foramen transversarium versehen. Fünfzehn Rippenpaare, von denen die elf ersten mit capitularer und tuberculare, das zwölfte bis vierzehnte nur mit deutlicher capitularer Anfügung versehen sind. Die fünfzehnte Rippe verhält sich rechterseits wie die drei vorhergehenden; linkerseits dagegen, wo sie etwas kürzer und merklich dünner ist, artikulirt sie an einem kleinen, aus dem oberen Rande des Corpus vertebrae entspringenden „Querfortsatz" und entbehrt damit des Capitulum und Collum. Die Parapophysen am ersten bis zwölften Brustwirbel je zwei aufeinander folgenden Wirbelkörpern gemeinsam, am dreizehnten und vierzehnten auf das Vorderende ihres eigenen beschränkt; am fünfzehnten rechterseits wie an den beiden vorhergehenden, linkerseits durch den erwähnten kleinen „Querfortsatz" repräsentirt. Die Diapophysen nur an den beiden ersten Brustwirbeln einfach, vom dritten an zunächst Metapophysen und vom siebenten an auch Anapophysen in allmählich grösserer Deutlichkeit aus sich hervorgehen lassend. Die Metapophysen bis zum elften Brustwirbel von den vorderen Zygapophysen deutlich entfernt, vom zwölften an — wie auch an sämmtlichen Lendenwirbeln — sich der Aussenseite jener dicht anlegend. Dem entsprechend stellt sich der elfte Brust- als der Uebergangswirbel dar; die vier letzten zeigen völlig die lumbare Bildung. Die Anapophysen, welche am dreizehnten Brustwirbel ihre grösste Längsentwickelung erreichen, werden an den beiden letzten schon merklich kürzer und dünner, um mit dem zweiten Lendenwirbel ganz abzuschliessen. Die platten „Querfortsätze" der fünf eigentlichen (rippenlosen) Lendenwirbel sind nach ihrem Hervorgehen aus dem vorderen Ende und dem oberen Rand der Wirbelkörper als unzweifelhafte Parapophysen und etwa mit diesen verschmolzene Rippenhälse in Anspruch zu nehmen, eine Deutung, welche an dem vorbeschriebenen Skelet noch eine besonders gewichtige Stütze durch das Verhalten der linksseitigen fünfzehnten Rippe erhält.

Ein zweites Exemplar (mas adult.) lässt folgende Abweichungen erkennen: Die Rippen des fünfzehnten Paares sind normal ausgebildet, beide lang und symmetrisch; sie zeigen gleich den vorhergehenden eine capitulare und tuberculare Anfügung, doch ist letztere an den drei letzten Paaren gelockert. Die Parapophysen der zwölf vorderen Brustwirbel intervertebral, am dreizehnten bis fünfzehnten auf das Vorderende ihres eigenen Wirbelkörpers beschränkt. Die mit dem dritten Brustwirbel beginnenden und allmählich stärker werdenden Metapophysen sind bis zum zwölften (incl.) von den vorderen Zygapophysen entfernt, an den drei letzten diesen stark genähert, wie an den Lendenwirbeln. Anapophysen fehlen an den fünf ersten Brustwirbeln, werden dagegen vom sechsten an, wo sie wie am siebenten noch unscheinbar sind, bis zum fünfzehnten immer länger; auch an den beiden ersten Lendenwirbeln sind sie noch langstreckig, wenngleich schmäler als an den letzten Brustwirbeln, am dritten und vierten nur noch durch niedrige Höcker angedeutet. Von Diapophysen ist an den Lendenwirbeln keine Spur mehr zu erkennen. Die an Länge allmählich zunehmenden „Querfortsätze" der letzteren entspringen vom Wirbelkörper in gleicher Flucht mit dem Capitulum costarum der Brustwirbel und sind demnach Parapophysen mit verwachsenen Rippenhälsen. Als solche stellen sich auch die Querfortsätze der Sacralwirbel dar, deren oberer Flügel einer wieder auftretenden Diapophyse entspricht.

Lutra vulgaris. Von den sieben Halswirbeln nur die sechs ersten mit Foramen transversarium. Vierzehn Rippenpaare, das erste bis zwölfte mit doppelter, die beiden letzten nur mit capitularer Anfügung. Die Parapophysen an den zwölf ersten Brustwirbeln je zwei aufeinander folgenden Wirbelkörpern gemeinsam, am dreizehnten und vierzehnten auf das Vorderende ihres eigenen beschränkt. Die Diapophysen nur an den beiden ersten Brustwirbeln einfach, vom dritten an zunächst Metapophysen, vom fünften an ausserdem auch Anapophysen entwickelnd. Die Metapophysen der zwölf vorderen Brustwirbel von den vorderen Zygapophysen entfernt, diejenigen der beiden letzten — wie auch sämmtlicher Lendenwirbel — dicht an die Aussenseite jener herangerückt. Es stellt sich demnach der zwölfte Brust- als der Uebergangswirbel dar; die beiden letzten (mit des Tuberculum entbehrenden Rippen versehen) sind völlig lumbar gestaltet. Die Anapophysen bis zum dreizehnten Brustwirbel incl. an Länge und Stärke zunehmend, vom vierzehnten an bis zum fünften Lendenwirbel wieder allmählich kleiner werdend. Die an Länge nach hinten zunehmenden, platten „Querfortsätze" der sechs eigentlichen Lendenwirbel verhalten sich genau wie bei Meles und entsprechen daher gleichfalls den Parapophysen und mit ihnen verschmolzenen Rippenhälsen.

Mustela putorius. Von den sieben Halswirbeln der letzte ohne Foramen transversarium. Vierzehn Rippenpaare, die drei letzten nur mit capitularer, die vorhergehenden mit doppelter Anfügung. Parapophysen am ersten bis elften Brustwirbel je zwei aufeinander folgenden Wirbelkörpern gemeinsam, an den drei letzten auf das Vorderende ihres eigenen beschränkt. Die Diapophysen vom dritten Brustwirbel an zunächst Metapophysen, vom sechsten an auch Anapophysen aus sich hervorgehen lassend. Die Metapophysen der zehn ersten Brustwirbel von den vorderen Zygapophysen entfernt, vom elften an — wie auch an allen Lendenwirbeln — dicht an die Aussenseite derselben gerückt; die vier letzten Brustwirbel daher die lumbare Bildung zeigend. Die Anapophysen vom sechsten Brustwirbel an deutlich länger und spitzer werdend, am letzten Brust- und an den beiden ersten Lendenwirbeln am längsten, mit dem fünften aufhörend. Die nach hinten an Länge zunehmenden „Querfortsätze" der sechs eigentlichen Lumbaren entsprechen ihrem Ursprung nach genau den Parapophysen der Brustwirbel und müssen gleichfalls als solche in Verbindung mit Rippenhälsen angesehen werden.

Rodentia.

Lepus cuniculus. Alle sieben Halswirbel mit Foramen transversarium. Zwölf Rippenpaare, von denen die acht vorderen eine capitulare und tuberculare, die vier hinteren nur eine capitulare Anfügung zeigen: das zweite bis siebente mit hohem, die Facies articularis der Diapophysen stark überragendem Tuberculum. Die Parapophysen an den neun ersten Brustwirbeln je zwei aufeinander folgenden Wirbelkörpern gemeinsam, am zehnten bis zwölften auf das vordere Ende ihres eigenen beschränkt. Die Diapophysen der acht vorderen Brustwirbel ohne deutliche Nebenfortsätze, solche dagegen vom neunten ab — gleichzeitig mit dem Schwinden der tubercularen Anfügung der Rippen — auftretend; höchstens, dass sich bereits am achten eine leichte hintere Aufwulstung als erste Anbahnung einer Anapophyse zu erkennen giebt. Die sich an der Aussenseite der vorderen Zygapophysen erhebenden Metapophysen des neunten Brustwirbels noch niedrig, diejenigen des zehnten bereits dreimal so hoch und seitlich comprimirt, die des elften und zwölften schon denjenigen der sieben Lendenwirbel völlig gleichend, hoch aufgerichtet, mit knopfartiger Endverdickung. Die Anapophysen am neunten Brustwirbel kurz, abgerundet und aufgewulstet, am zehnten und elften breit und abgeplattet, dem Hinterrande des Wirbelbogens genähert, am zwölften bereits obsolet, auf eine niedrige Leiste reducirt. An den Lendenwirbeln entwickeln sich diese Anapophysen wieder graduell stärker zu vertikal gestellten, seitlich comprimirten Vorsprüngen. Der zehnte Brustwirbel stellt sich nach der aufgerichteten Gleitfläche seiner hinteren Zygapophysen als der Uebergangswirbel dar; der elfte und zwölfte zeigen bereits alle Merkmale von (rippentragenden) Lendenwirbeln. Der erste und zweite eigentliche (rippenlose) Lendenwirbel unterhalb mit starker medianer Hypapophyse, die folgenden mit schwachem Mittelkiel. Die stark nach vorn gerichteten „Querfortsätze" der Lendenwirbel haben genau denselben Ursprung wie die drei letzten Rippenpaare, nämlich am vordersten Ende des Wirbelkörpers; sie können daher nur als Parapophysen und mit diesen verschmolzene Rippenhälse in Anspruch genommen werden.

Hystrix Javanica. Alle sieben Halswirbel mit Foramen transversarium. Fünfzehn Rippenpaare, das letzte plötzlich stark verkürzt, nur von ⅓ der Länge des vorhergehenden und nicht comprimirt, sondern von oben nach unten abgeplattet, sein Collum sehr dünn, fast griffelförmig; dieses und das vierzehnte nur mit capitularer, die dreizehn vorderen mit doppelter Anfügung. Die Parapophysen aller fünfzehn Brustwirbel je zwei aufeinander folgenden Wirbelkörpern gemeinsam. Die Diapophysen lassen schon vom dritten Brustwirbel an die Anlagen von Metapophysen und Anapophysen deutlich erkennen; schärfer treten beide jedoch erst vom neunten an als vor- und rückwärts gerichtete Fortsätze auf. Die Metapophysen erreichen das Maximum ihrer Entwickelung am fünfzehnten Brust- und am ersten Lendenwirbel, um vom zweiten ab wieder allmählich kürzer zu werden. Die Anapophysen werden nur bis zum vierzehnten Brustwirbel allmählich breiter und platter (depress), während sie vom fünfzehnten Brustwirbel an — wie an den Lendenwirbeln — seitlich comprimirt, schmal, zugespitzt und direkt nach hinten gerichtet sind. Am dritten Lendenwirbel schon merklich verkürzt, sind sie am vierten (letzten) nur noch als scharfe Ecke ausgeprägt. Brust- und Lendenwirbel werden hier auch nach der Stellung der Gleitfläche an den Zygapophysen sehr unmerklich in einander übergeführt, so dass, von dem Rippenansatz abgesehen, ihre beiderseitige Grenze arbiträr erscheint. Nimmt man nach der beginnenden Aufrichtung der hinteren Zygapophysen den zwölften Brust- als den Uebergangswirbel an, so würden drei rippentragende und vier rippenlose (eigentliche) Lumbaren zu zählen sein. Die breiten und platten „Querfortsätze" der letzteren erweisen sich nicht, wie beim Kaninchen, als Parapophysen, sondern als Aequivalente von Diapophysen. Sie verhalten sich genau wie die Processus costales (RETZIUS) des vierzehnten und fünfzehnten Brustwirbels, welche keine Facies pro tuberculo mehr besitzen und sich ungleich stärker als die vorhergehenden entwickelt haben, so dass sie den direkten Uebergang zu den „Querfortsätzen" der Lendenwirbel bilden. Letztere entspringen gleich ihnen noch deutlich vom Arcus vertebrae und können daher ausser als Processus costales zugleich als etwa mit ihnen verschmolzene Rippenrudimente, welche des Collum costae entbehren, gedeutet werden.

Cercolabes villosus. Von den sieben Halswirbeln der letzte ohne Foramen transversarium, der Epistropheus mit dem dritten im Bereich des Arcus und am Ende der Querfortsätze fest verschmolzen. Von den fünfzehn Rippenpaaren die vier letzten ganz allmählich an Länge abnehmend, die zwölf vorderen mit doppelter, die drei letzten nur mit capitularer Anfügung. Die Parapophysen sämmtlicher Brustwirbel je zwei aufeinander folgenden Wirbelkörpern gemeinsam. Die Diapophysen der drei vordersten Brustwirbel mit knopfartig verdicktem Ende, sonst aber einfach. Vom vierten Wirbel an treten aus ihnen zunächst Anapophysen, vom sechsten an auch Metapophysen hervor. Erstere setzen sich in allmählich zunehmender Länge und in schmaler Griffelform auch auf die vier vorderen Lendenwirbel fort, sind dagegen am fünften nur noch als kurze, zahnförmige Vorsprünge erkennbar. Die Metapophysen erreichen ihre grösste Länge am zwölften Brustwirbel, bis zu welchem sie auch von den vorderen Zygapophysen entfernt bleiben. An den drei letzten Brustwirbeln erscheinen sie wie an den Lendenwirbeln verkürzt und mit den vorderen Zygapophysen vereinigt, so dass mit dem dreizehnten Brustwirbel die lumbare Bildung beginnt. Nachdem die eigentlichen Diapophysen (Processus costales) schon an den drei letzten Brustwirbeln sehr rudimentär geworden sind, fehlen sie an den sechs Lendenwirbeln gänzlich. Die an diesen auftretenden „Querfortsätze" entsprechen ihrem Ursprung vom oberen Rande und vorderen Ende des Wirbelkörpers nach ganz der Einfügung des Capitulum costae, sind also Parapophysen. Besonders macht der „Querfortsatz" des ersten Lendenwirbels durch seine Schmalheit und die vorwiegende Entwickelung nach der Längsrichtung, besonders aber auch dadurch, dass er sich mit seinem vorderen Ende bis zum Intervertebral-Ligament erstreckt, noch ganz den Eindruck eines auf das Collum reducirten Rippenrudimentes, welches mit dem Wirbelkörper eine feste Verschmelzung eingegangen ist. Am zweiten bis fünften Lendenwirbel entwickeln sich die abgeplatteten „Querfortsätze" allmählich stärker in transversaler Richtung, während sie am sechsten wieder zurückgehen. Auch die Querfortsätze der Sacralwirbel entsprechen ihrem ventralen Schenkel nach den Parapophysen der Lendenwirbel, ebenso die allmählich kürzer werdenden Querfortsätze der ca. zwanzig ersten Schwanzwirbel.

Hydrochoerus Capybara. Alle sieben Halswirbel mit Foramen transversarium. Von den dreizehn Rippenpaaren die zehn vorderen mit doppelter, die drei letzten nur mit capitularer Anfügung. Die Parapophysen der Brustwirbel sämmtlich zwei aufeinander folgenden Wirbelkörpern gemeinsam, dem oberen Rand dieser genähert. Die Diapophysen der sechs ersten Brustwirbel einfach, vom siebenten an mit zuerst schwach höckerförmigen, am zehnten bereits zapfenartig hervortretenden Metapophysen, welche zwischen diesem und dem zwölften allmählich näher an die vorderen Zygapophysen heranrücken. Am dreizehnten sind sie mit letzteren — in gleicher Weise wie an den Lendenwirbeln — in Eins zusammengeschmolzen, so dass der dreizehnte Brustwirbel der einzige lumbar gestaltete ist. Anapophysen sind an keinem Brustwirbel auch nur andeutungsweise vorhanden. An den sechs eigentlichen (rippenlosen) Lendenwirbeln sind die Diapophysen selbst vollständig verschwunden; dagegen treten gleich vom ersten an Anapophysen hervor, welche bis zum vierten allmählich an Länge zu-, an den beiden letzten wieder abnehmen. Die schräg nach vorn und abwärts gerichteten „Querfortsätze“, welche in der Richtung nach hinten zwar allmählich, aber stark an Umfang zunehmen, entsprechen nach ihrem Hervorgehen aus dem oberen Rande und nahe dem vorderen Ende der Wirbelkörper durchaus einer Parapophyse und einem mit ihr verschmolzenen Rippenhals. In gleicher Weise verhalten sich auch die grossen flügelförmigen Querfortsätze des ersten Sacralwirbels.

Coelogenys paca. Von den sieben Halswirbeln nur die sechs vorderen mit Foramen transversarium. Vierzehn Rippenpaare, das letzte jedoch nur in Form dünner Fleischgräten ohne vertebrales Ende ausgebildet, die dreizehn vorderen sämmtlich mit capitularer und tubercularer Anfügung. Die Parapophysen durchweg je zwei aufeinander folgenden Wirbelkörpern gemeinsam. Die Diapophysen der beiden ersten Brustwirbel einfach, vom dritten an oberhalb des Rippenansatzes stark aufgewulstet, dieser Wulst am siebenten schon niedriger und gestreckter. Vom achten Brustwirbel an lässt derselbe deutliche Metapophysen und Anapophysen aus sich hervorgehen, welche sich vom neunten an immer schärfer sondern und mehr strecken. Die Metapophysen nähern sich vom elften an immer mehr den vorderen Zygapophysen und verhalten sich vom zwölften an ganz wie diejenigen der Lendenwirbel; die drei letzten Brustwirbel daher von völlig lumbarer Bildung. Die Anapophysen verlaufen bis zum dreizehnten Brustwirbel schräg, am vierzehnten gleich denen der Lendenwirbel gerade nach hinten. Im Grunde ist dieser vierzehnte Brustwirbel trotz der ihm entsprechenden Fleischrippen der erste Lendenwirbel, denn er besitzt gleich den fünf darauf folgenden bereits einen „Querfortsatz“ jederseits, welcher nur kürzer und schmäler als an diesen ist. Die „Querfortsätze“ der Lumbaren entsprechen ihrem Ursprung nach vollständig den Parapophysen der Brustwirbel und einem mit ihnen verschmolzenen Rippenhals.

Dasyprocta aguti (fem.). Von den sieben Halswirbeln der letzte ohne Foramen transversarium. Dreizehn Rippenpaare, die zwölf ersten mit doppelter, das letzte nur mit capitularer Anfügung. Die Parapophysen der Brustwirbel sämmtlich intervertebral. Von den Diapophysen nur die erste ganz einfach; schon an der zweiten beginnt eine wenngleich noch schwache Metapophyse hervorzusprossen. Am dritten bis fünften Brustwirbel ist dieselbe bereits dick, knopfförmig, wird aber vom sechsten an schmäler und länglicher, ist vom neunten an dicht an die Aussenseite der vorderen Zygapophyse herangerückt und verbleibt so, allmählich länger und stärker werdend, auch an sämmtlichen Lendenwirbeln. Es zeigen demnach die fünf hinteren Brustwirbel schon eine vorwiegend lumbare Bildung. Anapophysen beginnen mit dem siebenten Brustwirbel, sind an diesem und dem achten jedoch noch schwach; vom neunten an sondern sie sich immer stärker von den Metapophysen ab, sind bis zum elften an ihrem Ende klöppelartig verdickt, werden dagegen vom zwölften an bei seitlicher Compression allmählich schärfer leistenförmig und verbleiben so an den fünf ersten Lendenwirbeln, an deren vierten und fünften sie wieder an Länge abnehmen. Ein sich schon an den fünf hinteren Brustwirbeln allmählich stärker entwickelnder ventraler Mittelkiel ist am ersten Lendenwirbel am stärksten ausgebildet, um an den folgenden wieder allmählich niedriger zu werden. Von der schon am dreizehnten Brustwirbel verschwindenden Diapophyse ist an den Lendenwirbeln auch nicht einmal ein Rest zu erkennen. Die schräg nach vorn und unten gewendeten, an Länge allmählich zunehmenden „Querfortsätze“ der sechs Lendenwirbel entspringen mit ihrer vorderen Wurzel vom vorderen Ende des oberen Wirbelkörperrandes in gleicher Flucht mit den Rippenköpfen und sind daher als Parapophysen und mit diesen verschmolzene Rippenhälse aufzufassen. Als solche Parapophysen erscheinen auch die Querfortsätze des einzigen (eigentlichen) Sacralwirbels an ihrer ventralen Seite; ein diapophytisches Element scheint sich an der Bildung ihrer dorsalen Wand nicht zu betheiligen.

Mus decumanus. Von den sieben Halswirbeln ist der letzte ausser den platten Querfortsätzen noch mit zwei vertikal gestellten unteren versehen. Dreizehn Rippenpaare, die elf ersten mit doppelter, die beiden letzten nur mit capitularer Anfügung. Der zweite Brustwirbel durch auffallend hohen, säulenförmigen Processus spinosus ausgezeichnet. Die Parapophysen der Brustwirbel sämmtlich zwei aufeinander folgenden Wirbelkörpern gemeinsam. Die Diapophysen vom dritten Brustwirbel an gleichzeitig schwache Metapophysen und Anapophysen aus sich entwickelnd. Die Metapophysen bis zum neunten Brustwirbel incl. seitlich von den vorderen Zygapophysen getrennt, vom zehnten an — wie an allen Lendenwirbeln, an welchen sie oberhalb quer abgestutzt erscheinen — an die Aussenseite jener herangerückt; die vier letzten Brustwirbel daher von völlig lumbarer Bildung. Die Anapophysen bis zum neunten Brustwirbel kurz, vom zehnten an nach hinten lang und spitz ausgezogen, an den beiden ersten Lumbaren am längsten, am dritten wieder kurz und mit diesem abschliessend. Während der erste der sechs Lendenwirbel der „Querfortsätze“ entbehrt, besitzen die fünf folgenden solche in zunehmender Länge und in schräg nach vorn und unten gerichteter Stellung. Dieselben entspringen nahe dem vorderen Ende und an der oberen Grenze der Wirbelkörper und ergeben sich hiernach als gleichwerthig mit den Parapophysen der Brustwirbel und einem mit ihnen verschmolzenen Rippenhals.

Arvicola arvalis. Von den sieben Halswirbeln die beiden letzten ohne Foramen transversarium und im Bereich des äusseren Endes ihrer Diapophysen mit einander verschmolzen. Dreizehn Rippenpaare, die vier letzten nur mit capitularer, die vorhergehenden mit doppelter Anfügung. Die Parapophysen sämmtlicher Brustwirbel je zwei aufeinander folgenden Wirbelkörpern gemeinsam. Die Diapophysen der vier ersten Brustwirbel einfach, vom fünften an Metapophysen in allmählich zunehmender Grösse entwickelnd, welche bis zum zehnten incl. sich von den vorderen Zygapophysen fern halten. Am elften bis dreizehnten Brust- und ebenso an allen Lendenwirbeln rücken diese — an letzteren allmählich länger und höher werdenden — Metapophysen dicht an die Aussenseite der vorderen Zygapophysen heran; die drei letzten Brustwirbel demnach die lumbare Bildung zeigend. Anapophysen finden sich erst vom elften Brustwirbel an ausgebildet, nehmen bis zum vierten Brustwirbel stark an Länge zu und werden am fünften wieder kleiner. Bemerkenswerth ist an den in der Sechszahl vorhandenen Lumbaren die sehr reducirte Ausbildung von „Querfortsätzen", welche hier kaum diesen Namen verdienen, sondern mehr in Form von niedrigen Leisten auftreten; auch stellen sie sich als fast direkte vordere Fortsetzungen der Anapophysen dar, nur dass sie tiefer als diese und in gleicher Flucht mit den Parapophysen der Brustwirbel zu liegen kommen. Diesen letzteren müssen sie daher auch als homolog angesprochen werden.

Dipus hirtipes. Nur der Atlas und der letzte Halswirbel frei, die dazwischen liegenden mit einander verschmolzen. Zwölf Rippenpaare, die vier hinteren nur mit capitularer, die vorhergehenden mit doppelter Anfügung. Die Parapophysen der elf vorderen Brustwirbel je zwei aufeinander folgenden Wirbelkörpern gemeinsam, des zwölften auf das vordere Ende seines eigenen beschränkt. Die Diapophysen der drei ersten Brustwirbel einfach, vom vierten an Metapophysen und Anapophysen entwickelnd. Die Metapophysen vom siebenten Brustwirbel an deutlicher an Länge zunehmend und bis zum zehnten incl. von den vorderen Zygapophysen entfernt bleibend, vom elften an — wie an den Lendenwirbeln — dicht an die Aussenfläche dieser herangerückt; daher die beiden letzten Brustwirbel von lumbarer Bildung. Die vom elften Brustwirbel an aufgerichteten Metapophysen werden bis zum zweiten Lendenwirbel allmählich höher, vom dritten an wieder niedriger. Die Anapophysen, vom achten Brustwirbel an allmählich länger und spitzer werdend, erreichen am dritten Lendenwirbel ihre grösste Ausbildung, um sodann wieder kürzer zu werden. Von den sieben Lendenwirbeln besitzt der erste überhaupt keinen Querfortsatz, der zweite an seiner Stelle nur einen kleinen Zahnvorsprung; an den folgenden finden sich in deutlicher Längszunahme platte, fast senkrecht gestellte und stark nach vorn gerichtete „Querfortsätze" vor. Dieselben entspringen aus dem vorderen Ende der Wirbelkörper an ihrer oberen Grenze gegen den Arcus hin und liegen genau in gleicher Flucht mit den Parapophysen der Brustwirbel. Sie sind demnach gleichfalls als solche, eventuell zugleich als mit ihnen verschmolzene Rippenhälse anzusehen. Dasselbe ist mit den ihnen gleichwerthigen, aber mehr horizontal verlaufenden Querfortsätzen der beiden Sacral- und der sieben ersten Schwanzwirbel der Fall.

Sciurus vulgaris. Von den sieben Halswirbeln die letzten ohne Foramen transversarium. Zwölf Rippenpaare, die drei letzten nur mit capitularer, die vorhergehenden mit doppelter Anfügung. Die Parapophysen auf der Grenze je zweier aufeinander folgender Wirbelkörper gelegen, am elften und zwölften Brustwirbel jedoch auf das vordere Ende des eigenen beschränkt. Die Diapophysen der vier ersten Brustwirbel einfach, vom fünften Metapophysen und Anapophysen, zuerst nur andeutungsweise, aus sich hervorgehen lassend. Der achte Brust- stellt sich als Uebergangswirbel dar; der neunte bis zwölfte, an welchen wie an den Lendenwirbeln die Metapophysen dicht an die Aussenfläche der vorderen Zygapophysen heranrücken und diese als nach vorn gerichtete Zapfen überragen, zeigen bereits die lumbare Bildung. Die Anapophysen werden vom siebenten Brustwirbel an lang zugespitzt und behalten diese Form bis zum fünften Lendenwirbel bei; an den beiden letzten sind sie wieder geschwunden. Von den sieben eigentlichen (rippenlosen) Lumbaren entbehrt der erste eines „Querfortsatzes" ganz; vom zweiten an entwickeln sich solche in allmählich stärkerer Längsausdehnung, gehen aus dem vorderen Ende der Wirbelkörper hervor und entsprechen ihrem Ursprung nach genau den Parapophysen der Brustwirbel. Sie sind daher als diesen und einem mit ihnen verschmolzenen Rippenhals äquivalent anzusehen.

Castor fiber. Es liegt mir zwar nur ein geringer Bruchtheil der Wirbelsäule, aus den beiden hintersten Lenden-, den Sacral- und den acht vorderen Schwanzwirbeln bestehend, vor; doch bietet derselbe eine so bemerkenswerthe Eigenthümlichkeit[1]) dar, dass er immerhin der Besprechung lohnt. Am ersten bis sechsten Schwanzwirbel, von denen der erste sich dadurch auszeichnet, dass er sich durch seinen Querfortsatz mit demjenigen des dritten Sacralwirbels durch Synostose verbindet, finden sich vor und unter den Foramina intervertebralia, auf der Grenze von Corpus und Arcus vertebrae und zwar hinter der Mitte der Wirbellänge rundliche Oeffnungen, welche, da sie mit dem Canalis vertebralis communiciren, unzweifelhaft dem Austritt von Spinalnerven dienen. Auch am siebenten Schwanzwirbel sind dieselben noch durch Gruben angedeutet, aber nicht mehr durchgängig. Diese Oeffnungen setzen sich auch auf die drei Sacralwirbel fort, fehlen dagegen mit dem Beginn der Lendenwirbel. An den Schwanzwirbeln sind sie oberhalb des Ursprunges der Querfortsätze gelegen, während sie an allen drei Sacralwirbeln sich zwischen die beiden ihren Querfortsätzen zukommenden Wurzeln hineindrängen und jedesmal am Vorderrand des betreffenden Foramen sacrale ausmünden. Die Lage dieser Oeffnungen kann für die Bestimmung der Querfortsätze an den Sacral- und Caudalwirbeln des Bibers mit Evidenz verwerthet werden. Es stellen sich darnach die mit doppelten Wurzeln entspringenden Querfortsätze der drei Sacralwirbel als gleichzeitig durch Diapophysen und Parapophysen, mit welchen an ihrem freien Ende vermuthlich ein Rippenrudiment verschmolzen ist, gebildet heraus; doch sind die Parapophysen (ventralen Wurzeln) nur am ersten (eigentlichen) Sacralwirbel besonders kräftig, an den beiden hinteren sehr viel schwächer entwickelt. Die vom Arcus vertebrae mit einfacher Wurzel entspringenden Querfortsätze der Lendenwirbel stellen sich nach dem Vergleich mit jenen als lediglich durch Diapophysen gebildet heraus, während sich dagegen die vom Corpus vertebrae der Schwanzwirbel ausgehenden Querfortsätze als unzweifelhafte Parapophysen ergeben. Für das Vicariiren morphologisch verschiedenwerthiger Querfortsätze an der Wirbelsäule der Säugethiere ist dieses Verhalten besonders interessant und lehrreich.

Prosimii.

Otolicnus galago (vom weissen Nil). Sieben Halswirbel. Vierzehn Rippenpaare, das letzte jedoch nur ganz kurz, stummelförmig; die drei letzten nur mit capitularer, die vorhergehenden mit doppelter Anfügung. Die Parapophysen der Brustwirbel sind sämmtlich je zwei aufeinander folgenden Wirbelkörpern gemeinsam. Die Diapophysen erheben sich vom zweiten Brustwirbel an stark knopfartig oberhalb des tubercularen Ansatzes der Rippen, lassen aber erst vom achten an zunächst schwach wulstförmige, dann allmählich deutlicher

[1]) Vermuthlich wird dieselbe von diesem so vielfach behandelten Thier schon anderweitig hervorgehoben worden sein; doch wird sie von Hasse und Schwarck (in Hasse, Anatomische Studien, I. S. 117) auffallender Weise mit keinem Worte erwähnt. Auch Pander und d'Alton (Skelete der Nagethiere, Taf. II) deuten auf dieselbe weder in ihrer sonst vortrefflichen Abbildung noch in dem begleitenden, freilich sehr aphoristischen Texte hin.

werdende Metapophysen und Anapophysen aus sich hervorgehen. Vom zwölften Brustwirbel an treten erstere dicht an die Aussenfläche der vorderen Zygapophysen heran und verhalten sich in gleicher Weise auch an den Lendenwirbeln: mit diesen sind die beiden letzten Brustwirbel gleich gestaltet. Die Anapophysen werden vom zwölften Brustwirbel an grösser, zapfenförmig, an der Aussenseite der Zygapophysen direkt nach hinten verlaufend; am ersten Lendenwirbel werden sie bereits sehr viel kürzer und sind am zweiten und dritten nur noch als kleine Leiste erkennbar. Von den fünf eigentlichen (rippenlosen) Lumbaren zeigt der erste nur einen ganz rudimentären, leistenförmigen, die folgenden einen sich allmählich stärker abhebenden, platten „Querfortsatz" jederseits. Diese Querfortsätze nehmen vom vorderen Ende des Wirbelkörpers in gleicher Flucht mit den Parapophysen der Brustwirbel ihren Ursprung und sind demnach gleichfalls als Parapophysen und mit ihnen verschmolzene Rippenhälse in Anspruch zu nehmen.

Lichanotus Indri. Alle sieben Halswirbel mit Foramen transversarium. Von den zwölf Rippenpaaren die beiden letzten nur mit capitularer, die zehn vorderen mit doppelter Anfügung. Alle Parapophysen je zwei aufeinander folgenden Wirbelkörpern gemeinsam. Die Diapophysen knopfartig über den Rippenansatz hinaus aufgerichtet, vom sechsten Brustwirbel an zuerst kleine köckerförmige, dann allmählich deutlicher werdende Metapophysen und Anapophysen aus sich hervortreten lassend. Die Metapophysen bis zum elften Brustwirbel incl. durchaus lateral, erst vom zwölften an sich den vorderen Zygapophysen anlehnend und aufgerichtet, in diesem Verhalten auch an sämmtlichen Lendenwirbeln verharrend; der elfte Brust- demnach als Uebergangswirbel auftretend, der zwölfte von durchaus lumbarer Bildung. Die Anapophysen vom sechsten bis elften Brustwirbel stark an Länge zunehmend, schräg nach hinten gerichtet, zugespitzt, am zwölften seitlich comprimirt, hoch, zweizinkig, an den Lendenwirbeln direkt nach hinten gewendet, wieder spitzer werdend, am ersten bis sechsten fast gleich lang, am siebenten verkürzt, am achten völlig eingegangen. Die sich nach hinten immer stärker in der Querrichtung entwickelnden, platten „Querfortsätze" der acht Lendenwirbel verhalten sich genau wie bei Otolicnus als Parapophysen und mit ihnen verschmolzene Rippenhälse.

Insectivora.

Talpa europaea. Alle sieben Halswirbel mit Foramen transversarium. Von den dreizehn Rippenpaaren die elf vorderen mit doppelter, die beiden letzten nur mit capitularer Anfügung. Alle Parapophysen je zwei aufeinander folgenden Wirbelkörpern gemeinsam. Die Diapophysen der beiden ersten Brustwirbel ohne Auszeichnung, etwas abwärts geneigt, vom dritten an mit sehr deutlichen, nach vorn heraustretenden Metapophysen, welche an diesem zunächst noch kurz, knopfförmig und von der Facies pro tuberculo kaum abgesetzt, am vierten dagegen bereits länglich, kegelförmig sind. Vom fünften an sondern sie sich, wie dies bereits Theile[1]) und A. Retzius[2]) hervorgehoben haben, durch einen tiefen Ein-

[1]) Archiv für Anatomie und Physiologie, Jahrg. 1839, S. 105 f.

[2]) Forhandling. Skandin. Naturforsk. 5. Möde (Kjöbenhavn 1849), p. 631. — Archiv für Anatomie und Physiologie, Jahrg. 1849, S. 617 f.

schnitt von der Facies pro tuberculo sehr scharf ab, so dass sie das Ansehen von selbstständigen Fortsätzen — fast von der Form der „Querfortsätze“ an Lendenwirbeln — annehmen, ein Verhalten, welches sie bis zum elften Brustwirbel incl. bewahren. Bis zum zehnten Brustwirbel sind die Diapophysen mit ihrem freien Ende deutlich hakenförmig nach vorn gekrümmt; am elften dagegen nehmen sie eine mehr quere Richtung an und lassen an ihrem hinteren Winkel bereits die erste Andeutung einer Anapophyse wahrnehmen. Mit dem zwölften Brustwirbel hebt eine von der bisherigen wesentlich verschiedene, der Hauptsache nach lumbare Bildung an, indem die Metapophysen dicht an die Aussenseite der vorderen Zygapophysen heranrücken und plötzlich ganz klein, warzenförmig erscheinen. Indessen schon am dreizehnten gehen sie wieder eine ansehnliche Längsentwickelung ein und sind gleich denjenigen der Lendenwirbel leistenförmig und gerade nach vorn gerichtet. Anapophysen fehlen den zehn vorderen Brustwirbeln ganz, treten zuerst andeutungsweise, wie bereits erwähnt, am elften als hinterer Vorsprung der Metapophysen auf, lösen sich dagegen vom zwölften an ganz von diesen ab und erscheinen als selbstständige, schräg nach aussen und hinten gerichtete Fortsätze. Vom zwölften Brust- bis zum zweiten Lendenwirbel nehmen sie stark an Länge und Dicke zu, vom dritten bis fünften Lendenwirbel wieder plötzlich und schnell an Grösse ab, um am sechsten ganz zu verschwinden. Von den eigentlichen Lumbaren, mit welchen der dreizehnte Brustwirbel formell übereinstimmt, entbehren die beiden ersten der „Querfortsätze“ vollständig; an den vier hinteren nehmen sie an Grösse allmählich zu, sind mit ihrem freien Ende nach vorn gekrümmt, platt, und gehen aus dem vorderen Ende der Wirbelkörper in gleicher Flucht mit den Parapophysen der Brustwirbel hervor. Sie sind demnach gleichfalls als solche und als mit ihnen verschmolzene Rippenhälse in Anspruch zu nehmen.

Anmerkung. Retzius (a. a. O., S. 617 f.) bezeichnet die im Vorstehenden als Metapophysen in Anspruch genommenen Fortsätze des dritten bis elften Brustwirbels einfach als „Muskelfortsätze“ und glaubt, dass an denselben Metapophysen und Anapophysen erst vom zwölften Brustwirbel an auftreten. Hieran ist streng genommen nur der Beginn von Anapophysen am zwölften Brustwirbel richtig, während Metapophysen, welche selbstverständlich der Categorie der „Muskelfortsätze“ angehören, in der That bereits mit dem dritten Brustwirbel ihren Anfang nehmen und nur durch ihre ungewöhnliche Grösse und Form von dem gewöhnlichen Verhalten abweichen. Als positiv unrichtig ergiebt sich aber die von Retzius gemachte Angabe, wonach am ersten bis dritten Lendenwirbel „Processus costales und accessorii wieder mit einander verschmolzen sind und ziemlich lange, nach hinten und oben gerichtete, schmale Fortsätze bilden“. Letztere sind thatsächlich nur an den zwei ersten Lendenwirbeln — wie an den beiden letzten Brustwirbeln — vorhanden und stellen einzig und allein Anapophysen (Processus accessorii), ohne irgend welche Betheiligung von Processus costales (Retzius), dar. Uebrigens scheint Retzius selbst an seiner Deutung irre geworden zu sein, indem er nachträglich bemerkt: „Es sieht demnach so aus, als sollten diese Querfortsätze mehr von den Elementen der accessorischen, als denen der costalen Fortsätze gebildet werden.“ — Thiele (a. a. O., S. 105 f.) beschreibt das Verhalten der Metapophysen unter der Bezeichnung: „Muskeltheil der Querfortsätze“ am dritten und den folgenden Brustwirbeln sehr genau, zieht daraus aber einen offenbar über das Ziel hinaustreffenden Schluss, wenn er sagt: „Wie nun in der Regel Rippen- und Muskeltheil an den Querfortsätzen der Säugethiere verschmolzen, bei Talpa aber getrennt, so sind beide am Lendentheil der Säugethiere immer getrennt vorhanden als Processus transversi und accessorii, von denen die ersteren dem Rippentheile, die letzteren dem Muskeltheile oder dem eigentlichen Processus transversus entsprechen.“ Bei Talpa wie bei der überwiegenden Mehrzahl der Säugethiere ist in

Wirklichkeit weder das Eine noch das Andere der Fall; vielmehr sind die Processus accessorii der Lendenwirbel stets nur einem Theil der Brustwirbel-Querfortsätze (Diapophysen) gleichwerthig, während die lumbaren Processus transversi je nach den Ordnungen und Familien verschiedene Werthe repräsentiren.

Erinaceus europaeus. Alle sieben Halswirbel mit Foramen transversarium. Von den fünfzehn Rippenpaaren die vierzehn ersten mit doppelter, das dünne und kurze fünfzehnte nur mit capitularer Anfügung: an dem gleichfalls dünnen vierzehnten ist die tuberculare Befestigung schon in deutlicher Abnahme begriffen. Die Parapophysen sämmtlich je zwei aufeinander folgenden Wirbelkörpern gemeinsam und an der oberen Grenze dieser gegen den Wirbelbogen hin gelegen. Die Diapophysen vom dritten Brustwirbel an mit Metapophysen versehen, welche ganz allmählich höher werden, schräg nach vorn und oben aufsteigen und gleich den Processus spinosi stark seitlich comprimirt und quer abgestutzt sind. Das Heranrücken derselben an die vorderen Zygapophysen erfolgt sehr allmählich, wird aber erst am neunten Brustwirbel vollständig. Die sieben letzten Brustwirbel haben daher mehr eine lumbare Bildung, welche sich sonst nur noch in der stärkeren sagittalen Entwickelung der Processus spinosi bekundet. Anapophysen sind nirgends zu einer deutlichen Ausbildung gelangt. Die sechs eigentlichen Lendenwirbel zeigen nur sehr schwach ausgebildete, vorn höcker-, hinten leistenförmige „Querfortsätze“, welche seitlich wenig heraustreten. Die vorderen derselben liegen noch gleich den Parapophysen der Brustwirbel auf der Grenze von Corpus und Arcus vertebrae; die hinteren entfernen sich vom Corpus immer mehr nach oben hin und entspringen mithin direkt vom Arcus. Für sich allein betrachtet, würden diese letzteren daher als Diapophysen gelten können: bei ihrem ganz allmählichen Hervorgehen aus den vorderen müssen sie jedoch gleich diesen als Parapophysen und als mit diesen verschmolzene, kurze **Rippenhälse** gedeutet werden.

Centetes ecaudatus. Alle sieben Halswirbel mit Foramen transversarium. Von den achtzehn Rippenpaaren die vierzehn vorderen mit doppelter, die vier letzten nur mit capitularer Anfügung. Die Parapophysen aller Brustwirbel je zwei aufeinander folgenden Wirbelkörpern gemeinsam. Die Diapophysen an den vier ersten Brustwirbeln einfach, vom fünften an mit schräg aufgerichteten und sich stark über die Facies pro tuberculo erhebenden Metapophysen, von welchen diejenigen des vierzehnten Brustwirbels zuerst die Andeutung einer Anapophyse in Form eines nach hinten hervortretenden Höckers zeigen. Vom fünfzehnten Brustwirbel an beginnt die lumbare Bildung, einerseits dadurch, dass die Metapophysen dicht an die Aussenseite der vorderen Zygapophysen herantreten, wie es in übereinstimmender Weise auch an den eigentlichen Lendenwirbeln der Fall ist, andererseits indem von ihm ab die Anapophysen zu langen, nach hinten gerichteten Fortsätzen auswachsen. Uebrigens beschränken sich diese Anapophysen auf diese hinteren Brustwirbel, während sie den fünf Lendenwirbeln fehlen oder nur am ersten derselben noch in Form schwacher Längswülste erkennbar sind. Die „Querfortsätze“ sind an den Lendenwirbeln nur schwach ausgebildet, besonders an den beiden ersten, wo sie seitlich nur sehr wenig aus den Wirbelkörpern heraustreten. Da sie dem vorderen Ende dieser entsprechen und in gleicher Flucht mit den Parapophysen der Brustwirbel liegen, so sind sie gleichfalls als Parapophysen und mit diesen verschmolzene **Rippenhälse** aufzufassen.

Chiroptera.

Pteropus Edwardsi. Von den sieben Halswirbeln der letzte ohne Foramen transversarium. Dreizehn Rippenpaare, die elf vorderen mit doppelter, die beiden letzten nur mit capitularer Anfügung. Am dritten bis sechsten Brustwirbel der Processus spinosus fast ganz geschwunden, an den beiden ersten, sowie am siebenten und achten nur rudimentär ausgebildet. Die Parapophysen der Brustwirbel sämmtlich je zwei aufeinander folgenden Wirbelkörpern gemeinsam. Die Diapophysen am ersten Brustwirbel verhältnissmässig stark, an den folgenden allmählich schwächer in die Quere entwickelt, vom dritten an Metapophysen aus sich hervorgehen lassend, welche in Form erhabener Längsleisten zuerst gerade von vorn nach hinten, später, wo sie etwas höher werden, schräg von vorn und innen nach hinten und aussen streichen. Erst vom zehnten Brustwirbel an rücken dieselben dicht an die vorderen Zygapophysen heran und treten von da an, wie auch an den vier Lendenwirbeln, zapfenförmig nach vorn über dieselben heraus. Es haben mithin die drei letzten Brustwirbel bereits eine lumbare Bildung aufzuweisen. Anapophysen finden sich nur an den drei letzten Brust- und dem ersten Lendenwirbel in Form kleiner kegelförmiger, aus den Diapophysen nach hinten hervortretender Fortsätze vor; am zweiten Lendenwirbel sind sie nur noch als unscheinbare Spitzchen angedeutet. An den beiden letzten Brustwirbeln ist trotz des den Rippen mangelnden Tuberculum noch eine deutliche Diapophyse als warzenförmiger Vorsprung ausgebildet; auch findet sich eine gleiche in entsprechender Lage am ersten Lendenwirbel, welcher hierin von den drei folgenden abweicht. An diesen treten nicht mehr aus dem Arcus, sondern aus der oberen Grenze des Wirbelkörpers platte „Querfortsätze" von sehr geringer Grössenentwickelung hervor, welche nach ihrem Hervorgehen aus dem Vorderrande der Wirbelkörper ganz den Parapophysen der Brustwirbel entsprechen und daher gleichfalls als solche in Verschmelzung mit Rippenhälsen zu betrachten sind.

Primates.

Hapale Jacchus. Von den sieben Halswirbeln der letzte ohne Foramen transversarium. Dreizehn Rippenpaare, das letzte rudimentär; das erste bis neunte mit doppelter, die vier hintersten nur mit capitularer Anfügung. Die Parapophysen der Brustwirbel sämmtlich zwei aufeinander folgenden Wirbelkörpern gemeinsam. Die Diapophysen der drei ersten Brustwirbel einfach, vom vierten an zunächst Metapophysen, vom sechsten an auch Anapophysen aus sich hervorgehen lassend. Die allmählich spitziger nach vorn heraustretenden Metapophysen bleiben bis zum neunten Brustwirbel incl. von den vorderen Zygapophysen entfernt, nähern sich diesen mehr am zehnten (Uebergangswirbel) und sind am elften bis dreizehnten, in Uebereinstimmung mit den Lendenwirbeln, dicht an deren Aussenfläche gerückt und fast vertikal gestellt. Die lumbare Bildung tritt daher bereits an den drei letzten Brustwirbeln deutlich in die Augen. Die Anapophysen erreichen ihre grösste Länge am zehnten Brustwirbel, sind am elften und zwölften bereits viel kürzer, am dreizehnten nur noch angedeutet, an den Lendenwirbeln ganz eingegangen. An den sechs eigentlichen (rippenlosen) Lumbaren entspringen die breiten, platten, nach abwärts und vorn gerichteten „Querfortsätze“ aus dem Vorderrande der Wirbelkörper, genau in gleicher Flucht mit den Parapophysen der Brustwirbel und sind daher gleichfalls als solche und mit ihnen verwachsene Rippenhälse in Anspruch zu nehmen. Gleiche Fortsätze finden sich ausser an den beiden Sacral- auch an den vier vorderen Schwanzwirbeln ausgebildet vor.

Cebus capucinus. Von den sieben Halswirbeln nur die sechs ersten mit Foramen transversarium, am siebenten der Processus costarius fehlend. Von den fünfzehn Rippenpaaren die dreizehn vorderen mit doppelter, die beiden letzten nur mit capitularer Anfügung. Die Parapophysen der Brustwirbel sämmtlich je zwei aufeinander folgenden Wirbelkörpern gemeinsam. Die Diapophysen an den fünf ersten Brustwirbeln einfach; vom sechsten an beginnen zunächst nach hinten gerichtete Anapophysen, vom achten an auch Metapophysen hervorzutreten. Letztere bleiben bis zum elften Brustwirbel incl. in deutlicher Entfernung von den vorderen Zygapophysen, treten vom zwölften an dicht an die Aussenfläche dieser heran und verbleiben so auch an sämmtlichen Lendenwirbeln. Die vier letzten Brustwirbel sind demnach bereits lumbar gebildet. Die Anapophysen, welche am zehnten Brustwirbel schon recht stark nach hinten heraustreten, nehmen bis zum dreizehnten an Länge und Breite zu, vom vierzehnten Brust- bis zum vierten Lendenwirbel in beider Beziehung allmählich wieder ab; der letzte Lendenwirbel entbehrt derselben ganz. Die platten „Querfortsätze“ der fünf eigentlichen (rippenlosen) Lumbaren entsprechen nach ihrem Ursprung aus dem vorderen Ende der Wirbelkörper genau den Parapophysen der Brustwirbel plus einem mit ihnen verschmolzenen Rippenhals. Die an der Basis stark verbreiterte und abgeplattete fünfzehnte Rippe gleicht denselben bei ihrem Ursprung vollständig.

Mycetes ursinus. Von den sieben Halswirbeln der letzte ohne Foramen transversarium und ohne Processus costarius. Vierzehn Rippenpaare, die dreizehn vorderen mit doppelter, das letzte nur mit capitularer Anfügung. Die Parapophysen bis zum zehnten Brustwirbel incl. je zwei aufeinander folgenden Wirbelkörpern gemeinsam, an den vier letzten (11. bis 14.) auf das vordere Ende des eigenen beschränkt. Die Diapophysen nur am ersten Brustwirbel ganz einfach, bereits vom zweiten an mit leicht nach vorn heraustretenden, stumpf höckerförmigen Metapophysen, welche bis zum zehnten allmählich spitziger werden, sich aber auch an diesem noch von den vorderen Zygapophysen entfernt halten. Zuerst am elften Brustwirbel nähert sich die stärker hervortretende und schräg nach vorn gerichtete Metapophyse der vorderen Zygapophyse und erscheint vom zwölften an als direkte kegelförmige Fortsetzung derselben, ein Verhalten, welches sie auch an den folgenden und den sechs Lendenwirbeln beibehält. Hiernach erscheint der elfte Brust- als der Uebergangswirbel; die drei letzten zeigen bereits eine völlig lumbare Bildung. Anapophysen beginnen mit dem siebenten Brustwirbel als zuerst sehr unscheinbare, warzenförmige hintere Vorsprünge, zeigen am elften bereits eine sehr deutliche Prominenz und nehmen vom zwölften Brust- bis zum dritten Lendenwirbel die Form dünner und spitzer Kegel, welche sich dicht der Aussenseite der Zygapophysen anlegen, an. Am vierten Lendenwirbel ist von ihnen nur noch ein geringer Rest in Form eines winkeligen Vorsprungs vorhanden, an den beiden letzten fehlen sie ganz. Von den Diapophysen selbst ist an den Lendenwirbeln keine Spur mehr nachweisbar. Die flachen und völlig horizontal verlaufenden „Querfortsätze“ der letzteren entsprechen nach ihrem Hervorgehen aus den Seiten des Wirbelkörpers genau den Parapophysen der Brustwirbel und einem mit ihnen verschmolzenen Rippenhals.

Macacus cynomolgus. Von den sieben Halswirbeln nur die sechs vorderen mit Foramen transversarium. Dreizehn Rippenpaare, die elf vorderen mit doppelter, die beiden letzten nur mit capitularer Anfügung. Die Parapophysen am zweiten bis zehnten Brustwirbel je zwei aufeinander folgenden Wirbelkörpern gemeinsam, am ersten und den drei letzten (11. bis 13.) auf den Vorderrand ihres eigenen beschränkt; alle ihrer Lage nach dem oberen Rand des Wirbelkörpers entsprechend. Die Diapophysen der elf vorderen Brustwirbel mit deutlicher Gelenkfläche zur Aufnahme des Tuberculum costae, die beiden letzten ohne solche, aber zwischen zwei Längsleisten rinnenartig vertieft, am dreizehnten jedoch nur schwach. Diese Diapophysen lassen vom dritten Brustwirbel an zunächst Anapophysen, vom fünften an auch Metapophysen aus sich hervorgehen. Letztere zeigen sich zuerst als schwache und stumpfe, später als spitzigere Höcker, welche sich bis zum zehnten Brustwirbel von den vorderen Zygapophysen fern halten, vom elften an dagegen dicht an deren Aussenseite heranrücken und in dieser Stellung an den folgenden Brust- und an sämmtlichen Lendenwirbeln verharren. Es stellt sich hiernach der zehnte Brust- als der Uebergangswirbel dar; die drei letzten zeigen die lumbare Bildung. Die Anapophysen sind auch ihrerseits zuerst kurz, warzenförmig, treten aber vom achten Brustwirbel an immer stärker nach hinten und innen über die Artikulationsfläche der Rippen hinaus, so dass sie am elften und zwölften bereits lang zapfenartig erscheinen. Am dreizehnten Brust- und an den fünf ersten Lendenwirbeln werden sie dünner und spitzer, allmählich aber auch kürzer, bis der sechste Lendenwirbel ihrer ganz entbehrt. Während sonach die als Theilungsprodukte der Diapophysen sich darstellenden Met- und Anapophysen in weiterer Ausdehnung auf die Lendenwirbel übergehen, bleibt von ihnen selbst, d. h. von dem der Rippe als Ansatz dienenden Theil kein Rest übrig; vielmehr finden sie mit dem letzten Brustwirbel ihren völligen Abschluss.[1]) Dem entsprechend werden auch die platten und mit ihrem Ende nach vorn gerichteten „Querfortsätze“ der sechs eigentlichen (rippenlosen) Lumbaren in keiner Weise an den vorhergehenden Brustwirbeln allmählich angebahnt, sondern treten

[1]) Ich entferne mich hierin wesentlich von der durch A. Retzius (Archiv für Anatomie und Physiologie. Jahrg. 1849. S. 610) vertretenen Ansicht, wonach an den Diapophysen der hinteren Brustwirbel von Cercopithecus und Macacus Vorläufer für die „Querfortsätze“ der Lendenwirbel in Form von Leisten vorhanden sein sollen. Unter diesen Leisten kann Retzius, da er der Anapophysen (Processus accessorii) noch besonders erwähnt, nur die an den letzten Brustwirbeln in allmählichem Schwinden begriffenen eigentlichen Diapophysen (Proc. costales Retz.) verstanden haben. Dieselben zeigen ihre Facies pro tuberculo bereits am elften Brustwirbel in sehr deutlichem Rückgang begriffen, verändern dieselbe am zwölften und dreizehnten in eine an Tiefe abnehmende Rinne, lassen aber weder von einer solchen noch von sich selbst am ersten Lendenwirbel auch nur eine Spur erkennen, während dagegen die Anapophysen in demselben Maasse an Umfang zunehmen, wie die Diapophysen schwinden. Es ist demnach an den letzten Brustwirbeln thatsächlich Nichts vorhanden, was die „Querfortsätze“ der Lendenwirbel einleiten könnte, und an diesen keine schräge Leiste, aus welcher die „Querfortsätze“ sich entwickeln. Am wenigsten dürften letztere, wie es R. Owen (On the anatomy of Vertebrates. Vol. II. p. 519) für Macacus nemestrinus thut, als Aequivalente der Diapophysen in Anspruch genommen werden: sämmtliche Diapophysen der Brustwirbel wie die aus ihnen hervorgehenden Anapophysen der Lendenwirbel haben bei Macacus die Foramina intervertebralia unter sich, die „Querfortsätze“ der Lendenwirbel dagegen haben sie über sich zu liegen.

als Neubildungen auf, welche ihrem Ursprung vom Wirbelkörper nach genau den Parapophysen der Brustwirbel entsprechen. Sie können daher gleich denjenigen der neuweltlichen Gattungen Cebus und Mycetes nur als Parapophysen und mit ihnen verschmolzene Rippenhälse angesprochen werden.

Hylobates Muelleri (Borneo). Von den sieben Halswirbeln der letzte ohne Foramen transversarium und ohne Processus costarius. Vierzehn Rippenpaare, die elf vorderen mit doppelter, die drei letzten nur mit capitularer Anfügung. Die Parapophysen der dreizehn ersten Brustwirbel je zwei aufeinander folgenden Wirbelkörpern gemeinsam, diejenigen des vierzehnten auf den eigenen Wirbelkörper beschränkt und sogar ziemlich weit hinter dem Vorderrand desselben gelegen. Die Diapophysen der acht vorderen Brustwirbel anscheinend einfach, d. h. ohne bemerkbare Vorsprünge; erst vom neunten an beginnen schwach nach vorn heraustretende Metapophysen, vom elften an auch Anapophysen sich zu entwickeln. Die Metapophysen sind bis zum zwölften Brustwirbel schräg nach vorn und innen, am dreizehnten dagegen direkt nach vorn gerichtet und hier plötzlich von ansehnlicher Länge und dolchförmiger Bildung, auch den vorderen Zygapophysen schon mehr genähert. Am vierzehnten Brustwirbel wie an den vier Lendenwirbeln sind sie dicht an die Aussenseite der vorderen Zygapophysen herangerückt und hier schräg nach vorn und aussen gewendet. Der dreizehnte Brust- stellt sich als Uebergangswirbel dar, nur der vierzehnte zeigt — auch in Betreff seines Processus spinosus — die lumbare Bildung. Anapophysen sind nur am elften bis dreizehnten Brustwirbel in zunehmender Länge ausgebildet, am dreizehnten hakenförmig nach hinten heraustretend; am vierzehnten ist kaum noch eine Andeutung derselben wahrzunehmen, an den Lendenwirbeln fehlen sie ganz. Von den Diapophysen selbst fehlt an den drei letzten Brustwirbeln bereits jeder Rest. Die aus dem oberen Rande und nahe dem Vorderende der Wirbelkörper entspringenden platten und horizontal verlaufenden „Querfortsätze" der vier Lendenwirbel sind durchaus den Parapophysen der Brustwirbel und einem mit ihnen verschmolzenen Rippenhals äquivalent. Ihre Identität mit der linkerseits stark verkürzten und einem „Querfortsatz" schon sehr ähnlichen vierzehnten Rippe ist sofort in die Augen springend.[1])

Pithecus satyrus (mas adult.). Von den sieben Halswirbeln der letzte ohne Foramen transversarium und ohne Processus costarius. Zwölf Rippenpaare, von welchen die zehn vorderen eine doppelte, die beiden letzten nur eine capitulare Anfügung erkennen lassen. Die Parapophysen der zehn ersten Brustwirbel je zwei aufeinander folgenden Wirbelkörpern gemeinsam, am elften und zwölften fast auf das vordere Ende ihres eigenen beschränkt. Die Diapophysen nur am ersten Brustwirbel ganz einfach, schon vom zweiten an mit deutlich nach hinten heraustretenden Anapophysen, welche indessen vom fünften an wieder beträchtlich kürzer und stumpfer werden und erst am elften und zwölften eine grössere Länge und schmälere Form annehmen. Metapophysen mit dem sechsten Brustwirbel als schwache und stumpfe vordere Vorsprünge beginnend, erst am elften und zwölften — also gleichzeitig mit den Anapophysen — spitzer und mehr kegelförmig erscheinend, an beiden sich auch

[1]) Trotzdem werden diese „Querfortsätze" der Lendenwirbel von R. Owen (On the anatomy of Vertebrates, II. p. 526) für Hylobates syndactylus und leuciscus, welche sich von der oben erörterten Art in der Conformation ihrer Wirbel wohl schwerlich verschieden verhalten dürften, als Diapophysen, freilich aber ohne jedwede Begründung, bezeichnet.

etwas mehr den vorderen Zygapophysen annähernd. Ihr dichtes Anlegen an die Aussenseite dieser nimmt jedoch erst mit dem ersten Lendenwirbel seinen Anfang, so dass kein wirklich lumbar gestalteter Brustwirbel vorhanden ist; vielmehr stellt der letzte (12.) nur den Uebergangswirbel dar. Die „Querfortsätze" der vier Lendenwirbel, welche am ersten bis dritten platt sind und stark in der Querausdehnung zunehmen, am vierten wieder etwas kürzer und mit ihrem verdickten Aussenrand schräg aufgerichtet erscheinen, ergeben sich, abweichend von den bisher erörterten neu- und altweltlichen Affen-Gattungen, in unzweideutiger Weise als Aequivalente von Anapophysen, mithin als Abzweigungen von Diapophysen. Gleich denjenigen der Brustwirbel gehen sie noch aus dem unteren Theil des Wirbelbogens hervor und halten auch zu den Metapophysen genau das gleiche Lagerungsverhältniss wie an den Brustwirbeln ein. Dass sie nicht, wie bei den übrigen Affen, als Parapophysen gelten können, vielmehr mit solchen nichts gemein haben, geht aus einem Vergleich des ersten Lenden- mit dem zwölften Brustwirbel in voller Evidenz hervor. Die Parapophyse des letzten Brustwirbels, in welche das Capitulum der zwölften Rippe eingreift, ist gleich den vorangehenden am Wirbelkörper gelegen; dagegen zeigt der erste Lendenwirbel an der entsprechenden Stelle seines Wirbelkörpers absolut Nichts, was an eine solche erinnerte, mithin gerade das entgegengesetzte Verhalten als bei Hylobates.[1]) Es können daher die Lendenwirbel-Querfortsätze des Orang im Bereich ihres Aussentheiles nur mit Rippenrudimenten verglichen werden, welche bei ihrer Verschmelzung mit Anapophysen des Collum costae entbehren müssen.

Troglodytes Gorilla und Troglodytes niger. Die von mir nachträglich im Berliner anatomischen Museum vorgenommene Prüfung der Skelete des Gorilla (adult.) und Chimpanse (fem. adult.) hat, wie zu erwarten stand, als Resultat ergeben, dass die „Querfortsätze" der Lendenwirbel in allem Wesentlichen sich dem für Pithecus satyrus hervorgehobenen Verhalten anschliessen. Die Processus costarii der Lendenwirbel nehmen bei beiden Arten ihren Ursprung aus der Neurapophyse und zwar in ansehnlicher Entfernung — beim Gorilla etwa um 12 mm — von dem oberen Rande des Corpus vertebrae. Während sie beim Chimpanse deutlich, wenngleich schwächer als beim Orang, schräg aufgerichtet sind, nehmen sie beim Gorilla einen durchaus horizontalen Verlauf.

Homo sapiens (Caucasicus). Alle sieben Halswirbel mit Foramen transversarium. Von den zwölf[2]) Rippenpaaren die zehn vorderen mit doppelter, die beiden letzten nur mit capitularer Anfügung. Die Parapophysen der zehn ersten Brustwirbel an der oberen

[1]) Mivart (Contributions towards a more complete knowledge of the axial skeleton in the Primates. Proceed. Zoolog. Soc. of London. 1865. p. 545 ff.), welcher in seiner sonst sehr umständlichen Registrirung der an den einzelnen Wirbeln der Primates (mit welchen er noch die Prosimii confundirt) hervortretenden Unterschiede bei den Lendenwirbeln (p. 559) nur von „Querfortsätzen" ohne morphologische Deutung derselben spricht, erwähnt zwar des höheren Ursprunges derselben bei Homo, Troglodytes und Pithecus, sowie des ungleich niedrigeren bei Hylobates, hat sich aber den in beiden Bildungen liegenden Unterschied ebenso wenig klar gemacht, wie er der zwischen den lumbaren Querfortsätzen von Hylobates einer- und der Cynopitheci und Platyrrhini andererseits bestehenden Uebereinstimmung gedenkt.

[2]) Selbstverständlich charakterisire ich hier das am häufigsten vorkommende, sogen. normale Verhalten. Von den vielfach erwähnten, nicht allzu seltenen Abweichungen liegen mir aus dem hiesigen anatomischen Museum zwei der bekanntesten vor: a) Dreizehn Brustwirbel mit ebenso vielen Rippenpaaren, von denen das letzte sehr stark und zwar auf beiden Seiten ungleich verkürzt ist; dabei die normale Zahl von fünf Lendenwirbeln. b) Elf Brustwirbel mit ebenso vielen Rippenpaaren, dabei jedoch sechs Lendenwirbel; mithin ein vikarirendes Verhalten.

Grenze des Wirbelkörpers gelegen, mit Ausnahme des ersten, auf dessen Vorderrand sie beschränkt sind, je zwei aufeinander folgenden Wirbelkörpern gemeinsam. Die Parapophysen des zehnten bis zwölften Brustwirbels dagegen vom Wirbelkörper auf den unteren Rand des Wirbelbogens hinaufgerückt und nur auf je einen Wirbel beschränkt: am zehnten nahe dem Vorderrand, am elften bei der Mitte der Länge, am zwölften nahe dem Hinterrand des Arcus vertebrae gelegen. Die Diapophysen der zehn vorderen Brustwirbel mit einer nach unten gerichteten, napfförmigen Facies pro tuberculo, die der beiden letzten einer solchen ermangelnd. Die acht vorderen Diapophysen gegen ihr freies Ende hin allmählich etwas dicker werdend, aber ohne merkliche Vorsprünge auf ihrer Oberseite: die noch mehr verdickte neunte und zehnte mit leicht nach hinten hervortretender, stumpfer Anapophyse (Processus accessorius). Die im Vergleich mit den vorhergehenden auffallend schwach entwickelte (kürzere und dünnere) Diapophyse des elften Brustwirbels lässt aus ihrer Oberfläche neben der Anapophyse zuerst auch eine Metapophyse (Processus mammillaris), beide jedoch von unbedeutender Prominenz, hervorspriessen. Zugleich nähert sie sich, indem sie beträchtlich schwächer in der Querrichtung entwickelt ist als die vorhergehenden, der vorderen Zygapophyse in deutlicherer Weise als jene. Indem sich hierdurch der elfte Brust- als der Uebergangswirbel zu erkennen giebt, zeigt der zwölfte, abgesehen von der an ihm noch vorhandenen Parapophyse, bereits völlig die lumbare Bildung, welche sich neben der gleich zu erwähnenden charakteristischen Form seiner Diapophyse auch darin zu erkennen giebt, dass die Höhe seines Corpus mehr mit den folgenden Lenden- als mit den vorangehenden Brustwirbeln übereinkommt. Die Diapophyse dieses zwölften Brustwirbels weicht von derjenigen des elften in Form und Grösse auffallend ab, zeigt dagegen in beiderlei Beziehung, ausserdem aber auch darin, dass sie senkrecht gestellt und dicht an die vordere Zygapophyse herangerückt ist, eine ungleich grössere Uebereinstimmung mit derjenigen der Lendenwirbel, deren sämmtliche Eigenthümlichkeiten sich der Anlage nach bereits in ihr vorfinden. Stark in die Länge gezogen und deutlich comprimirt, lässt sie ausser den bereits an der elften vorhandenen Metapophyse und Anapophyse noch einen dritten zitzenförmigen Fortsatz aus sich hervorgehen, welcher für die Auffassung der an den Lendenwirbeln auftretenden „Querfortsätze" von besonderem Belang ist. Ihre Metapophyse, zumeist nach oben[1]) und innen (gegen die Mittellinie hin) gelegen, ist ungleich grösser als diejenige des elften Brustwirbels und tritt als breiter, abgerundeter Fortsatz nach vorn hervor. Ihre Anapophyse (Proc. accessorius) ist unter und hinter jener gelegen und wendet als schmaler, mehr griffelförmiger Fortsatz sein freies Ende rückwärts. Der hinzukommende Zitzenfortsatz endlich tritt abermals unter der Anapophyse aus ihrer Oberfläche heraus und wendet sein freies Ende nach hinten und aussen. Alle drei Fortsätze finden sich in entsprechender gegenseitiger Lage auch an den Diapophysen der fünf Lendenwirbel vor, zeigen aber allmählich vorschreitende Veränderungen in der Schärfe ihrer Ausprägung und in ihrer Grössenentwickelung. Metapophysen und Anapophysen verhalten sich am ersten Lendenwirbel fast unverändert, werden am zweiten und dritten bereits merklich schwächer (flacher

[1]) Dieser und die folgenden auf die Orientirung der Fortsätze bezüglichen Ausdrücke sind der in die horizontale, also die der übrigen Säugethiere entsprechende Lage gebrachten menschlichen Wirbelsäule entlehnt. Es entspricht also „oben" dem anthropotomischen Ausdruck „hinten", „vorn" dem „oben" u. s. w.

und stumpfer) und fliessen endlich am vierten und fünften zu einem gemeinsamen, stumpfen, die vordere Zygapophyse nur wenig überragenden Längskamm zusammen. Dagegen bildet sich der noch kurze Zitzenfortsatz des zwölften Brustwirbels bereits am ersten Lendenwirbel zu einem ganz ansehnlichen, deutlich aus der Oberfläche heraustretenden, nach oben aufgekrümmten „Querfortsatz" aus, welcher an den folgenden allmählich platter und mehr horizontal gestellt, immer grössere Dimensionen in der Querrichtung eingeht. Es sind demnach die fünf Lenden- von dem zwölften Brustwirbel formell nur ganz relativ und progressiv verschieden, während sie ihm morphologisch in allen Theilen äquivalent erscheinen. Wie die Anapophysen sich als nach hinten gerichtete Abzweigungen der Diapophysen darstellen, so ergeben sich der Zitzenfortsatz des zwölften Brust- und die „Querfortsätze" der fünf Lendenwirbel gewissermaassen wieder als sekundäre Abzweigungen der Anapophysen. Mit diesen muss man sich an den Lendenwirbeln ein des Collum costae entbehrendes Rippenrudiment verschmolzen vorstellen, so dass die lumbaren „Querfortsätze" der menschlichen Wirbelsäule der Hauptsache nach mit denjenigen der anthropoiden Affen (Pithecus, Troglodytes) identisch sind. Gleich diesen entspringen sie, in freilich noch ausgeprägterer Weise, d. h. höher hinaufgerückt, vom Wirbelbogen und fallen daher in das Bereich der Diapophysen, während sie mit Parapophysen, welchen die Lenden-Querfortsätze der übrigen Affen angehören, Nichts gemein haben.

Ein von mir auf die „Querfortsätze" der Lendenwirbel geprüftes, besonders sorgsam präparirtes Skelet eines sieben- bis achtmonatlichen menschlichen Embryos (Mus. anatom. Gryph.) lässt Folgendes erkennen: Die fünf Lumbaren entbehren, in Uebereinstimmung mit dem Skelet des Erwachsenen, jeder Spur von Parapophysen, wie sich aus dem Vergleich mit den Brustwirbeln leicht ergiebt. Die aus dem Arcus derselben hervortretenden Diapophysen haben noch genau dieselbe Form, wie diejenigen der beiden letzten Brustwirbel, halten mit diesen auch genau die gleiche Flucht ein. Der Spitze dieser Lendenwirbel-Diapophysen sitzt ein Knorpelzapfen auf, welcher augenscheinlich dem später mit ihnen verschmolzenen (halslosen) Rippenrudiment als Ausgangspunkt dient. Dagegen fehlt an denselben noch jede Andeutung der später auf Kosten dieser Diapophysen sich bildenden drei Fortsätze, welche übrigens auch an dem Skelet des Neugeborenen noch nicht zu erkennen sind. Die embryonale Wirbelsäule entspricht demnach in dem Verhalten der „Querfortsätze" zur Neurapophyse, welches sie sogar noch in grösserer Ursprünglichkeit und Reinheit erkennen lässt, vollkommen der ausgebildeten.

Anmerkung. Bekanntlich haben die an den Lendenwirbeln der menschlichen Wirbelsäule hervortretenden Fortsätze den Anthropotomen von jeher viel Kopfzerbrechen gemacht und bei denjenigen, welche sich in einem Vergleich derselben mit den Fortsätzen der Brust- und der Halswirbel versucht haben, vielfach irrthümliche oder wenigstens ungenaue Angaben zu Tage gefördert. Eine mehrfach in den anthropotomischen Lehrbüchern wiederholte und gewissermaassen zum Dogma gewordene Angabe geht z. B. dahin, dass dem Querfortsatz eines Brustwirbels an den Lendenwirbeln eigentlich nur der Processus accessorius (d. h. die Anapophyse) entspreche.[1] Nichts erweist sich dem im Vor-

[1] Krause, Handbuch der menschlichen Anatomie (1841). I. S. 279 f.: „An dem hinteren äusseren Rande der oberen Gelenkfortsätze (Processus obliqui) der Lendenwirbel ragt ein stumpfer Höcker (Proc. mammillaris) etwas nach unten herab. Die Processus transversi stehen quer, sind den Rippen analoge Processus costarii. An der hinteren Fläche jedes Proc. transversus, unterhalb des Proc. mammillaris, ragt eine rauhe Zacke oder nur Leiste (Proc. transversus

stehenden dargelegten wirklichen Sachverhalt, welcher übrigens in wesentlich übereinstimmender Weise auch von Gegenbaur[1]) und Flower[2]) anerkannt und dargestellt wird, gegenüber irriger als eine derartige Behauptung. Die Reproduktion derselben nimmt sich in einem durch wissenschaftliche Auffassung so hervorragenden Lehrbuche wie dem Gegenbaur'schen um so befremdender aus, als sie einerseits mit der unmittelbar vorangehenden Darstellung in direktem Widerspruch steht, andererseits aber schon um vierunddreissig Jahre früher von A. Retzius[3]), welcher (S. 131) als Gewährsmann citirt wird, endgültig widerlegt und abgefertigt worden ist. Bei Besprechung der menschlichen Wirbelsäule geht Retzius[4]) zwar auf die allmähliche Hervorbildung der Lendenwirbel-Fortsätze aus den Processus transversi der Brustwirbel nicht specieller ein; dagegen spricht er sich in der Einleitung zu seiner Abhandlung darüber folgendermaassen in sehr präciser Weise aus: „Das von mir erlangte Resultat ist, dass die Processus transversi der Rückenwirbel Elemente zu drei Fortsätzen enthalten, nämlich Proc. mammillares, accessorii und transversi, welche beim Menschen nur an einer geringeren Anzahl von Wirbeln rudimentär, bei den Thieren sich zu regelmässigen Gebilden von besonderer Bedeutendheit entwickeln." Gerade für die menschliche Wirbelsäule trifft nun nach der obigen Auseinandersetzung diese Retzius'sche Angabe vollkommen — für die übrigen Säugethiere nur theilweise — zu und es kann daher nicht im Entferntesten davon die Rede sein, dass nur die Processus accessorii (Anapophysen) der Lendenwirbel als morphologische Aequivalente der Processus transversi (Diapophysen) in Anspruch zu nehmen seien. Erst alle drei Fortsätze der Lendenwirbel, nämlich Metapophysen (Proc. mammillares), Anapophysen (Proc. accessorii) und Processus costarii (Krause = Proc. laterales Gegenb.) in Gemeinschaft sind den Diapophysen der Brustwirbel gleichwerthig (homolog), da ihre Elemente in der Diapophyse des elften und zwölften Brustwirbels bereits deutlich ausgeprägt, in derjenigen der vorhergehenden zwar noch latent, virtuell aber unzweifelhaft gleichfalls enthalten sind. Uebrigens erscheint es geradezu unverständlich, weshalb — auch lediglich auf Intuition hin — gerade die Processus accessorii der Lumbaren den Querfortsätzen der Brustwirbel entsprechen sollen, da sie in Form und Richtung offenbar die geringste

accessorius hervor, welcher eigentlich der wahre Querfortsatz, dem Proc. transversus der Rücken- und dem hinteren Stück des Processus transversus der Halswirbel analog ist."

Hyrtl, Lehrbuch der Anatomie des Menschen, 2. Aufl. (1859), S. 223: „Durch vergleichend anatomische Untersuchung lässt sich nachweisen, dass die Processus transversi der Lendenwirbel eigentlich den Rippen und nicht den Querfortsätzen der übrigen Wirbel analog sind und daher besser Processus costarii genannt werden können. Der Querfortsatz der übrigen Wirbel ist an den Lendenwirbeln durch den Processus transversus accessorius repräsentirt."

Gegenbaur, Lehrbuch der Anatomie des Menschen (1883), S. 130: „Die Sonderung des Querfortsatzes in mehrere Fortsätze steht mit dem Verhalten zu Rippen im engsten Connexe. Dem Querfortsatz eines Brustwirbels entspricht an den Lendenwirbeln eigentlich nur der Processus accessorius, wie die Prüfung des Brust- und Lendenabschnittes jeder (?) Wirbelsäule lehrt."

Bei keinem der drei genannten Anatomen ist diese Auffassung übrigens original. Vielmehr findet sie sich bereits von W. Theile (Archiv f. Anatomie u. Physiologie, Jahrg. 1839, S. 106) folgendermaassen ausgesprochen und begründet vor: „Wenn aber diese Entwickelung der Querfortsätze der Lendenwirbel für ihre Bedeutung als Rippen spricht, so lehrt die Anheftung der Muskeln an die Processus accessorii lumborum ebenso klar, dass diese den wahren Querfortsätzen entsprechen. Es entspringt ja aber der Multifidus spinae bei allen Säugethieren am Rücken von den Querfortsätzen, an den Lenden von den Processus accessorii." (Die allgemeine Richtigkeit dieser Angabe selbst angenommen, so würde daraus nur die Analogie, nicht die Homologie der in Rede stehenden Fortsätze hervorgehen.)

[1]) a. a. O., S. 130, wo es am Schluss heisst: „An Stelle des an der Brustwirbelsäule einfachen Querfortsatzes sind somit an der Lendenwirbelsäule drei Fortsätze vorhanden, von denen zwar einer als Querfortsatz bezeichnet wird, aber, wie gezeigt wurde, nur einem Theil eines Querfortsatzes entspricht und damit einen besonderen Namen: Processus lateralis, verdient."

[2]) An Introduction to the osteology of the Mammalia, 3. edit. (1885), p. 52. Im Anschluss an seine Darlegung sagt Flower: „The lumbar transverse processes are thus not serially homologous with the thoracic ribs, but with the part of the transverse process of the thoracic vertebrae, to which the tubercle of the rib is attached, and are complementary to the ribs etc."

[3]) Archiv für Anatomie und Physiologie, Jahrg. 1849, S. 597.

[4]) a. a. O., S. 605—607.

Aehnlichkeit mit denselben darbieten. Ohne dass man der Sache auf den Grund geht, würden sich doch unzweifelhaft die Processus costarii der Lendenwirbel einer Parallelisirung mit den Querfortsätzen der Brustwirbel, wie sich dies auch in ihrer früheren übereinstimmenden Benennung ausdrückt, ungleich mehr aufdrängen. Eine eingehende „Prüfung des Brust- und Lendenabschnittes jeder Wirbelsäule“ wird aber immer nur das oben erwähnte Resultat, niemals die alleinige Aequivalenz der Processus accessorii gewinnen. — Ungleich sachgemässer als die oben erwähnten Verfasser anatomischer Lehrbücher drückt sich J. Henle[1]) über die Morphologie der menschlichen Lendenwirbel aus, wenn er sagt: „Dieser Querfortsatz der Bauchwirbel (Processus costarius Kastsch.) entspricht dem höckerförmigen Querfortsatz der letzten Brustwirbel sammt einer kurzen Rippe, deren Verbindungen mit dem Wirbel in einer Knochenmasse untergegangen sind. Dies ergiebt sich, ohne Beihülfe der Entwickelungsgeschichte, schon aus der Form der Querfortsätze.“ Freilich ist dabei vorauszusetzen, dass Henle unter dem „höckerförmigen Querfortsatz“ nicht die Diapophyse des zwölften Brustwirbels in toto, sondern nur den unterhalb der Anapophyse hervorspriessenden zitzenförmigen Vorsprung und unter der „kurzen Rippe“ nur ein des Collum costae ermangelndes Rippenrudiment verstanden habe.

Die vorstehenden Erörterungen über die an der Wirbelsäule der Primates ausgebildeten paarigen Fortsätze ergeben das einigermaassen überraschende Resultat, dass bei den Arctopitheci und Platyrrhini bereits dieselbe typische Bildung besteht, welche unter den Catarrhini auch bei den Cynopitheci und bei der Gattung Hylobates Illig. (den allbekannten Gibbons) fast unverändert festgehalten ist, während dagegen mit dem Orang eine wesentlich abweichende, aber mit derjenigen des Menschen in der Hauptsache übereinstimmende anhebt. Bei Hapale, Cebus, Mycetes, Macacus — welcher Gattung sich, wie nachträglich bemerkt werden mag, auch Cercopithecus und Cynocephalus eng anschliessen, — und Hylobates stellen sich die „Querfortsätze“ der Lendenwirbel als unzweideutige Parapophysen oder — in Berücksichtigung des mit solchen vermuthlich verschmolzenen Rippenhalses — als Pleurapophysen (Owen) dar; bei Pithecus und in gleicher Weise auch bei den beiden Afrikanischen Simia-(Troglodytes-)Arten fallen sie dagegen, wie beim Menschen in das Bereich der Diapophysen. Ob sich bei der Prüfung einer grösseren Anzahl von Gattungen zwischen beiden Bildungen vermittelnde Uebergänge nachweisen lassen werden, muss natürlich dahingestellt bleiben; bei der gewöhnlich den Anthropoiden beigezählten Gattung Hylobates ist dies aber, wie nochmals besonders hervorgehoben zu werden verdient[2]), in keiner Weise der Fall, vielmehr sind die Querfortsätze ihrer Lendenwirbel völlig identisch mit denjenigen der Cynopitheci und Platyrrhini, unter welchen letzteren Mycetes selbst durch ihre völlig horizontale Stellung ganz mit Hylobates übereinkommt. Es erscheint nun unzweifelhaft berechtigt, die Frage aufzuwerfen, ob dem in der Bildung der Wirbelsäule hervortretenden auffallenden Unterschied sich nicht noch andere hinzugesellen, welche die systematische Vereinigung von Hylobates mit den Anthropoiden im engeren Sinne (Orang,

[1]) Handbuch der Knochenlehre des Menschen (1855), S. 41.

[2]) Entgegen der Angabe Hasse's (Anatomische Studien, S. 57), nach welcher der Ursprung der lumbaren Querfortsätze vom Wirbelkörper von der Ausbildung eines Schwanzes abhängen soll, durch Hylobates wird diese Annahme direkt widerlegt. Eher könnte wohl zugestanden werden, dass die Verkümmerung der Metapophysen und Anapophysen mit dem Mangel eines Schwanzes bei dieser Gattung, wie bei den eigentlichen Anthropoiden, im Zusammenhang steht, wiewohl die mit einem langen Schwanz versehenen Arctopitheci (Hapale) der Anapophysen an den Lendenwirbeln gleichfalls entbehren.

Chimpanse und Gorilla) als bedenklich oder gar als unzulässig erscheinen lassen, oder, was dasselbe ist, ob die Gibbons sich nicht durch eine ungleich grössere Anzahl von Merkmalen den Cynopitheci als der aus einer Zusammenfassung von Orang, Chimpanse und Gorilla gebildeten Gruppe der Primates anschliessen. In der That scheint sich für eine derartige Ansicht Vieles geltend machen zu lassen, und eine vorurtheilsfreie Abwägung der beiderseitigen Charaktere dürfte als Resultat ergeben, dass sich bei den Gibbons zwar einige unzweifelhafte Anläufe zur anthropoiden Bildung vorfinden, dass sie aber von den eigentlichen Anthropomorphen auszuschliessen seien. Uebrigens gesteht von denjenigen Autoren, welche sie der letztgenannten Familie zurechnen, wenigstens HUXLEY[1]) unumwunden ihre nahe verwandtschaftliche Beziehung zu den Cynopitheci zu. Dass unter diesen ihre nächsten Verwandten die Schlankaffen (Semnopithecus) und zwar besonders diejenigen, welche mit ihnen zusammen den Sunda-Archipel bewohnen, sind, kann keinem Zweifel unterliegen. Sie stimmen mit mehreren derselben (Presbytis) in dem Mangel der Backentaschen, mit allen in der Ausbildung der — den eigentlichen Anthropoiden fehlenden — Gesässschwielen überein, haben ferner mit manchen derselben (Presbytis comatus DESM.) den dichten, feinwolligen Pelz — gleichfalls im Gegensatz zu den Anthropoiden — gemein, ja sie übertreffen durch diesen sich gleichmässig über alle Theile des Rumpfes und der Gliedmaassen erstreckenden dichten Pelz noch sehr wesentlich manche Semnopithecus-Arten (Semn. comatus, maurus, entellus u. A.), bei welchen er am Bauch, an den Weichen, an der Innenseite der Schenkel schon auffallend dünn und spärlich wird (und welche in dieser Beziehung den Anthropoiden näher stehen als die Gibbons). Sie entfernen sich freilich von ihnen durch den gänzlichen Mangel des Schwanzes; da dieser indessen bei manchen Pavianen (Inuus sylvanus, Cynopithecus niger, Cynocephalus mormon u. A.) gleichfalls ganz rudimentär wird, so kann darin ein Ausschlag gebender Anthropoiden-Charakter nicht gefunden werden. Auf der anderen Seite stimmen sie darin mit den Schlankaffen und ebenso mit den Meerkatzen (Cercopithecus), und zwar im vollsten Gegensatz zu den Anthropoiden überein, dass nur der Daumen und die Innenzehe mit einem eigentlichen, übrigens gleichfalls langgestreckten Plattnagel versehen sind, während alle übrigen Finger und Zehen einen verlängerten und schmalen Kuppennagel besitzen. (Den Anthropoiden kommen an sämmtlichen Fingern und Zehen kurze und breit abgerundete Plattnägel nach Art des Menschen zu.) Zwar sind beide Gliedmaassenpaare, besonders aber das vordere bei den Hylobates-Arten ungleich länger als bei den Schlankaffen, indessen doch nicht in so gegensätzlicher Weise, dass es bei letzteren, deren einzelne Arten in der Länge der Gliedmaassen sehr merkliche Verschiedenheiten zeigen, an Uebergängen fehlte. Auf der anderen Seite stehen aber die Gibbons in der Zierlichkeit ihrer Gliedmaassen und besonders in dem geringen Grössenverhältniss ihrer Hände und Füsse zum Vorderarm und Unterschenkel in ungleich näherer Verwandtschaft zu den Semnopithecus-Arten als zu den auffallend grosshändigen und -füssigen Anthropoiden. Dasselbe gilt auch von dem schmächtigen Rumpf und dem relativ kleinen Kopf, welche zu den entsprechenden Theilen des Orang, Chimpanse und Gorilla im vollsten

[1]) A manual of the anatomy of vertebrated animals (London 1871), p. 475: „The Gibbons are those Anthropomorpha, which are most nearly allied to the Cynomorpha", and p. 478: „Of the four genera of Anthropomorpha the Gibbons are obviously most remote from Man and nearest to the Cynopithecini."

Gegensatz stehen. Die Gibbons treten ferner gleich den Schlankaffen und Meerkatzen auf der ganzen Sohle, nicht, wie die Anthropoiden, mit der Aussenkante des Fusses auf, bedienen sich auch ihrer Hände nur zum Greifen, nicht wie jene, welche sie einschlagen und die Rückenseite aufstemmen, mit zum Gang. Auch die fortwährend tänzelnde und schaukelnde Bewegung der Gibbons ist von der mehr bedächtigen und phlegmatischen der Anthropoiden ganz verschieden und ähnelt ungleich mehr, wenngleich nicht unwesentlich modificirt und eigenartig, derjenigen der Schlankaffen.

Noch ungleich schwerer als diese äusserlichen Merkmale fallen aber die osteologischen Charaktere der Hylobates-Arten gegen ihre Zugehörigkeit zu den Anthropoiden ins Gewicht. Ihrem Schädel gehen die für letztere charakteristischen Eigenthümlichkeiten: die Massivität und das dadurch bedingte Gewicht, der stark ausgeprägte Prognathismus und die Entwickelung einer hohen Crista sagittalis und transversalis bei den ausgewachsenen männlichen Individuen, völlig ab. Dagegen gleicht derselbe durch die Dünnheit seiner Wandungen, durch die Abrundung des Schädeldaches, durch den relativ schwach entwickelten Kiefertheil sowie in seinem Gesammthabitus unverkennbar demjenigen der Schlankaffen, von dem er sich nur relativ durch die für Hylobates charakteristische Bildung der Augenhöhlen, welche brillenartig stark aus der Gesichtsfläche heraustreten und bei der Vorderansicht den dünnen Jochbogen hinter sich verschwinden lassen, unterscheidet. Vergleicht man diese Bildung der Augenhöhlen mit derjenigen der Anthropoiden, so bemerkt man bei letzteren gerade das gegentheilige Verhalten, nämlich ein sehr starkes Hervortreten des Jochbogens über den Aussenrand der Orbitae, während andererseits der Semnopithecus-Schädel sich in dieser Beziehung demjenigen von Hylobates ungleich mehr nähert, auch das Hervortreten der Augenhöhlenringe, nur in herabgeminderter Prägnanz, erkennen lässt. Im allerschärfsten Gegensatz steht indessen die Bildung des Unterkiefers von Hylobates zu derjenigen der Anthropoiden. Bei letzteren ist die Mandibula auffallend kurz und hoch und der Hinterrand ihres Ramus adscendens ist gegen den Ramus horizontalis hin breit bogig abgerundet. Bei Hylobates dagegen ist die Mandibula ebenso auffallend niedrig und langstreckig, während der Ramus adscendens mit dem Ramus horizontalis unter einem rechten Winkel zusammentrifft, ja sich über diesen Winkel hinaus noch in einen eckigen Fortsatz verlängert. Allerdings scheint diese Unterkieferbildung unter den altweltlichen Affen isolirt dazustehen, so dass sich in dieser Beziehung kein Anschluss an Semnopithecus ergiebt; eher würde an dieselbe noch der — freilich nicht langstreckige — Unterkiefer der Cebus-Arten erinnern. An der Dentition von Hylobates fällt bekanntlich in erster Reihe die starke Verlängerung des fast den Unterrand der Mandibel erreichenden oberen Dens caninus und zugleich seine schmale Säbelform auf. Während nichts hiervon bei den Anthropoiden, deren oberer Dens caninus relativ kurz und dick kegelförmig erscheint, zu bemerken ist, findet sich eine sehr ähnliche Bildung bei dem ausgewachsenen männlichen Semnopithecus (Presbytis) comatus vor. An der Wirbelsäule von Hylobates stimmt mit den Cynopitheci neben der den Ausgangspunkt der Untersuchung abgebenden Bildung der Lendenwirbel auch die schwache Entwickelung der Processus spinosi an den Halswirbeln — im vollsten Gegensatz zu der ungewöhnlich starken bei den Anthropoiden — überein, während die Zahl der Dorso-Lumbaren, in welcher Hylobates (mit achtzehn) die Mitte zwischen den Cynopitheci (mit neunzehn) und den Anthropoiden (mit sechszehn bis siebenzehn) hält, keinen Ausschlag giebt.[1]) In wie weit hierzu das Schulter- und Beckengerüst geeignet ist, bin ich bei dem mir vorliegenden ungenügenden Material zu beurtheilen nicht in der Lage. Immerhin erscheint es mir auffallend, dass bei Pithecus, also demjenigen Anthropoiden, welcher sich in der ungewöhnlichen Länge der Vorderextremität den Gibbons am meisten nähert, die Scapula — abgesehen vom Processus acromialis — nur etwa um die Hälfte länger als breit, bei Hylobates Muelleri dagegen mehr denn doppelt so lang als breit, mithin auffallend schmal, viel schmäler als z. B. bei Macacus und Cercopithecus ist. Das Becken anlangend, so zeigt dieses bekanntlich bei den drei Anthropoiden recht auffallende Unterschiede in seinen Längs- und Breiten-Verhältnissen. Während es beim Orang und Gorilla merklich breiter als lang ist und sich hierdurch mehr dem menschlichen nähert, überwiegt an demjenigen des Chimpanse der Längsdurchmesser schon recht deutlich.[2]) Letzterem scheint sich nach der von R. Owen[3]) gegebenen Abbildung dasjenige des Hylobates syndactylus noch ziemlich zu nähern, wiewohl der Aussenrand des Os ilei weniger scharfwinkelig heraustritt und der Hüftbeinkamm merklich kürzer ist. Ungleich schmäler als bei dieser Art erscheint es an dem mir vorliegenden Skelet des Hylobates Muelleri, an welchem es dasjenige eines Macacus oder Cynocephalus an relativer Breite nur sehr wenig übertrifft, wiewohl es sich von diesem immer noch dadurch unterscheidet, dass der Aussenrand des Os ilei nicht ganz geradlinig ist, sondern gegen das Vorderende hin etwas winkelig heraustritt. Kann demnach nach dieser Richtung hin das Becken von Hylobates durchaus nicht in einen Gegensatz zu demjenigen der Anthropoiden gebracht werden, so weicht es von diesem — offenbar im Zusammenhang mit der Ausbildung von Gesässschwielen — doch darin sehr wesentlich ab und zeigt andererseits eine ebenso augenfällige Uebereinstimmung mit demjenigen der Cynopitheci, dass es breite und quer verlaufende Sitzknorren darbietet, während dasjenige der Anthropoiden (Orang) schmale und schräg von aussen und hinten nach innen und vorn gerichtete besitzt.

Dieser grossen Reihe von Merkmalen, in welchen sich Hylobates den Cynopitheci mehr oder weniger direkt anschliesst, steht nur eine relativ geringe Anzahl solcher gegenüber, welche eine Anlehnung an die Anthropoiden bekunden. Als solche sind die stärkere Kugelwölbung des Caput humeri, der umfangreiche, mehr gerundete knöcherne Thorax und das gegenseitige Grössenverhältniss der unteren Incisores, von denen die äusseren ein wenig breiter als die inneren sind und gleich ihnen mehr senkrecht als nach vorn geneigt stehen, hervorzuheben. Auch sollen wenigstens beim Siamang (Hylobates syndactylus) die Haare des Unterarmes, wie bei den Anthropoiden, schon nach oben gerichtet sein, während sie bei den übrigen Arten dieselbe Richtung wie am Oberarm einhalten. Es kann indessen

[1]) Da nach Giebel jedoch bei Hylobates leuciscus und syndactylus im Widerspruch mit Cuvier gleichfalls neunzehn Dorso-Lumbaren vorkommen, so würde auch nach dieser Richtung hin eine grössere Uebereinstimmung mit den Cynopitheci vorliegen. Eine solche gesteht übrigens auch H. von Jhering (Das peripherische Nervensystem der Wirbelthiere, S. 210) wenigstens in so weit zu, als er Hylobates als „eine die echten Anthropoiden mit den Catarrhinen verknüpfende Gattung“ bezeichnet.

[2]) Vergl. A. B. Meyer, Notizen über die anthropomorphen Affen des Dresdener Museums (Mittheilungen des Königl. Zoologischen Museums zu Dresden, Heft 2, Taf. XIX).

[3]) On the anatomy of Vertebrates, II, p. 291, fig. 180.

aus diesen wenigen Uebereinstimmungen den zahlreichen und ungleich schwerer wiegenden Abweichungen gegenüber offenbar nur ein erster Anlauf, nicht eine Zugehörigkeit zu den Anthropoiden gefolgert werden. Letztere hat man augenscheinlich überhaupt nur auf die ungewöhnliche Länge der Arme, welche indessen für sich allein nicht Ausschlag gebend sein kann, und sonderbarer Weise auf die damit verbundene Befähigung zum aufrechten Gang[1]), welche die Gibbons in annähernder Weise zwar mit dem Menschen gemein haben, durch welche sie aber gerade von den Anthropoiden abweichen, basirt. Es dürfte mithin die Gesammtorganisation der Gattung Hylobates einen ungleich treffenderen systematischen Ausdruck finden, wenn man sie der Gruppe der Cynopitheci direkt einverleibt, sie innerhalb dieser aber im Anschluss an Semnopithecus und Presbytis an deren Spitze stellt, um dadurch ihren vereinzelten Anklängen gegen die Anthropoiden hin gebührend Rechnung zu tragen. Die Cynopitheci würden hierbei an Einheitlichkeit nichts einbüssen, die Anthropoiden in ihrer Beschränkung aber nach dieser Richtung hin offenbar wesentlich gewinnen.[2])

Um nach diesem durch die Wirbelsäule der Primates nahe gelegten systematischen Excurs zu dem eigentlichen Gegenstand unserer Betrachtung zurückzukehren, haben wir zunächst aus dem Befund, welcher sich bei der Betrachtung der Wirbelsäule an Repräsentanten der verschiedensten Säugethier-Ordnungen gewinnen liess, die Summe zu ziehen. Dieselbe hat sich, unserem Zweck entsprechend, lediglich auf die paarigen Fortsätze der Wirbel und die mit gewissen unter ihnen in lose oder feste Verbindung tretenden Rippen oder Aequivalente solcher zu beschränken, selbstverständlich auch von den in den mannigfachsten und allmählichsten Abstufungen auftretenden Modificationen nur die wesentlicheren zu berücksichtigen. Als solche ergeben sich folgende:

1) Zygapophysen (Processus articulares s. obliqui) erstrecken sich an der Säugethier-Wirbelsäule fast allgemein in gewohnter Weise über alle an einander frei bewegliche (d. h. nicht mit einander verschmolzene) Wirbel mit alleiniger Ausnahme der als Vertebrae spuriae auftretenden hintersten Schwanzwirbel (in wechselnder Zahl). Eine sehr auffallende Abweichung von diesem typischen Verhalten zeigen allein die Cetaceen, bei welchen die Zygapophysen bereits im Verlauf der (rippentragenden) Brustwirbel schwinden, um sowohl den hinteren dieser Kategorie wie sämmtlichen darauf folgenden Wirbeln gänzlich zu fehlen.

2) Diapophysen, welche stets aus der Neurapophyse (Arcus vertebrae) hervorgehen, kommen ausser den Halswirbeln in der Regel auch sämmtlichen Brust-, d. h. rippentragenden Wirbeln zu. Doch machen auch hier die Cetaceen in so fern eine Ausnahme, als die hinteren rippentragenden Wirbel, je nach den Gattungen in wechselnder Zahl (vgl. Hyperoodon),

[1]) Vgl. die Mittheilungen von O. Hermes und R. Virchow in: Zeitschrift für Ethnologie, Bd. VIII, S. 5 und 10 f., Taf. III.

[2]) In dem alles Frühere und Spätere an Wunderlichkeit und Unnatürlichkeit übertreffenden Stammbaum, welchen Mivart (Proceed. zoolog. soc. of London, 1865, p. 592) auf Grund ihres Achsenskeletes von den Primates entwirft, wird zwischen den Ast, von welchem sich die Gattungen Homo, Troglodytes, Pithecus und Hylobates abzweigen, und denjenigen, welcher die Cynopitheci in sich vereinigt und von welchem sich die Platyrrhini abgliedern, ein dritter, kürzerer eingeschaltet, welcher die eine Gruppe der Prosimii, die Gattungen Loris, Nycticebus, Perodicticus u. s. w. umfasst. Es wird mithin die sich unmittelbar an Semnopithecus anschliessende Gattung Hylobates durch Mitglieder einer selbstständigen und den Rodentia zunächst verwandten Säugethier-Ordnung getrennt!

derselben bereits entbehren können. Andererseits fehlt es nicht an Beispielen, dass die Diapophysen sich von den Brust- auf die Lendenwirbel fortsetzen, um an diesen in Form von „Querfortsätzen" zu erscheinen: Orycteropus, Bradypus, Ruminantia, Equus, Hystrix. Vermuthlich entsprechen solche Diapophysen im Bereich ihres äusseren (freien) Endes einem mit ihnen verschmolzenen, halslosen Rippenrudimente.

Die Diapophysen lassen ganz allgemein die Tendenz erkennen, in allmählich fortschreitender Deutlichkeit sekundäre Fortsätze aus sich hervorgehen zu lassen: a. Metapophysen (Processus mammillares), welche nach vorn, und b. Anapophysen (Processus accessorii), welche nach hinten gerichtet sind. Erstere sind die ungleich allgemeiner ausgebildeten, da sie nur bei Hyrax in geringer Deutlichkeit vorhanden sind, während Anapophysen wiederholt (Cetacea, Manis, Bradypus, Choloepus, Hyrax, Erinaceus) theils ganz fehlen, theils (Monotremata, Ruminantia) höchst unscheinbar und auf vereinzelte Wirbel beschränkt sind. Sind beide ausgebildet, so können sie entweder gleichzeitig an demselben Wirbel (der weniger häufige Fall: Macropus, Phascolomys, Felis, Canis, Otaria, Hystrix, Coelogenys, Mus, Dipus, Sciurus, Prosimii) beginnen oder es können — das bei weitem häufigste Verhalten — die Metapophysen früher als die Anapophysen, oder endlich (Dasypus, Lepus, Cebus, Macacus, Homo) die Anapophysen ihrerseits früher anheben. Im letzteren Fall folgen die Metapophysen schon am folgenden oder zweitnächsten Wirbel nach, während beim Vorangehen der Metapophysen sehr häufig eine grössere Anzahl von Wirbeln — bis acht, neun, selbst vierzehn — der Anapophysen noch entbehren kann.

3) Die Metapophysen können bereits, wiewohl selten (Choloepus, Otaria) mit dem ersten Brustwirbel beginnen. Am häufigsten — wenigstens unter den vorstehend erörterten Gattungen — heben sie erst mit dem dritten Brustwirbel an: doch sind alle Zahlen bis zum zehnten (Bradypus), elften (Homo) und selbst zwölften (Macropus, Phascolomys) vertreten. Von ihrem Beginn an setzen sie sich sodann auf alle folgenden Brust- und auf sämmtliche Lendenwirbel fort, können aber auch noch an Sacral- und Schwanzwirbeln vorhanden sein.

An den rippentragenden Wirbeln zeigen die Metapophysen ihrer Stellung nach ein zweifaches Verhalten: die vorderen — in überwiegender Zahl — sind von den vorderen Zygapophysen weit, nach aussen hin, abgerückt, die hinteren dagegen — in geringerer Zahl — denselben dicht genähert, ganz wie es an den Lenden- und beziehentlich auch an Sacral- und Schwanzwirbeln der Fall ist. Die Annäherung an die vorderen Zygapophysen findet seltener allmählich, in der Regel fast unvermittelt statt. Nach diesem verschiedenen Verhalten der Metapophysen zu den vorderen Zygapophysen sondern sich die rippentragenden Wirbel in eine vordere Gruppe mit pectoraler und in eine hintere mit lumbarer Bildung. Die lumbare Bildung fehlt an den rippentragenden Wirbeln nur in vereinzelten Fällen ganz: Bradypus, Choloepus, Pithecus: fast ebenso selten ist sie auf den letzten beschränkt: Bos, Hydrochoerus, Lichanotus, Hylobates, Homo. Bei weitem am häufigsten sind die zwei bis vier letzten Brustwirbel lumbar gestaltet; doch fehlt es auch nicht an höheren Zahlen, wie fünf (Sus), sechs (Didelphys), sieben (Erinaceus) und gar zwölf (Tachyglossus).

In besonders auffallender und eigenartiger Form erscheinen die sich bis gegen das Ende der mit einer Neurapophyse versehenen Schwanzwirbel erstreckenden Metapophysen der Cetaceen, welche mit dem Schwinden der vorderen Zygapophysen gewissermaassen deren Stelle einnehmen und den Processus spinosus des vorangehenden Wirbels gabelzinkenartig umfassen.

4) Die Anapophysen können gleichfalls in vereinzelten Fällen (Dasypus, Otaria) bereits mit dem ersten Brustwirbel, aber auch durchaus nicht selten erst gegen das hintere Ende der Brustwirbel-Reihe hin (am neunten bei Orycteropus, Homo, am zehnten bei Phascolarctos, Cervus, am elften bei Bos, Arvicola, Talpa, Pteropus, Hylobates, Pithecus, am zwölften bei Macropus, Phascolomys, Equus, am dreizehnten bei Myrmecophaga, am vierzehnten bei Centetes, am sechszehnten bei Tachyglossus) beginnen; ja, sie können sogar an den Brustwirbeln überhaupt fehlen und erst mit dem ersten Lendenwirbel (Didelphys, Hydrochoerus) ihren Anfang nehmen. Ihre Erstreckung in der Richtung nach hinten ist im Allgemeinen eine geringere als diejenige der Metapophysen, indem sie oft schon vor dem Ende der Lendenwirbel, zuweilen (Dasypus, Equus, Otaria, Centetes, Hapale, Hylobates) sogar bei Beginn derselben wieder verschwinden, nachdem sie allmählich kürzer und unscheinbarer geworden sind. Es kann indessen in relativ seltenen Fällen (Sus, Pithecus) auch das Gegentheil in der Weise eintreten, dass sie bei ihrem Uebergang auf die Lendenwirbel beträchtlich an Grösse zunehmen und in Form von „Querfortsätzen" (der Lendenwirbel) auftreten, wobei sie, wie es scheint, ein Rippenrudiment durch Verschmelzung in sich aufnehmen. Bei der Gattung Homo ist es nicht die Anapophyse selbst, sondern eine sekundäre Abzweigung derselben, welche in Verbindung mit einem Rippenrudiment diese lumbaren „Querfortsätze" herstellt.

5) Die Diapophysen können nach Abgabe von Metapophysen und Anapophysen an den Lendenwirbeln ganz verschwinden, was im Gegensatz zu der Retzius'schen Annahme sogar bei der überwiegenden Mehrzahl der Säugethiere der Fall ist: so bei den Marsupialia, bei den grabenden Edentaten mit Ausnahme von Orycteropus, bei den Cetacea, ferner bei Hyrax, bei sämmtlichen Ferae, bei den Rodentia mit Ausnahme von Hystrix und Castor, bei den Prosimii, Insectivora und Chiroptera, endlich bei den Primates mit Ausnahme der Anthropoiden und der Erecti. In anderen Fällen können jedoch die Diapophysen neben den Metapophysen und Anapophysen, oder, wenn letztere eingegangen sind, wenigstens neben den Metapophysen an den Lendenwirbeln auch bestehen bleiben, wie bei Orycteropus, Bradypus, den Ruminantia, Equus, Hystrix, und dann — in entsprechender Weise wie die Anapophysen — durch Verschmelzung mit Rippenrudimenten sogenannte „Querfortsätze" darstellen.

6) Die Parapophysen, soweit sie zur Aufnahme der Capitula costarum dienen, sind bei der überwiegenden Mehrzahl der Säugethiere auf der Grenze je zweier aufeinander folgender Wirbelkörper gelegen, erscheinen mithin intervertebral. Doch lassen sie hierbei folgende Modificationen erkennen:

a. sie sind ohne Ausnahme intervertebral, in der Weise, dass die vorderste Parapophyse dem letzten Hals- und dem ersten Brustwirbel, die hinterste den beiden letzten Brustwirbeln gemeinsam ist. Hierher von Marsupialien: Phascolarctos, Phascolomys, Didelphys, von Edentaten: Dasypus und Choloepus, von Ungulaten: Equus, Bos, Cervus, Hyrax, von Rodentien: Hydrochoerus, Coelogenys, Mus, Arvicola; ferner die

Prosimii, Insectivora, Chiroptera, unter den Primates: Hapale und Cebus. — Bei der Herstellung solcher intervertebraler Parapophysen können sich die beiden aufeinander folgenden Wirbel in annähernd gleichem oder in verschiedenem Maasse betheiligen. Bei Cervus z. B. fällt die bei weitem grössere Hälfte dem der Rippe vorangehenden Wirbel zu.

b. mit alleiniger Ausnahme der ersten, welche sich auf das Vorderende des ersten Brustwirbels beschränkt. Hierher nur Orycteropus.

c. mit Ausnahme der ersten und derjenigen der hintersten Brustwirbel (in wechselnder Zahl). Hierher: Manis und Bradypus (Parapophyse des letzten Brustwirbels), Canis (der zwei letzten), Otaria und Macacus (der drei letzten), Homo (nur des letzten). Ferner Halmaturus (Macropus), wo die sechs hintersten Parapophysen gleichfalls vertebral gelegen sind, aber nicht, wie in allen vorgenannten Fällen, am Vorderende des eigenen, sondern am Hinterende des vorangehenden Wirbelkörpers.

d. mit alleiniger Ausnahme der Parapophysen der hintersten Brustwirbel (in wechselnder Zahl). Hierher unter den Ferae: Felis (3 letzte), Meles (3), Lutra (2), Mustela (3), unter den Rodentia: Lepus (3), Dipus (1), Sciurus (2), unter den Primates: Mycetes (4), Hylobates (1), Pithecus (2). Ferner Sus, wo indessen die drei letzten Parapophysen, abweichend von allen vorgenannten Gattungen, wieder am Hinterende des vorangehenden Wirbelkörpers gelegen sind. Endlich ist unter den Monotremen die Gattung Tachyglossus zu erwähnen, bei welcher die beiden letzten Brustwirbel der Parapophysen überhaupt ermangeln.

Nur in vereinzelten Fällen sind die Parapophysen rein vertebral gelegen und zwar:

a. am Vorderende des eigenen Wirbelkörpers (beziehentlich: Wirbelbogens): Myrmecophaga.

b. am Körper des den Diapophysen vorangehenden Wirbels gelegen (an den hinteren Brustwirbeln zuweilen fehlend): Unter den Cetaceen die Delphinoiden (Cetodonten).

Endlich fehlen die (eigentlichen, zur Einlenkung von Rippenköpfen dienenden) Parapophysen ganz bei den Balaenoiden.

Die allgemeine Regel, wonach die Parapophysen nahe dem oberen Rande des Wirbelkörpers gelegen sind, erleidet für die Brustwirbel der Säugethiere nur zwei Ausnahmen: 1) bei Myrmecophaga, wo die fünf, 2) beim Menschen, wo die drei letzten vom Wirbelkörper auf den Wirbelbogen übergegangen sind.

Die an den Brustwirbeln als Foveae pro capitulo auftretenden Parapophysen setzen sich bei der überwiegenden Mehrzahl der Säugethiere auf die Lendenwirbel, beziehentlich aber auch auf die Sacral- und Schwanzwirbel in Form von „Querfortsätzen" fort. Letztere entspringen dann an den Körpern der Lendenwirbel genau in gleicher Höhe mit dem Capitulum der letzten Rippe und entsprechen der Lage dieses meist auch darin, dass sie vom vordersten Ende des Wirbelkörpers ihren Ausgang nehmen. Derartige Parapophysen der Lendenwirbel stellen sich als mit dem Corpus vertebrae verschmolzene Rippenhälse dar, was mit Evidenz daraus hervorgeht, dass die zuweilen rudimentäre letzte Rippe des letzten Brustwirbels nicht selten einseitig noch frei beweglich, anderseitig aber fest verwachsen, d. h. zu einem Querfortsatz umgeformt ist. Säugethiere mit derartigen lumbaren Parapophysen sind die Marsupialia und Cetacea, die grabenden Edentata mit Ausnahme von Orycteropus, die Gattung Hyrax, sämmtliche Ferae, die Rodentia mit Ausnahme von Hystrix und Castor, die Prosimii, Insectivora und Chiroptera, endlich die Primates mit Ausnahme der Anthropoidei und Erecti.

Es können indessen solche Parapophysen in Form von Querfortsätzen auch schon im Bereich der rippentragenden Brustwirbel auftreten — eine in der Cetaceen-Abtheilung der Delphinoiden ganz allgemeine Erscheinung. Die an solchen Brustwirbel-Parapophysen beweglich eingelenkten Rippen entbehren stets des Capitulum und Collum; letztere beiden sind dann, wie bei den Parapophysen der Lendenwirbel, mit dem Corpus vertebrae fest verschmolzen, haben sich dagegen von der übrigen Rippe losgelöst, wie dies in vereinzelten Fällen (Grampus, Lagenorhynchus) noch direkt zu erkennen ist. Neben solchen rippentragenden Parapophysen können aber an denselben Brustwirbeln noch Diapophysen, entweder in voller Selbstständigkeit (siebenter freier Brustwirbel von Hyperoodon) oder in Verschmelzung mit den Parapophysen gleich von der Wurzel aus (übrige Delphinoiden und Balaenoiden) ausgebildet sein; auch in diesem Fall sind die an solchen Brustwirbeln entspringenden Rippen halslos, oder höchstens mit einem rudimentären Capitulum versehen.

Gleich den als Foveae costales an den Brustwirbeln auftretenden Parapophysen können auch die als verschmolzene Rippenhälse erscheinenden der Lendenwirbel in vereinzelten Fällen (Macropus unter den Marsupialien, Erinaceus unter den Insectivoren) vom Corpus vertebrae allmählich auf die Basis der Neurapophyse hinaufrücken, nehmen dann aber — wenigstens bei Macropus — zugleich eine Diapophyse in sich auf. Jedoch auch in diesem Fall liegt die Parapophyse des ersten Lendenwirbels genau in gleicher Höhe mit dem Capitulum der letzten Rippe.

7) Eine Verschmelzung der Parapophysen mit den über ihnen gelegenen Diapophysen zu zweiwurzeligen „Querfortsätzen" kann an den verschiedensten Stellen der Säugethier-Wirbelsäule vor sich gehen, gehört jedoch abgesehen von den Sacralwirbeln, wo sie eine reguläre Bildung zu sein scheint, zu den mehr vereinzelten Vorkommnissen. Unter den Cetaceen sind es die mit halslosen Rippen versehenen Balaenoiden, bei welchen eine derartige Verschmelzung, und zwar unter Mitbetheiligung des Rippenhalses, bereits mit dem ersten Brustwirbel ihren Anfang nehmen kann; während bei den Delphinoiden die Herstellung solcher vereinigter Diapophysen und Parapophysen mit dem Eingehen des Collum costae an den hinteren Rippen (je nach den Gattungen in verschiedener Zahl) zusammenfällt. In der Regel ist die Verschmelzung der Diapophysen und Parapophysen eine vollständige, d. h. bis an den Wirbel reichende, so dass sie nur aus der mehr oder weniger deutlichen Zweiwurzeligkeit der betreffenden Querfortsätze erschlossen werden kann; in einzelnen Fällen (siebenter Brustwirbel von Hyperoodon) ist sie jedoch bei Belassung eines grossen Foramen transversarium eine deutlich und sofort in die Augen springende. Der Uebergang solcher zweiwurzeliger Querfortsätze in der Brustgegend der Cetaceen zu einfachen Parapophysen (incl. Rippenhals) kann entweder ein sehr allmählicher (Phocaena, Lagenorhynchus) oder ein ganz plötzlicher (Hyperoodon) sein. — Als Beispiele verschmolzener Diapophysen und Parapophysen in der Lendengegend können die Gattungen Choloepus,

Macropus (Halmaturus) und Bos gelten. Bei ersterer werden die zweiwurzeligen Querfortsätze aller drei freien Lendenwirbel auf diese Art hergestellt, so dass das entsprechende Verhalten der Sacralwirbel gleich vom Aufhören der Rippen an festgehalten ist. Bei Macropus dagegen sind es im Gegensatz zu den vier vorderen Lendenwirbeln, welche nur Parapophysen besitzen, erst der fünfte und sechste, bei Bos nur der letzte (sechste), an welchen durch Verschmelzung aus Parapophysen und hinzukommenden Diapophysen zweiwurzelige Querfortsätze entstehen, welche das gleiche an den Sacralwirbeln hervortretende Verhalten in nicht zu verkennender Weise einleiten. Mit dem Beginn der Schwanzwirbel gehen diese accessorischen Diapophysen dann wieder ein, so dass das morphologische Verhalten der vorderen Lendenwirbel wieder hergestellt wird.

Unter diesen sich aus dem Vergleich der Wirbelsäulenbildung bei den Säugethieren ergebenden Resultaten bedarf vor Allem dasjenige noch einer besonderen Erörterung, welches sich auf die Herleitung der an den Lendenwirbeln — in vereinzelten Fällen (Cetaceen) schon an den hinteren Brustwirbeln — auftretenden Querfortsätze bald aus Diapophysen oder deren Abzweigungen, bald aus Parapophysen bezieht. Bei der ganz engen und unmittelbaren Beziehung, welche diese „Querfortsätze", wie mehrfach hervorgehoben, sei es zu wirklichen Rippen, sei es zu Rudimenten solcher, welche mit ihnen eine Verschmelzung eingegangen sind, erkennen lassen, muss sich diese Erörterung nothwendig auch auf letztere mit erstrecken. Dass diese Lendenwirbel-Querfortsätze der Säugethiere in dem einen Fall durch Ausläufer der Neurapophyse, als welche sich die Diapophysen zu erkennen geben, in dem anderen durch die aus dem Corpus vertebrae hervorgehenden Parapophysen hergestellt werden sollen, mag auf den ersten Blick immerhin etwas Befremdendes und selbst Unwahrscheinliches an sich tragen. Es ergiebt sich indessen als etwas durchaus Naheliegendes und selbst Gesetzmässiges, wenn man auf die ursprünglicheren Bildungsverhältnisse der Querfortsätze und Rippen bei den Vorläuferclassen der Säugethiere von den Amphibien an aufwärts zurückgeht.

Bei den Gymnophionen (Coecilia), deren sämmtliche Wirbel mit Ausnahme des ersten und letzten rippentragend sind, finden sich überall getrennte obere und untere „Querfortsätze" in Form von Diapophysen und Parapophysen vor.[1]) Diesen Querfortsätzen fügen sich Rippen mit gegabeltem vertebralen Ende derart an, dass das Tuberculum sich mit der Diapophyse, das Capitulum mit der Parapophyse in Verbindung setzt, und zwar unter Herstellung eines Foramen transversarium, welches sich hier, abweichend von den höheren Wirbelthierclassen, auf die ganze Wirbelsäulenlänge erstreckt. Von diesem ursprünglichsten und gewissermaassen typischen Verhalten weichen die Urodelen mehr scheinbar, als in Wirklichkeit irgendwie wesentlich ab. Die „Querfortsätze" ihrer Wirbel entspringen deutlich mit doppelter Wurzel, einer oberen, aus der Neurapophyse, und einer unteren, aus dem Corpus vertebrae hervorgehenden, welche selbst dann, wenn sie nicht, wie bei Proteus, Siren, Siredon und Cryptobranchus, durch ein Foramen transversarium getrennt sind, ihre ursprüngliche Selbstständigkeit durch eine tiefe Einfurchung noch unzweideutig erkennen lassen (Salamandra maculosa, an deren vorderen Querfortsätzen sich übrigens gleichfalls

[1]) Stannius, Handbuch der Anatomie der Wirbelthiere. 2. Aufl., Amphibien. S. 17.

noch mit einer feinen Nadel zwischen die beiden Wurzeln eindringen lässt). Dem Aussenende dieser Querfortsätze fügen sich relativ kurze Rippen mit erweitertem und deutlich eingekerbtem, um nicht zu sagen: zweizinkigem vertebralen Ende an, welche mit Ausnahme von Proteus sich über die ganze Länge des Rumpfes ausdehnen und zuweilen (Menopoma, Salamandra) noch auf die vorderen Schwanzwirbel übergehen. Den Gymnophionen gegenüber besteht mithin nur darin ein Unterschied, dass die Rippen, abgesehen von ihrer Lokalisation, bei ihrem Ursprung vom Wirbel mit diesem eine feste Verschmelzung eingegangen sind und somit im Bereich ihrer Basis in Form von „Querfortsätzen", dagegen erst in ihrem weiteren Verlauf als freie Rippen auftreten. Ihrer Form nach ist die mit Capitulum (untere) und mit Tuberculum (obere Wurzel des Querfortsatzes) versehene Rippe genau dieselbe geblieben; nur ihre Abgliederung ist weiter in der Richtung nach aussen hin verlegt worden.

Unter den Reptilien setzen die Crocodile dieses ursprüngliche Verhalten der beiden genannten Amphibien-Ordnungen noch in gleicher Deutlichkeit fort, nur dass es sich bei ihnen auf bestimmte Wirbelgruppen beschränkt, oder richtiger ausgedrückt: mitten in der Reihe der Einzelwirbel eine lokale Unterbrechung erfährt. Die Mehrzahl der Halswirbel und die vier ersten Brustwirbel (Gavialis) wiederholen genau die — bei Coecilia sich auf die ganze Wirbelsäule erstreckende — Ausbildung selbstständiger, zweiköpfiger, sich an Diapophysen und Parapophysen inserirender Rippen. Vom fünften Brust- bis zum vierten (letzten) Lendenwirbel ändert sich dieses Verhalten dahin, dass unter völligem Verschwinden der Parapophysen[1]) nur Diapophysen übrig bleiben, an welchen theils (5. bis 13. Brustwirbel) eine weit nach aussen hin verlegte Abgliederung von Rippen noch stattfindet, theils (an den vier Lendenwirbeln) überhaupt nicht mehr zu Stande kommt. In dem einen wie in dem anderen Fall sind jedoch in diese Diapophysen offenbar Rippenrudimente, bei denen indessen — besonders an den Lendenwirbeln — das Collum costae in Wegfall gekommen ist, mit inbegriffen. Nach dieser sich auf siebenzehn Wirbel erstreckenden Unterbrechung wird das ursprüngliche Verhalten vom ersten Sacralwirbel an wieder hergestellt, um sich von diesem auf den zweiten und auf eine Anzahl von Schwanzwirbeln fortzusetzen; nur dass jetzt nicht wieder freie Rippen unter Bildung eines Foramen transversarium, sondern „Querfortsätze" auftreten, welche mit doppelter, aber undurchbohrter Wurzel von einer Diapophyse und einer Parapophyse zugleich entspringen.

Bei den Sauriern hat dieses ursprüngliche Verhalten eines doppelten Ursprunges von Rippen und Querfortsätzen einen sehr viel ausgedehnteren Rückgang erfahren, indem es sich nur noch an einem einzelnen Wirbel, nämlich an der ersten Vertebra sacralis deutlich aufrecht erhalten findet. So ist es wenigstens bei Tejus monitor Merr. und den anderen oben erwähnten grösseren, mir im Skelet vorliegenden Sauriern, bei welchen nur der durch Dicke ausgezeichnete Querfortsatz des ersten Sacralwirbels den gleichen doppelwurzeligen Ursprung vom Arcus und Corpus vertebrae wie bei den Crocodilen erkennen lässt, während der ungleich dünnere des zweiten Sacralwirbels in Uebereinstimmung mit den platten Quer-

[1]) Dies ist auch die Auffassung von Th. Huxley (Anatomy of vertebrated animals, p. 252): „If it be part of the definition of a ‚parapophysis', that it arises from the centrum, the dorsal vertebrae of the Crocodilia have no parapophyses."

fortsätzen der vorderen Schwanzwirbel (18 bei Tejus) allein aus der oberen Grenze des Wirbelkörpers hervorgeht, mithin nur eine Parapophyse darstellt.[3]) Dasselbe ist auch mit sämmtlichen, vor dem ersten Sacralwirbel liegenden paarigen Wirbelausläufern der Fall; der zitzenförmige Seitenfortsatz des einzigen Lendenwirbels von Tejus entspricht in gleicher Weise wie die Basis der an sämmtlichen achtzehn Brustwirbeln entspringenden Rippen, welche einer oberen Wurzel (Tuberculum, resp. Diapophyse) entbehren, lediglich einer Parapophyse.

Die sich den Sauriern überhaupt sehr eng, fast unmittelbar anschliessenden Ophidier zeigen das für jene charakteristische Verhalten der Rippen und Querfortsätze in übereinstimmender Weise, nur dass bei dem Mangel eines Beckens auch der einzige doppelwurzelige Querfortsatz in Wegfall gekommen ist. Auch bei ihnen sind nur Parapophysen mit daran beweglich eingelenkten Rippen ohne eigentliches Tuberculum, beziehentlich (Schwanzgegend) mit fest verschmolzenen Rippenrudimenten in Form von „Querfortsätzen" zur Ausbildung gelangt. Ob in dem für die Schlangenrippen charakteristischen, nahe ihrer Basis gelegenen, nach hinten hervorspringenden Höcker ein Rest der ursprünglichen Zweizinkigkeit und in dem seitlichen Vorsprung der vorderen Zygapophysen ein gleicher von Diapophysen zu erblicken sei, mag dahingestellt bleiben, erscheint aber mindestens sehr fraglich. In keiner Weise wird das typische Verhalten der Rippen und rippenartigen Fortsätze durch die auf den ersten Blick sehr überraschenden zweizinkigen Ausläufer alterirt, welche sich an den letzten Rumpf- und den vorderen Schwanzwirbeln der Riesenschlangen und nach Stannius[4]) auch von Naja und Echidna vorfinden.

Die Chelonier stellen sich zu den Sauriern und Ophidiern dadurch in einen scharfen Gegensatz, dass bei ihnen Parapophysen völlig eingegangen sind und dass im ganzen Verlauf der Wirbelsäule nur Diapophysen auftreten, mit welchen in der Brustgegend wirkliche Rippen, anderweitig aber Rudimente von solchen in eine feste Verbindung getreten sind. Stets

---

[3]) Es würden mithin nicht die Querfortsätze beider Sacralwirbel, wie Gegenbaur (Beiträge zur Kenntniss des Beckens der Vögel, in: Jenaische Zeitschr. f. Mediz. u. Naturwiss., VI, S. 207) meint, als Homologa der Brustrippen und der caudalen Querfortsätze aufzufassen sein, sondern nur diejenigen des zweiten. Bei denjenigen des ersten kommt wenigstens für ihren Basaltheil noch das Plus eines diapophytischen Ursprungs hinzu.

[4]) Handbuch der Anatomie der Wirbelthiere. 2. Aufl. Amphibien, S. 20. — An einem grossen Python spec. finde ich diese Wirbelausläufer auf der Grenze von Rumpf und Schwanz, aus den Weichtheilen herauspräparirt, in folgender Weise vor: Während an der viertletzten (frei beweglichen) Rippe der basale Höcker des Hinterrandes noch ganz nach der Art aller vorangehenden vollkommen ausgebildet ist, erscheint er an der drittletzten nur noch sehr rudimentär und fehlt an der vorletzten ganz. An der letzten Rippe, welche ungleich kürzer als die vorhergehenden ist, wird er durch einen grossen, platten Hakenfortsatz, welcher sich in einiger Entfernung von der Basis aus der Oberfläche der Rippe erhebt und dieser dachartig aufliegt, ersetzt. An den vier folgenden (ersten Schwanz-)Wirbeln finden sich fest angewachsene, aber mit gleich breiter Basis wie die Rippen entspringende, bis auf den Grund getrennte Gabelfortsätze von breiter, blattartiger Form, welche, sehr viel kürzer als die Rippen, doch die gleiche Richtung nach abwärts einhalten. Die äussere Gabelzinke entspricht jenem der letzten Rippe aufliegenden Hakenfortsatz, die innere der Rippe selbst, wie dies an derjenigen des ersten Schwanzwirbels die Verschmälerung ihres Endes noch deutlich erkennen lässt. Am fünften Schwanzwirbel findet sich bereits ein mit schmaler Wurzel entspringender, dünnerer Fortsatz vor, welcher erst nahe an seiner Spitze gegabelt erscheint und demnach wieder überwiegend der (innen liegenden) Rippe entspricht. Dasselbe ist mit allen folgenden, welchen die äussere Gabelzinke wieder fehlt, in ganzer Ausdehnung der Fall. An allen diesen, sich Schritt für Schritt auseinander hervorbildenden Ausläufern bleibt das Verhalten zur Parapophyse des Wirbelkörpers genau dasselbe, so dass von einer Parallelisirung derselben mit den oberen und unteren Querfortsätzen an den Sacralwirbeln der Vögel (vergl. H. von Jhering, Das peripherische Nervensystem der Wirbelthiere, S. 122) nach meiner Ansicht auch nicht im Entferntesten die Rede sein kann.

entbehren solche Rippen oder rippenartige Querfortsätze des ihnen mehrfach, aber mit Unrecht[1]) zugeschriebenen Capitulum und Collum gänzlich. An keinem Schildkrötenskelet liegen diese Verhältnisse klarer vor Augen, als an demjenigen der Hydromedusa Maximiliani, welches bei seinen zahlreichen Abweichungen von der bei den Cheloniern gewöhnlichen Bildung die Eigenthümlichkeiten der letzteren noch in einer ursprünglicheren, weniger beeinflussten Form erkennen lässt. Die acht langstreckigen Halswirbel zeigen „Querfortsätze", welche nicht, wie gewöhnlich bei den Schildkröten, den vorderen Zygapophysen dicht genähert und daher dem vorderen Wirbelende angefügt sind, sondern aus der Mitte der Wirbellänge hervorgehen. Dieselben erscheinen an den vier vorderen Halswirbeln, von der Fläche gesehen, breit dreieckig, flügelartig ausgebreitet, nur an ihrer Spitze knotenartig verdickt, sonst abgeflacht. Vom fünften an werden sie allmählich schmäler und aussen dicker, behalten aber bis zum siebenten incl. noch die horizontale Stellung bei, während sie am achten schon deutlich aufwärts gerichtet sind. An keinem dieser Querfortsätze ist eine Trennungsnaht gegen den Wirbelbogen, von welchem sie ihren Ausgang nehmen, erkennbar; als lediglich Diapophysen sind sie selbstverständlich auch nicht von einer Oeffnung durchsetzt. Am ersten Brustwirbel gehen die Querfortsätze noch genau wie an den letzten Halswirbeln aus der Mitte der Wirbellänge hervor, gleichen auch in der Form noch denjenigen des achten Halswirbels, sind aber 1) sehr viel stärker nach aufwärts gerichtet, 2) viel länger, so dass sie mit der Innenseite des Rückenschildes verschmelzen, und lassen 3) an ihrer Basis noch die Andeutung einer Naht gegen den Wirbelbogen hin erkennen. Sie halten demnach zwischen Querfortsatz und Rippe genau die Mitte. Am zweiten Brustwirbel tritt plötzlich ein ganz abweichendes Verhalten ein. Die vom Wirbelbogen abgelösten, d. h. durch eine Naht mit ihm verbundenen „Querfortsätze" sind breit, plattgedrückt und entspringen nicht mehr von der Mitte der Wirbellänge, sondern intervertebral, d. h. diejenigen des zweiten Brustwirbels auf der Grenze vom zweiten zum ersten, des dritten auf der Grenze vom dritten zum zweiten u. s. w. Doch stellt sich an den folgenden das ursprüngliche Verhalten allmählich wieder her, in so fern am fünften Brustwirbel der „Querfortsatz" (die Rippe) fast schon wieder auf sein eigenes Vorderende beschränkt ist und am siebenten sogar wieder vollständig aus der Mitte der Wirbellänge hervorgeht (am achten und neunten sogar hinter dieser). An diesen hinteren Brustwirbeln lässt sich nun der Charakter dieser Querfortsätze als alleiniger Diapophysen oder, wenn man will, als rein tuberculärer, d. h. eines Capitulum entbehrender Rippen[2]) mit voller

[1]) W. Peters, Ueber die Bildung des Schildkrötenskeletes (Archiv f. Anat. u. Physiol., Jahrg. 1839, S. 290) redet z. B. von einem „sogenannten Rippenköpfchen", welches „sich nicht allein mit je zwei Wirbelkörpern, sondern auch mit dem entsprechenden Wirbelbogen verbindet". Nur die letztere Verbindung seitens der Rippe existirt in Wirklichkeit; die erstere fehlt vollständig.

[2]) Wenn Hoffmann in Bronn's Classen und Ordnungen des Thierreichs, VI, 3., S. 16 angiebt, dass man nur bei jungen Schildkröten von Rippen sprechen könne, während sie bei ausgewachsenen Thieren von den in der unmittelbaren Umgebung dieser Rippen auftretenden Hautossificationen vollständig verdrängt seien, so lässt sich dies für Hydromedusa Maximiliani nicht ohne Weiteres anerkennen, da hier die Rippen sich ihrer ganzen Ausdehnung nach recht deutlich von den sie beiderseits begleitenden Costalplatten sondern und seitlich sogar frei aus denselben hervortreten. Obwohl Hoffmann bei Besprechung der Rippen (S. 34 ff.) sich nicht über den morphologischen Werth ihres vertebralen Endes äussert, so geht doch aus seinen Durchschnittsfiguren: Taf. IV, Fig. 6, und Taf. V, Fig. 2, deutlich hervor, dass schon bei jungen Schildkröten die Rippe als rein diapophytische, d. h. allein als seitlicher Ausläufer des Arcus angelegt wird und zum Corpus vertebrae keinerlei Beziehung hat.

Evidenz erkennen: denn da das Corpus vertebrae hier mit dem Arcus nicht fest verschmolzen ist, sondern durch eine Naht von ihm getrennt bleibt, so kann man ersteres in Verbindung mit dem unteren Theil der Bogenschenkel leicht loslösen, ohne dass dadurch die mit dem oberen Theil der Bogenschenkel in Verbindung bleibenden Rippen irgendwie tangirt werden.[1]) An dem letzten (9.) Brust- und den beiden auf ihn folgenden Sacralwirbeln lassen sich kurze Diapophysen und diesen sich unter einer Naht anschliessende „Rippen" unterscheiden. Letztere verlaufen am neunten Brustwirbel schräg nach oben und hinten, an den beiden Sacralwirbeln dagegen quer und fast horizontal. Es stellt daher der neunte Brustwirbel in gleicher Weise einen deutlichen Uebergangswirbel zu den Sacral- wie der erste Brust- zu den Halswirbeln dar. An den zwölf vorderen, auf die Sacralwirbel folgenden Schwanzwirbeln bleiben von jenen nur die Diapophysen in fast genau übereinstimmender Form, aber allmählich abnehmender Grösse übrig; die sich den Diapophysen seitlich anfügenden „Rippen" der Sacralwirbel fehlen ihnen vollständig. Dagegen finden sich solche an den Schwanzwirbeln anderer Chelonier-Gattungen bekanntlich in verschiedener Zahl, bald mit den Diapophysen verschmolzen, bald in völliger Selbstständigkeit, d. h. deutlicher und bleibender Trennung vor. Ersteres finde ich z. B. am Skelet von Emys europaea. Hier zeigen die drei ersten Schwanzwirbel die gleichen kurzen Diapophysen, wie sie sich an den Sacralwirbeln vorfinden, jedoch ohne sich ihnen anschliessende Rippenfortsätze. Dagegen besitzen der vierte und fünfte Schwanzwirbel plötzlich sehr lange und spitz ausgezogene Diapophysen, welche bei einem Vergleich mit den kurzen der drei vorangehenden Wirbel unwillkürlich den Eindruck hervorrufen müssen, dass es sich bei ihnen um eine Vergrösserung durch verschmolzene Rippenrudimente handele. Dasselbe ist auch noch bei den nächstfolgenden Schwanzwirbeln der Fall, obwohl an ihnen die Diapophysen bereits merklich kürzer und stumpfer zahnförmig auftreten. Das zweite Verhalten, in der Persistenz selbstständiger Rippenrudimente bestehend, tritt an den Schwanzwirbeln einer zweiten kleinen, ausländischen Emys-Art mit einkieligem Rückenschild aus der Gruppe der Emys geographica in die Augen. Bei dieser finde ich am vierten bis sechsten Schwanzwirbel, abweichend von den drei vordersten, die gleichfalls stärker verlängerten „Querfortsätze" noch ganz deutlich aus einer Diapophyse und einem kurzen, sich ihr unter einer Naht anfügenden Rippenrudiment bestehend und auch am siebenten, trotz der bereits erfolgten Verschmelzung des letzteren, die Grenze beider noch in einer Furche deutlich erkennbar. In dem einen wie in dem anderen Fall treten hier Rippenrudimente im Anschluss an die Diapophysen von Schwanzwirbeln nicht in Continuität mit den Rippenbildungen der Sacralwirbel, sondern mit Unterbrechung durch die drei vordersten Schwanzwirbel auf. Für Chelonoides Boiei und Chelydra serpentina hat jedoch CLAUS[2]) die völlige Ueberbrückung

[1]) Wenn daher STANNIUS (Vergl. Anatomie der Wirbelthiere. 2. Aufl., Amphibien, S. 29) sagt: „Jede Rippe geht mit einfacher, ungespaltener Basis von der Grenze des Wirbelkörpers und Bogenschenkels aus", so ist Ersteres der irrigen Angabe PETERS' gegenüber vollkommen richtig, Letzteres aber wenigstens für die Gattung Hydromedusa nicht mehr zutreffend. Bei ihr fügt sich das vertebrale Ende der Rippe in deutlicher Entfernung vom Wirbelkörper nur dem oberen Theil der Neurapophyse an. — Mit STANNIUS' Angabe stimmt übrigens auch diejenige von HUXLEY (The anatomy of vertebrated animals, p. 108, fig. 62) überein: „but a rib is articulated between the centrum and the neural arch."

[2]) Beiträge zur vergleichenden Osteologie der Vertebraten (Sitzungsberichte der mathem.-naturwiss. Classe der Akademie der Wissenschaften zu Wien. Bd. 74, Abth. 1, S. 794, Taf. I, Fig. 3, und II, Fig. 4).

der in jenen Fällen noch vorhandenen Lücke nachgewiesen: bei erstgenannter Gattung und Art zeigen die vierundzwanzig Schwanzwirbel vom ersten an sämmtlich selbstständige, von den Diapophysen abgetrennte Rippenstücke und zwar an den beiden vordersten sogar solche, welche durch ihre Länge ganz den „Sacralrippen“ gleichkommen und sich wie diese mit dem Os ilei in Verbindung setzen, während bei der zweiten (Chelydra) gerade die drei vordersten — bei Emys rippenlosen — Schwanzwirbel im Gegensatz zu den folgenden freie Rippenrudimente von ansehnlicher Länge und annähernd querer Richtung tragen. Es zeigen sich mithin an den Wirbeln der Schildkröten entweder völlig continuirlich — höchstens mit Ausschluss der mehr verkümmerten hinteren Schwanzwirbel — oder nur mit einer ganz lokalen Unterbrechung (durch die drei vordersten Schwanzwirbel) überall dieselben Verhältnisse in Betreff ihrer seitlichen Ausläufer, welche stets ausschliesslich als Diapophysen (bei fester Verschmelzung mit dem Wirbelbogen) oder als ihnen gleichwerthige halslose Rippen (bei freier Abtrennung von jenen) auftreten.

Wenn hiernach in den einzelnen Ordnungen der Reptilien alle überhaupt nur denkbaren Modifikationen in der Ausbildung der seitlichen Wirbelausläufer: Parapophysen neben Diapophysen (Crocodile), Parapophysen allein (Ophidier und Saurier), Diapophysen allein (Chelonii), doppelköpfige Rippen neben halslosen (Crocodile), capitulare Rippen allein (Ophidier und Saurier) und ausschliesslich halslose Rippen (Chelonii) vertreten sind, so gestaltet sich bei den Vögeln, welchen offenbar nur ein den Cheloniern gleichwerthiger systematischer Rang — als Ordnung innerhalb der Classe Sauropsida Huxl. — vindicirt werden kann, das Verhalten dieser Fortsätze und der von ihnen abgegliederten oder mit ihnen verschmolzenen Rippen abermals besonders, indessen ihrer sonstigen einheitlichen Organisation durchaus entsprechend, im hohen Grade uniform. Dasselbe kann kurz dahin präcisirt werden, dass im ganzen Verlauf der Wirbelsäule, mit alleiniger Ausnahme einer in der Lumbargegend eintretenden lokalen Unterbrechung, das ursprüngliche Verhalten, bestehend in zweizinkigen, sich mit Diapophysen und Parapophysen in Verbindung setzenden Rippen oder solchen gleichwerthigen, mit doppelten Wurzeln entspringenden „Querfortsätzen“, aufrecht erhalten oder vielmehr — nach Unterbrechung durch die Reptilien — wieder hergestellt ist, in der Beckengegend freilich unter ebenso auffallenden, wie im Detail mannigfachen Modifikationen. An den Halswirbeln sind die stark verkürzten zweizinkigen Rippen, mit Ausschluss der frei beweglich bleibenden hintersten, unter Bildung eines Foramen transversarium mit der Diapophyse und Parapophyse fest verschmolzen und treten dann in Form von (wenig exponirten) „Querfortsätzen“ auf. Mit den Brustwirbeln beginnt sodann die freie Beweglichkeit der Rippen an den Diapophysen und Parapophysen eines und desselben Wirbels, worin sich ein Beharren auf dem Verhalten der Urodelen und Crocodile (vordere Brustwirbel), dagegen eine Abweichung von den Säugethieren zu erkennen giebt. Im Gegensatz zu letzteren sind die Parapophysen niemals intervertebral und grubenartig eingesenkt, sondern treten, wie bei Struthio[1]), Otis, Numenius, Tringa, Fulica, Larus, Columba, ferner wie bei den Phasianiden, Rapaces und Oscines, aus dem vordersten Ende [illegible]

[1]) Owen (On the anatomy of Vertebrates II. p. 18) führt allerdings die Gattungen Aptenodytes und Struthio als Ausnahmen von der Regel an, indem bei ihnen die Parapophysen „auf den Intervertebralraum übergreifen“ sollen. An dem Skelet des Strausses kann ich indessen hiervon nichts erkennen.

des Wirbelkörpers, oder wie bei den Natatores (Cygnus, Anas, Anser, Mergus) in Form kurzer Säulen erst am Ende des ersten Viertheils seiner Länge, bei Ciconia, Platalea, Ardea und Grus — wenigstens an den vorderen Brustwirbeln — selbst erst beim Ende des ersten Drittheils hervor. Die stark ausgeprägte Zweizinkigkeit des vertebralen Rippenendes in Verbindung mit der Prominenz der Parapophysen bewirkt auch an diesen Brustwirbeln die Herstellung sehr ausgiebiger Foramina transversaria[1]), welche indessen mit dem Beginn der im Bereich ihres Corpus vertebrae verschmolzenen Lendenwirbel, unter welchen nur die vordersten noch vielfach Rippenrudimente besitzen, dagegen die Foramina transversaria zuweilen (Hulm) in mehr oder weniger reducirtem Zustande erkennen lassen, eine ungleich bedeutendere, ja sogar ganz aussergewöhnliche Grössenausdehnung eingehen. Trotz dieser verhalten sich die von den Lendenwirbeln ausgehenden Diapophysen und Parapophysen, welche eine seitliche Verschmelzung mit dem Os ilei eingehen, in allem Wesentlichen so übereinstimmend mit dem zweizinkigen vertebralen Ende der Brustrippen incl. der ihnen zur Einlenkung dienenden Wirbelfortsätze, dass man die durch dieselben gebildeten „Querfortsätze" füglich nur als morphologische Aequivalente derselben wird in Anspruch nehmen können, ohne dass dieser Anschauung selbst die sich an den Uebergangswirbeln vorfindenden Rippenreste ein erhebliches Hinderniss entgegensetzen dürften. An den hinteren Lendenwirbeln, welche je nach den Gattungen in der Zahl zwischen zwei und fünf schwanken[2]), erleidet diese Zweizinkigkeit der „Querfortsätze" freilich dadurch eine Unterbrechung, dass unter gänzlichem Schwinden der Parapophysen nur die oberen Wurzeln übrig bleiben, während dagegen mit den beiden acetabularen (Gegenbaur) oder eigentlichen Sacralwirbeln das frühere Verhalten wieder hergestellt wird, um von ihnen an bis zum Ende der Wirbelsäule zu verharren. Denn nicht nur die vorderen, seitlich mit dem Becken verschmolzenen, sondern auch die freibleibenden hinteren Schwanzwirbel zeigen an ihren „Querfortsätzen" die doppelten, hier freilich wieder dicht aneinander gerückten Wurzeln noch durchaus deutlich und zuweilen (Tantalus Ibis) selbst von einem kleinen Foramen transversarium durchsetzt. Bei diesem sehr übereinstimmenden Verhalten zwischen den Rippen der Brust- und den „Querfortsätzen" der Lumbar-, Sacral- und Caudalwirbel erscheint es auch gewiss recht künstlich, die Querfortsätze der beiden eigentlichen Sacralwirbel im Gegensatz zu denjenigen der vorangehenden Lumbar- und der folgenden Caudalwirbel lediglich aus dem Grunde als „Rippenrudimente"[3]) in Anspruch zu nehmen, weil der ventrale Schenkel derselben (Parapophyse) vom Corpus vertebrae getrennt, also selbstständig ossificirt, was, wie gleichzeitig hinzugefügt wird, zuweilen auch an dem ersten postsacralen Wirbel zu beobachten ist, möglicher Weise sich aber auch für die acetabularen Wirbel nicht einmal als constant herausstellen könnte. Wie dem auch sei, so wird dadurch

[1]) Die an den rippentragenden Diapophysen vieler Vögel (z. B. Circus rufus, Strix otus, Cygnus musicus, Tantalus Ibis, Grus Australasiae) vorkommenden Löcher, welche bei den Tagraubvögeln durch ihre Grösse und Lage zuerst den Eindruck von Foramina transversaria machen, haben mit solchen Nichts gemein. Sie ergeben sich als Oeffnungen der Neurapophysen-Schenkel, welche in die pneumatischen Hohlräume dieser hineinführen, ohne mit dem Canalis vertebralis zu communiciren.

[2]) Gegenbaur, Beiträge zur Kenntniss des Beckens der Vögel (Jenaische Zeitschr. f. Mediz. u. Naturwiss., VI. Taf. V–VII.

[3]) Gegenbaur, a. a. O., S. 207.

die grosse Gleichförmigkeit in der Ausbildung zweizinkiger seitlicher Wirbelausläufer, welche unzweifelhaft sämmtlich einen und denselben Typus wiederholen, im ganzen Verlauf der Vogel-Wirbelsäule nach keiner Richtung hin beeinträchtigt. Zugleich findet dieselbe für alle auf den Halstheil folgenden Wirbel ihre einfache und natürliche Erklärung in der Herstellung eines festeren Rumpfgefüges, wie sie sich offenbar für das Flugvermögen erforderlich oder wenigstens dienlich erweist.

Mit Rücksicht auf diese bei sämmtlichen lebenden Vögeln, und zwar bei den Ratitae in genau übereinstimmender Weise wie bei den Carinatae streng festgehaltene Bildung der Wirbel-Querfortsätze und der Rippen kann auch nicht im Entferntesten davon die Rede sein, die in Bezug auf ihre systematische Stellung viel diskutirte Archaeopteryx macrura Owen (lithographica v. Meyer) für einen Vogel im Sinne der lebenden anzusprechen, geschweige denn diese merkwürdige Thierform, wie es neuerdings Dames[1]) versucht hat, direkt als ein Mitglied des Carinaten-Stammes hinzustellen, welches zu diesem viel engere verwandtschaftliche Beziehungen darbiete, als zwischen den lebenden Carinatae und Ratitae vorhanden sein sollen. Eine derartige nicht nur in hohem Grade befremdend wirkende, sondern geradezu abenteuerlich erscheinende Auffassung kann nur als das Ergebniss einer völligen Verkennung der zahlreichen die Carinatae und Ratitae eng und unmittelbar verbindenden typischen Uebereinstimmungen, welchen nur eine verschwindend geringe Zahl durchaus sekundärer Differenzen gegenübersteht, angesehen werden, während sie sich andererseits als aus einer noch ungleich bedenklicheren Unterschätzung der zahlreichen typischen Unterschiede, welche das Archaeopteryx-Skelet demjenigen der lebenden Vögel gegenüber erkennen lässt, hervorgegangen erweist. Zu diesen typisch verschiedenen, dem Vogelskelet völlig fremden Bildungen gehören gleich in erster Reihe diejenigen, welche dem gegenwärtigen Exkurs als Ausgangspunkt dienen, nämlich die Rippen und ihr Verhalten zur Wirbelsäule. Zunächst fehlen die den zwei bis drei letzten Halswirbeln der Vögel zukommenden Halsrippen[2]) vollständig: an keinem der den rippentragenden Brustwirbeln vorangehenden Wirbel, wiewohl sie bei ihrer direkten Profillage die ventrale Seite deutlich hervorkehren, ist auch nur die geringste Andeutung solcher zu erkennen. Sodann aber — und das ist noch von ungleich tiefer einschneidender Wichtigkeit — schliesst die Zahl sowohl wie die Form der Brustrippen einen Vogel von vornherein mit voller Sicherheit

[1]) Ueber Archaeopteryx. Mit 1 Tafel. 4°. Berlin. 1884 (Paläontologische Abhandlungen. Bd. II. Heft 3).

[2]) Dass die von Dames (a. a. O., S. 18) nach dem Vorgang von C. Vogt als „Halsrippen" in Anspruch genommenen dünnen, nadelförmigen Gebilde, welche am zweiten bis siebenten Halswirbel sichtbar sein sollen, einer solchen Deutung ihrem Sitz und ihrer Form nach durchaus widersprechen, erscheint mir unzweifelhaft, auch wenn man ihre Dünnheit aus derjenigen der Brustrippen ableiten wollte. Auf der die Abhandlung begleitenden Tafel sind deren übrigens nur vier zu erkennen, von denen zwei auf der Grenze vom zweiten zum dritten Halswirbel entspringend, in entgegengesetzter Richtung verlaufen, die beiden anderen vom hinteren Ende des dritten und vierten ausgehend, nach hinten gewendet sind. Dieselben gleichen in Grösse und Form vollkommen den von einigen der hinteren Schwanzwirbel entspringenden, aber die Richtung nach vorn einschlagenden „verknöcherten Bändern" (S. 23) und dürften gleich diesen ossificirte Sehnen darstellen, deren Vorkommen an den Halswirbeln ebenso gut denkbar wäre. Da Halsrippen durchweg nur unmittelbare Vorgänger von Brustrippen sind und in diese bei allen Sauropsida allmählich übergeführt werden, so kann im vorliegenden Fall von solchen überhaupt keine Rede sein.

aus. Zwölf Rippenpaare von äusserst dünner Fischgrätenform, welche jeder Andeutung von Processus uncinati und jeder Spur eines gegabelten (zweizinkigen) vertebralen Endes, wie es in erster Reihe erforderlich wäre, vollständig entbehren und welche, da die acht hinteren in ihrem Anschluss an die Wirbel völlig unzweideutig zu Tage liegen, ein solches auch mit Evidenz ausschliessen! Solche — abweichend von Pterodactylus — ausschliesslich parapophytisch inserirte, in ihrem ganzen Verlauf grätenartig dünne Rippen stehen zu den auf die Herstellung einer möglichst fest gefügten Brustwandung gerichteten der Vögel, selbst der des Flugvermögens entbehrenden, in dem diametralsten, nur denkbaren Gegensatz. Auch können sie unmöglich durch die Frage als Vogelrippen hingestellt werden, welche Reptilien denn solche feinen Rippen besässen? Kein anderes Reptil besitzt auch einen so colossal in die Länge entwickelten Finger der Ulnarseite wie Pterodactylus, ohne dass an dessen Reptiliennatur irgend Jemand zu zweifeln Anlass gefunden hätte. Ueberdies treten aber die Rippen von Chamaeleon, wenn sie gleich nicht ganz die relative Länge derjenigen von Archaeopteryx erreichen, diesen durch ihre Dünnheit schon ungemein nahe und stimmen zugleich mit ihnen in der weit abwärts, ganz an die Basis des Wirbelkörpers verlegte Einlenkung in geradezu überraschender Weise überein. Endlich würden auch die „Bauchrippen", falls sie, was freilich nicht als völlig gesichert gelten kann, sich in der That als solche herausstellen sollten — sie als Ossa sterno-costalia zu deuten, ist nicht so ohne Weiteres von der Hand zu weisen — sich als eine dem Vogel durchaus fremde Bildung darstellen.

Dieser mithin in jeder Beziehung und für sich schon allein den Vogel zurückweisenden Rippenbildung steht nun aber ausserdem noch eine ganze Reihe anderer Skelet-Theile zur Seite, welche ihn auch ihrerseits theils direkt widerlegen, theils mindestens wesentlich in Frage stellen. Zwar soll der „Kopf" (Schädel!) der Archaeopteryx „kein einziges Merkmal auffinden lassen, was die jetzigen Vögel nicht ebenfalls besitzen — mit Ausnahme der Bezahnung".[1]) Dem entgegen wüsste ich meinerseits deren mehrere nachzuweisen, will aber zunächst diejenigen für den Vogelschädel charakteristischen Eigenthümlichkeiten hervorheben, welche ich an dem Archaeopteryx-Schädel vollständig vermisse und deren Mangel auch schwerlich auf Rechnung seiner unvollkommenen Erhaltung gestellt werden kann. Es fehlt demselben jede Spur des die Augenhöhle hinterwärts begrenzenden Processus zygomaticus s. descendens des — an jener Stelle wohl erhaltenen — Stirnbeines: es fehlt ihm ebenso jede Andeutung des grossen, in die Augenhöhle hineinragenden Processus orbitalis des Quadratbeines und es ist an demselben drittens auch absolut Nichts von dem so charakteristischen, gegen den Jochbogen herabsteigenden Processus descendens des Os lacrymale wahrzunehmen. Auch von einer den Processus zygomaticus maxillae mit dem Os quadratum in Verbindung setzenden Jochbein-Brücke ist Nichts auch nur mit annähernder Deutlichkeit ausfindig zu machen. Diesem Mangel der für den Vogelschädel charakteristischen Merkmale gegenüber ist das Vorhandensein folgender direkt gegen ihn zeugender zu betonen: Das am Vogelschädel stets an die Basis des Oberkiefers verlegte Nasenloch — nur bei

[1]) Dames, a. a. O., S. 46. Der Schädel des Berliner Exemplares liegt nicht, wie S. 8 bemerkt wird, „völlig auf der rechten Seite", sondern, da er diese dem Beschauer der Platte zuwendet, auf der linken, wie es S. 10 richtig angegeben ist.

den Ratitae reicht es, aber lediglich auf Grund seiner starken Längsstreckung, weiter nach vorn gegen die Schnabelspitze hin — findet sich am Archaeopteryx-Schädel seinem vorderen Ende dicht **genähert**, ganz nach Art der lebenden Saurier (Tejus, Trachysaurus, Uromastix, Lacerta, Chamaeleon u. s. w.). Die am Schädel der Carinatae im Vergleich mit der Augenhöhle stets sehr kleine Fossa lacrymo-nasalis, welche nur bei Dromaeus und Casuarius mit der Fossa nasalis in Eins zusammenfliesst, würde, falls sie sich nicht etwa als ein auf Zerquetschung der betreffenden Schädelstelle beruhendes Trugbild erweist[1]), am Archaeopteryx-Schädel eine ganz unverhältnissmässige Grösse zeigen, übrigens, als bei Pterodactylus gleichfalls sehr stark ausgebildet[2]), nichts weniger als für den Vogelschädel charakteristisch zu gelten haben. Der weit nach hinten heraustretende und horizontal verlaufende Processus angularis der Mandibula lässt ganz den Saurier-Typus (besonders Monitor!), aber nichts an die Vögel Erinnerndes erkennen. (Das „Pterygoid" in der restaurirten Schädelfigur S. 11 dürfte wohl der abgebrochene Processus coracoides sein.) Endlich dürften auch die Zähne nach Form und Anordnung ungleich mehr auf einen Saurier- als auf einen Vogelschädel schliessen lassen: zum Mindesten können sie nicht denjenigen der Archaeopteryx aus dem Grunde zu einem Vogelschädel stempeln, weil die (wirklichen) Vögel der Kreideformation gleichfalls Zähne besessen haben.[3]) Nur Jemand, der, wie Seeley, für den Reptilienschädel ein mit demselben fest verschmolzenes Os quadratum voraussetzt[4]) — bekanntlich ist dasselbe unter den lebenden Reptilien nicht nur bei den Ophidiern, sondern auch bei sämmtlichen Sauriern mit alleiniger Ausnahme von Hatteria in freiester Weise beweglich —, der ferner die Fossa lacrymo-nasalis für das Nasenloch des Archaeopteryx-Schädels ansieht, in diesen eine — nicht vorhandene — Crista occipitalis hineinconstruirt u. s. w., wird sich, ohne die charakteristischen Merkmale des Vogelschädels zu vermissen, einen solchen mit Leichtigkeit vorzuphantasiren im Stande sein, während Jeder, der sich an das thatsächlich Vorhandene hält und zugleich das theils unzweifelhaft, theils aller Wahrscheinlichkeit nach Fehlende berücksichtigt, nur mit C. Vogt zu dem Ergebniss der ungleich grösseren Reptilien-Uebereinstimmung gelangen wird. Mag der Archaeopteryx-Schädel bei oberflächlicher Betrachtung immerhin eine grössere **habituelle** Aehnlichkeit mit einem Vogelschädel, als derjenige von Pterodactylus darbieten: in den für letzteren von Huxley[5]) mit Recht geltend gemachten Vogel-**Charakteren** steht er ihm, etwa mit Ausnahme der bei beiden annähernd gleich entwickelten Gehirnkapsel, unzweifelhaft entschieden nach. Und doch hat Niemand bisher an der Reptilien-Natur von Ptero-

[1]) In der That erweckt diese zwischen Orbita und Nasenöffnung liegende „Thränengrube" bei Betrachtung des Schädels die gewichtigsten Bedenken in Betreff ihrer ursprünglichen Form und Grösse, welche bestimmt nicht in der auf S. 11 gegebenen Figur ihren richtigen Ausdruck gefunden hat. Unter allen Umständen ist der dort als Processus palatinus maxillae bezeichnete Theil in dieser Form und Lage völlig unverständlich und vermuthlich auf einen Bruch der Oberkieferwand zurückzuführen.

[2]) „The resemblance (of Pterodactylus) to birds is still further increased, in some species, by the presence of wide lachrymo-nasal fossae between the orbits and the nasal cavities." Huxley, A manual of the anatomy of vertebrated animals, London 1871, p. 268.

[3]) Dames, a. a. O., S. 14. Allerdings wird diese Begründung durch eine spätere Kritik des systematischen Werthes der Kieferbezahnung (S. 47) wieder aufgegeben oder wenigstens abgeschwächt.

[4]) Nach Dames, a. a. O., S. 14.

[5]) Manual of the anatomy of vertebrated animals, London 1871, p. 268. — Annals and magazine of natural history, 4. ser., Vol. II, 1868, p. 71.

dactylus gezweifelt. Niemand hat diese Gattung auf Grund ihrer schnabelartig verlängerten Kiefer, der ganz nach Art der Vögel weit nach hinten verschobenen Nasenöffnung, der wie am Vogelschädel ausgebildeten Fossa lacrymo-nasalis, des Sclerotical-Ringes u. s. w. für mehr als vogelähnlich angesprochen, wiewohl sie die beiden erstgenannten Charaktere noch vor Archaeopteryx voraus hat.

In noch ungleich schwerwiegenderer Weise als der Schädel, welcher zu einer definitiven Erledigung der strittigen Punkte viel zu unvollständig erhalten ist, spricht gegen die Zuertheilung der Archaeopteryx zu den Carinatae das Skelet der vorderen Extremität, von welcher freilich nur die dieser im engeren Sinne angehörenden Theile (Humerus bis Phalangen), nicht aber der Schultergürtel [1]) vollständig erhalten ist. Das für ihre allseitige Erkenntniss besonders wichtige Sternum ist sogar vollständig unbekannt geblieben. Von der Form des Humerus muss freilich in gleicher Weise wie von dem zwischen Radius und Ulna bestehenden Dimensionsverhältniss ohne Weiteres zugestanden werden, dass sie eine entschiedene Vogelbildung zur Schau tragen, höchstens dass die beiden Vorderarmknochen im Verhältniss zum Humerus zu kurz gekommen sind, wenigstens relativ kürzer erscheinen als bei den meisten fliegenden Carinaten. Trotzdem kann diese Vogelähnlichkeit der Armknochen von Archaeopteryx für ihre Vogel-Zugehörigkeit in keiner Weise Ausschlag gebend sein, da sie ebenso wie diejenige der Scapula auch der Gattung Pterodactylus [2]) zukommt und bei beiden unzweifelhaft durch das Flug- oder Flattervermögen bedingt wird:

[1]) Dass der von Owen (On the Archaeopteryx. Philosophical Transactions of the Royal society of London. Vol. 153. pt. 1. pl. I) mit 58 bezeichnete V-förmige Knochen keine Vogel-Furcula sein kann, ergiebt ebensowohl die rechtwinklige Divergenz seiner Schenkel gegenüber ihrer Kürze und Massivität, wie auch das Missverhältniss, in welches dieser Knochen durch seine Plumpheit zu den nadeldünnen Rippen tritt. Ebenso wenig liegt irgend welcher Anhalt dafür vor, in dem von Dames (a. a. O., S. 27) als linksseitiges „Furcula-Fragment" in Anspruch genommenen Theil des Berliner Exemplares das scapulare Ende des Owen'schen V-Knochens zu erblicken. Mit gleichem oder selbst mit grösserem Recht könnte man darin den von Owen in Bezug auf seine Deutung offen gelassenen Knochen C (im Anschluss an die rechte Scapula 51) erkennen wollen, schon deshalb, weil in beiden Fällen seine Anlagerung an die Scapula dieselbe ist. Auch erscheint es keineswegs als ausgeschlossen, dass gerade dieser Knochen eine selbstständige, d. h. mit der anderseitigen nicht verschmolzene Clavicula darstellt; jedenfalls spricht sein Lagerungsverhältniss zur Scapula für diese Auffassung ungleich mehr als für ein Coracoid. — Im Uebrigen entspringt die künstliche Deutung jenes V-förmigen Knochens als Furcula offenbar wieder nur dem Bedürfniss, der Archaeopteryx zu weiteren Carinaten-Charakteren zu verhelfen; denn an und für sich würde durchaus nichts Auffallendes darin zu finden sein, wenn die Gattung gleich den Pterosauriern einer Furcula entbehrte. Ist letztere doch selbst bei den Carinaten keine ausnahmslose Bildung und lässt ihre hier und da auftretende Verkümmerung sich nicht einmal, wie bei den Ratiten, mit dem Mangel der Crista sterni in Beziehung setzen. Bei Strigops habroptilus (mit stark verkürzten Schwingen) könnte dies allerdings so scheinen, da hier mit der nur sternalwärts verknöcherten, sonst sehnigen Furcula eine sehr rudimentäre Crista zusammentrifft. Den vollen Gegensatz hierzu zeigen aber die Australischen Platycercus-Arten (mit normal entwickelten Schwingen), indem bei diesen (z. B. Platyc. erythropterus Vig.) die Crista sterni nach Art der meisten Papageien sehr stark ausgebildet ist — etwa ebenso hoch wie das Sternum breit —, während dagegen die Furcula auf ein ganz kleines, jederseitiges, nur 7 mm langes Rudiment ihres scapularen Endes, welches mit dem Coracoid fest verschmolzen ist, reducirt erscheint. Noch bei weitem auffallender ist die schon von Stannius (Vergl. Anat. der Wirbelthiere, S. 250, Anm. 9) kurz angedeutete Rückbildung in zwei völlig getrennte Claviculae bei den Tucans. Bei Rhamphastos discolor (vulgo: discolorus) finde ich an dem aus dem Fleisch herauspräparirten Schultergürtel das Sternum nur mit mässig hoher Crista versehen; der Scapula und dem Coracoid legt sich bei ihrem Zusammentreffen jederseits von innen her in gewöhnlicher Weise mit breit dreieckiger und plattgedrückter Basis eine sonst griffelförmige Clavicula an, welche fast vertical und mit der gegenüberliegenden durchaus parallel verläuft, so dass sie das Coracoid ihrer Seite kreuzt und an ihrem hinteren, mit dem Sternum in keine Verbindung tretenden Ende von der zweiten Clavicula 5 mm in der Querrichtung entfernt ist.

[2]) „The scapula and the coracoid of Pterodactyles are extremely similar to the same parts in birds and limited to the shoulder girdle of the less reptilian Carinatae." Huxley, A manual of the anatomy of vertebrated animals, p. 268.

ist doch bei Pterodactylus die sehr viel stärkere Verlängerung der Vorderarmknochen noch ungleich carinatenähnlicher als bei Archaeopteryx. Ausserdem hat aber bei letztgenannter Gattung ganz ebenso wie bei Pterodactylus mit dem Ende der Vorderarmknochen die Vogel-Aehnlichkeit vollständig ihren Abschluss gefunden; mit dem Beginn des Carpus treten bei beiden Gattungen völlig veränderte, dabei aber unter sich viel ähnlichere Verhältnisse ein, als jede derselben nicht nur den Carinaten, sondern den Vögeln überhaupt gegenüber erkennen lässt. Der Carpus von Pterodactylus liesse bei der selbstständigen Ausbildung nicht nur eines Radiale und Ulnare, sondern auch der distalen Carpalknochen allenfalls noch den Vergleich mit der embryonalen Vogelhand, an welcher sich der GEGENBAUR'schen Darstellung entgegen nach ROSENBERG's[1]) Ermittelung gleichfalls Carpalia einer distalen Reihe vorfinden, zu. Bei Archaeopteryx fällt dagegen die Möglichkeit einer solchen Zurückführung vollständig fort, da der Carpus in wünschenswerthester Deutlichkeit überhaupt nur aus einem einzigen Knochen, welchen man seiner Grösse, Form und Lagerung nach allerdings mit einiger Wahrscheinlichkeit als ein Os radio-ulnare deuten kann, besteht. Auf diesen mithin sehr reducirten, aber völlig isolirt gebliebenen Carpus folgen bei Archaeopteryx drei sehr ausgebildete, in starke, offenbar zum Anklammern dienende Krallen endigende Finger, welche gleich mit dem Beginn der Metacarpalia unter einander vollständig getrennt sind und genau dieselbe Phalangen-Zahl (2. 3. 4.), wie sie an den drei Innenfingern der Saurier-Hand auftreten, besitzen. Auch sind diese drei bei Archaeopteryx allein zur Ausbildung gelangten Finger etwa bis auf die stärkere Verkürzung des Os metacarpale primum mit den drei Innenfingern der Pterodactylus-Hand in allem Wesentlichen übereinstimmend gebildet. Es liegt demnach hier eine so typische Saurier-Hand vor, wie sie vollkommener gar nicht gedacht werden kann und gegen welche die Vereinfachung des Carpus schon in so fern nicht geltend gemacht werden darf, als diese offenbar mit der verminderten Zahl der zur Ausbildung gelangten Finger in Beziehung steht. (Bei den Pterosauriern, welche fünf, resp. vier ausgebildete Finger haben, von denen der ulnare noch dazu eine abenteuerliche Länge und Stärke eingeht, ist dem entsprechend der Carpus vollzählig ausgebildet.) Was soll dagegen an dieser Archaeopteryx-Hand wohl vogelähnlich sein? Die Dreizahl der Finger bei ihrer völlig abweichenden Bildung doch gewiss nicht! Und wie soll wohl durch dieses Handskelet Archaeopteryx mit den Carinaten eng verbunden werden, diese dagegen sich den Ratiten, von denen Struthio und Rhea eine in allem Wesentlichen übereinstimmende Handbildung wie die Carinaten besitzen[2]), scharf gegenüberstellen? Einem

[1]) Ueber die Entwickelung des Extremitäten-Skeletes bei einigen durch Reductionen ihrer Gliedmaassen charakterisirten Wirbelthieren (Zeitschrift f. wissensch. Zoologie. Bd. XXIII. 1873. S. 139 ff., Taf. VII. Fig. 20 ff.).

[2]) DAMES (a. a. O., S. 76) stellt dies unbegreiflicher Weise in Abrede, indem er sagt: „Man muss mit C. VOGT annehmen, dass der einfingerige Flügel des Strausses aus einem mehrfingerigen durch Reduction hervorgegangen ist, gleichwie der Flügelstummel von Apteryx und Hesperornis. Der Stammvater der Ratiten wird sicher eine mehrfingerige Vorderextremität besessen haben, nicht durch Nichtgebrauch verkümmerte" u. s. w. Ebenso heisst es (S. 70) von den postcretaceischen Ratiten: „Flügel noch aus Oberarm, Unterarm und rudimentärer Hand bestehend." Wie verhält sich nun aber die Sache in Wirklichkeit? Man braucht nur das Skelet von Struthio oder Rhea anzusehen, um sich mit Leichtigkeit davon zu überzeugen, dass beide Strauss-Arten eine genau ebenso vollständig dreifingerige Hand besitzen wie alle mit Flugvermögen versehene Carinaten, und dass an dieser Hand auch die Verwachsung der Metacarpalien, die Stellung der Finger so wie die Zahl und das Grössenverhältniss ihrer Phalangen vollkommen mit jenen übereinstimmen; nur dass die erste Phalanx des Mittelfingers die ursprüngliche Griffelform beibehalten und nicht mit der abgeplatteten und seitlich erweiterten der Carinaten vertauscht hat. Vgl. auch PANDER und D'ALTON, Die Skelete

derartigen Versuch, völlig heterogene Bildungen für identisch und auf der anderen Seite augenscheinliche Uebereinstimmungen als nicht existirend hinzustellen, brauchen nicht Gründe, sondern einfach nur die Thatsachen entgegen gehalten zu werden.[1])

In einen völligen Gegensatz zu dem Skelet der vorderen Extremität tritt bei Archaeopteryx dasjenige der hinteren. Sie ist der einzige Theil des gesammten Skeletes, welcher — in Gemeinschaft mit dem Federkleid — eine thatsächliche Vogelbildung erkennen lässt; doch tritt letztere auch hier nur im Bereich der eigentlichen Extremität — vom Femur an — hervor, während das später zu erörternde Becken einer solchen wieder auf das Entschiedenste widerspricht. Die Verschmelzung von Tibia und Fibula, der Mangel eines selbstständigen Tarsus, die Verwachsung der Metatarsalia unter sich und mit dem Endabschnitt jenes zu einem langstreckigen „Lauf", endlich die Ausbildung von vier

der straussartigen Vögel, Taf. I u. II. und Th. Huxley, A manual of the anatomy of vertebrated animals, p. 290: „In the Apterygidae and in the Casuaridae, there is but one complete digit in the manus. In the Struthionidae and Rheidae and in all Carinatae, there are three digits in the manus, which answer to the pollex and the second and third digits of the pentadactyle for limb." Es kann dem noch hinzugefügt werden, dass der mit einer 14 mm langen Hornkralle bewehrte Innenfinger von Rhea bei 3 cm Länge sogar ausnahmsweise kräftig entwickelt ist und hierin selbst denjenigen der meisten Carinaten übertrifft. Es ist daher durchaus nicht nöthig, erst den präsumirten „Stammvater" der Ratiten abzuwarten, um sich von der nichts weniger als verkümmerten dreifingerigen Hand der Strausse zu überzeugen. Eine auf einen einzelnen Metacarpus und Finger reducirte Hand besitzen nur Dromaeus, Casuarius (vgl. Pander und d'Alton, a. a. O., Taf. III u. IV) und (nach Owen) Apteryx. Aber auch ausser dem Handtheil zeigt das Skelet der vorderen Extremität bei den einzelnen Ratiten-Gattungen ebenso auffallende Verschiedenheiten unter einander, wie unverkennbare Uebergänge zu demjenigen der Carinaten; Uebergänge, welche unwillkürlich die Vorstellung erwecken müssen, dass sie aus dem allmählichen Verlust des Flugvermögens hervorgegangen sind. Rhea steht den Carinaten dadurch noch sehr nahe, dass bei einem noch mit deutlich erkennbarer, wenn gleich als buckliger Längswulst auftretender Crista versehenem Sternum so wie bei völlig normal entwickelten, die nächstfolgende Rippe deckenden Processus uncinati ein Humerus vorhanden ist, welcher zurückgelegt noch die Basis des Femur erreicht und sich von demjenigen der Carinaten nur durch grössere Schmächtigkeit unterscheidet; dass ferner die beiden Vorderarm-Knochen noch drei Viertheilen (21 cm) der Humerus-Länge (28 cm) gleichkommen. Erst bei Struthio erleiden diese noch sehr deutlichen Carinaten-Merkmale durch das völlige Schwinden der Crista sterni, die stark verkürzten Processus uncinati, den schon beträchtlich kürzeren, wenn gleich immer noch recht langstreckigen Humerus und besonders durch die bis auf ein Dritttheil der Humerus-Länge reducirten Vorderarm-Knochen eine wesentliche Herabminderung; bis dann endlich bei Dromaeus und Casuarius unter Beibehaltung der den Afrikanischen Strauss charakterisirenden Brustbein- und Rippenbildung der Humerus sowohl wie die Vorderarmknochen — letztere von $^2/_3$ bis $^3/_4$ der Humerus-Länge — eine sehr auffallende Verkürzung und zugleich eine derselben entsprechende Schmächtigkeit erleiden. Mit dieser demnach durchaus schrittweise erfolgenden Verkümmerung der einzelnen Theile des Flügelskeletes steht aber zugleich das Verhalten der Schwungfedern in völlig adäquatem Verhältniss; denn diese sind bei den beiden Strauss-Arten noch mit äusserst kräftigen Schäften (bei Struthio camelus von 6 mm Dickendurchmesser!) versehen und werden von denselben dem entsprechend, wenngleich nicht mehr zum Fluge, so doch beim Dauerlauf als ausgespannte Segel verwerthet, während sie dagegen bei Dromaeus und bei Apteryx, wo sie ganz dünne und weiche Schäfte besitzen, überhaupt keine Verwendung mehr finden. Andererseits nähert sich der in Bezug auf das Skelet der Vorder-Extremität am meisten zurückgegangene Apteryx den Carinaten wieder durch die Ausbildung sämmtlicher vier Zehen und stimmt mit ihnen nach Gegenbaur (Jenaische Zeitschr. f. Naturwiss. VI, S. 165) auch in der Bildung der sich mit dem Becken in Verbindung setzenden Wirbel ungleich mehr als mit den übrigen Ratitae überein. Sein völlig abgeflachtes Sternum bildet einen eigenthümlichen Gegensatz zu den auffallend breiten und platten Rippen — die zweite ist 12 mm breit! — deren gleichfalls sehr breite und überhaupt ungewöhnlich grosse Processus uncinati selbst weit über den Hinterrand der folgenden Rippe hinausragen. Mithin ein höchst eigenthümliches Gemisch von Ratiten- und Carinaten-Merkmalen, welches die schon früher wiederholt und auch neuerdings noch (Zoologischer Anzeiger, Jahrg. 1886, S. 47) von W. von Nathusius auf Grund der Eischalenstructur erhobenen Zweifel an der Zugehörigkeit der Gattung zu den Ratiten berechtigt erscheinen lässt.

[1]) Wenn von Dames (a. a. O., S. 57 f.) behufs des Nachweises einer wesentlichen Uebereinstimmung zwischen dem Handskelet der Archaeopteryx und denjenigen der Carinaten auf die an einzelnen Fingern der letzteren auftretende Endkralle hingewiesen wird, so ist dagegen zu bemerken, dass an sorgsam präparirten Skeleten von Struthio camelus sogar alle drei Finger als mit einer Endkralle versehen erblickt werden können.

bekrallten Zehen, von denen die innere den höheren Ursprung an der Hinterseite zeigt, die drei nach vorn gerichteten die bekannte Zunahme in der Zahl der Phalangen (3, 4, 5.) erkennen lassen, erweisen sich durchweg als für den Vogelfuss charakteristische Eigenthümlichkeiten. Von einer unvollständigen Verschmelzung der Metatarsalia, wie sie Marsh erkannt zu haben glaubt, ist wenigstens an dem Berliner Exemplar Nichts wahrzunehmen; eher könnte man an diesem für die rechte Extremität, welche Unterschenkel und Lauf in natürlicher Verbindung zeigt, zu der Vermuthung gelangen, dass das proximale Os tarsi ebenso wenig eine vollständige Verschmelzung mit dem unteren Ende der Tibia eingegangen sei, wie es bei Chamaeleon an beiden Unterschenkelknochen der Fall ist.

Um das Verhalten des bis jetzt nur nach Fragmenten bekannt gewordenen Archaeopteryx-Beckens zu erörtern, ist es erforderlich, zunächst die Wirbelsäule, so weit derselben nicht schon im Vorhergehenden gedacht worden ist, einer Besprechung zu unterziehen. Dieselbe hat an dem Berliner Exemplar mit dem ersten auf die rippentragenden Wirbel folgenden eine — für die allseitige Kenntniss des Skeletes sehr bedauerliche — Unterbrechung erfahren, während sie an dem Londoner überhaupt nur im Bereich ihres Endtheiles erhalten ist. An ersterem folgt nach einer Lücke von 26 mm Länge, von welcher man nach der Lage der hinteren Extremität anzunehmen berechtigt ist, dass sie genau der Länge der in Wegfall gekommenen Wirbel entspricht, das aus zwanzig Wirbeln bestehende Schwanzskelet, welches in gleicher Continuität auch an dem Londoner Exemplar freiliegt, hier aber eine abweichende Einbettung erfahren hat. Während dasselbe an letzterem seiner ganzen Längserstreckung nach horizontal gelegen ist, wie nicht nur die an den basalen Schwanzwirbeln beiderseits symmetrisch hervortretenden Processus costarii, sondern auch die in der Ebene der Platte liegenden, weil rechts und links gleich deutlich ausgeprägten Schaftfedern bekunden, ist an dem Berliner Exemplar eine sehr deutliche Drehung um seine Achse zum Austrag gekommen. Im Bereich seiner Basis zeigt hier nämlich das Schwanzskelet noch genau die gleiche Profillage, wie sie nebst dem Schädel auch der ganze vorhergehende Theil der Wirbelsäule eingehalten hat; daher denn auch von den Processus costarii der fünf vorderen Schwanzwirbel, welche nach Art derjenigen von Chamaeleon stark abwärts gekrümmt und mit ihrer Spitze deutlich nach hinten gewendet sind, nur der rechtsseitige zur Ansicht gelangt. Dass jedoch schon alsbald, etwa vom siebenten oder achten Wirbel an, diese Seitenlage allmählich mit einer dorso-ventralen vertauscht wird, ergiebt sich mit voller Evidenz aus zwei Umständen: einmal daraus, dass die Zygapophysen, welche im Bereich der Basis des Schwanzskeletes durchaus lateral (linkerseits) gelegen sind, je weiter nach rückwärts, desto mehr auf die obere Fläche rücken, so dass sie an den sieben letzten Wirbeln, genau wie an dem Londoner Exemplar, vollkommen dorsal zu liegen kommen[1]; andererseits daraus, dass dem ganz entsprechend nur im Bereich der sieben bis acht hinteren Wirbel die Schaftfedern beiderseits gleich deutlich ausgeprägt sind, während sie weiter nach vorn linkerseits schon sehr viel undeutlicher hervortreten, rechts aber selbst ganz verschwunden sind. Eine solche Achsendrehung ergiebt sich übrigens als etwas durchaus Naheliegendes oder selbst Nothwendiges, wenn man die Uebereinstimmungen zwischen den

[1]) Dames (a. a. O., S. 22) schreibt irriger Weise sämmtlichen Schwanzwirbeln die Seitenlage zu.

sonst so verschieden eingelagerten beiden Archaeopteryx-Individuen berücksichtigt. Das Londoner Exemplar, dessen „disjecta membra" eine der Einbettung vorangegangene gewaltsame Zerstörung voraussetzen lassen, zeigt die fleischlosen und mit flächenhaft orientirten Horngebilden versehenen Theile — Flügel sowohl wie Schwanz — vollkommen in der Horizontal-Ebene der Platte ausgebreitet, der Hauptsache nach selbst in natürlicher gegenseitiger Lage. An dem Berliner Exemplar dagegen, dessen Leichnam augenscheinlich in continuo eingebettet worden ist und bis zum Ende des Rumpfes dabei die Seitenlage angenommen hat, haben zwar die mit dem Rumpf nur lose verbundenen Flügel dieser seitlichen Einlagerung leicht den durch die Schaftfedern bedingten Widerstand entgegensetzen können, während dies für den zu einem horizontalen Fächer ausgebildeten Schwanz überhaupt nur dadurch ermöglicht wurde, dass sich der Skelettheil desselben um seine Achse drehte und also die anfängliche Seitenlage allmählich in eine dorsale übergehen liess.

Was nun die Configuration der zwanzig auf einander folgenden Schwanzwirbel betrifft, so geben R. Owen[1]) und Dames übereinstimmend an, dass nur die fünf vordersten derselben mit allmählich an Länge abnehmenden „Querfortsätzen" versehen seien, während alle folgenden derselben vollständig entbehren sollen, wiewohl nach letztgenanntem Autor an den sich jenen zunächst anschliessenden Wirbeln wenigstens eine der Länge nach verlaufende Leiste jene Querfortsätze ersetzen dürfte.[2]) Es wäre nun allerdings nicht undenkbar, dass die Ausbildung jener Processus costarii von demjenigen Wirbel an sistirt gewesen sei, dessen Seiten sich Schaftfedern angefügt haben, da letztere nach der Owen'schen Abbildung des Londoner Exemplars linkerseits, wo sie vollständig erhalten sind, gerade mit dem sechsten Wirbel[3]) beginnen. Sicher ist dies jedoch in so fern nicht, als rechterseits, wo die vorderen Schaftfedern weggebrochen sind, der sechste Wirbel gerade an derjenigen Stelle, wo ein Querfortsatz gesessen haben müsste, eine Verletzung, ja, wie es scheint, noch den Rest eines solchen erkennen lässt. Auch ist nach dem Aussehen der intakt gebliebenen linken Seite keineswegs die Möglichkeit ausgeschlossen, dass etwa vorhandene und dann vermuthlich allmählich an Länge herabgeminderte Processus costarii an den auf den fünften folgenden Schwanzwirbeln durch die sich weiter oberhalb anfügenden Schaftfedern nur verdeckt worden seien, und zwar um so weniger, als jene Processus costarii, wie die Seitenlage des Berliner Exemplares deutlich erkennen lässt, stark abwärts gerichtet sind. Auch letzteres ist eine derartige Eventualität keineswegs zu widerlegen angethan, da an demselben der schon verkürzte „Querfortsatz" des fünften Wirbels abgebrochen und undeutlich erscheint, mit dem sechsten aber bereits der Uebergang der Seitenlage in die dorsale

[1]) a. a. O., p. 44. Für die der Querfortsätze entbehrenden hinteren Wirbel hebt Owen den Mangel von Haemapophysen hervor, indem er sie (irriger Weise) als mit der ventralen Seite freiliegend anspricht.

[2]) Schon nach der Lage dieser „auf der Seitenmitte der Wirbelkörper entlang laufenden Leiste", welche unmittelbar darauf (S. 22) als „Querleiste" bezeichnet wird, kann keine Rede davon sein, sie mit den „Querfortsätzen" der fünf vorderen Wirbel in Vergleich zu bringen, und zwar um so weniger, als sie am fünften und vierten Wirbel gleichfalls noch deutlich zu erkennen ist. Bildete aber wirklich diese Leiste einen Ersatz für die „Querfortsätze", so läge wieder kein Grund vor, diese hinteren Wirbel als wesentlich von den fünf vorderen verschieden gebildet hinzustellen, wie es S. 52 behufs des Nachweises ihrer Uebereinstimmung mit den Vogel-Schwanzwirbeln geschieht.

[3]) Owen (a. a. O., p. 44) schreibt allerdings auch den vorderen Schwanzwirbeln Schaftfedern zu, welche durch Bänder an die Querfortsätze derselben befestigt gewesen sein sollen. Es ist indessen, wenigstens auf seiner Tafel, hiervon nichts auch nur andeutungsweise zu erkennen.

beginnt. Indessen selbst angenommen, es hätten bei Archaeopteryx wirklich nur die fünf ersten Schwanzwirbel Processus costarii besessen und den folgenden hätten sie ohne irgend welche Vermittelung gefehlt, so würde hierin immer nur eine Anlehnung an die von A. WAGNER[1] für die langschwänzige Pterosaurier-Gattung Rhamphorhynchus hervorgehobene Bildung des Schwanzskeletes, nicht im mindesten aber an die in jeder Beziehung diametral verschiedene der Vögel, gleichviel ob Carinaten oder Ratiten, erblickt werden können.[2] Die äusserst langstreckige Schwanzwirbelsäule von Archaeopteryx würde — auch bei plötzlichem Schwinden der Processus costarii — schon durch die allmähliche Längszunahme der Wirbel — unter gleichzeitiger Verschmälerung — bis etwa gegen die Mitte hin, durch das sodann eintretende, ebenso allmählich erfolgende Kürzerwerden der den Schluss der ganzen Reihe bildenden, immer dünner werdenden Wirbel, durch die an das hintere Ende derselben gerückten, zwischen den Zygapophysen liegenden und stark comprimirten, nach hinten immer niedriger werdenden Dornfortsätze u. s. w. so vollständig das typische Gepräge der für die Autosaurier (Monitor, Tejus, Uromastix, Lacerta u. A.) charakteristischen an sich tragen, dass eine ausführliche Darlegung dieser Uebereinstimmung als ebenso überflüssig, wie ein Leugnen derselben geradezu als absurd erscheinen müsste. Für Jeden, der mit unbefangenem Blick an die Sache herantritt, liegt hier in der That der „in den Lehrbüchern figurirende" Saurier-Schwanz im ausgesprochensten Maasse vor und durch keine Benennung würde die auf Archaeopteryx begründete Thiergruppe treffender bezeichnet werden können als durch die freilich in ganz verschiedenem Sinne creirte: Saurura. Selbst durch den etwaigen Mangel der Haemapophysen kann dieser Saurier-Schwanz nicht aus der Welt geschafft werden[3], da die mit einem Rollschwanz versehenen Chamaeleonen derselben gleichfalls entbehren.

Ein Vergleich der dieses Schwanzskelet von Archaeopteryx zusammensetzenden mit den hinteren rippentragenden Wirbeln ergiebt nun für die zwischen beiden Gruppen (am Berliner Exemplar) ausgefallenen mit einer an Sicherheit grenzenden Wahrscheinlichkeit so viel, dass dieselben zwischen dem letzten erkennbaren Rumpf- und dem ersten freiliegenden Schwanzwirbel unter sehr allmählicher Längsabnahme die Mitte gehalten haben müssen

---

[1] Zur Kenntniss der Saurier aus den lithographischen Schiefern (Abhandlungen der mathem.-physik. Classe der Bayerischen Akademie der Wissenschaften, Bd. VIII (1860), S. 168, Taf. XVI, Fig. 1).

[2] Zwei formell verschiedene Wirbelgruppen sind am Schwanzskelet der Vögel nirgends, bei den Carinaten ursprünglich ebenso wenig wie bei den Ratiten vorhanden. Am Skelet des Hühnchens gehen die auch später frei bleibenden Schwanzwirbel unter allmählicher Verjüngung so unmerklich in die fünf letzten, später zum Pygostyl verschmelzenden über, dass eine Grenze zwischen beiden weder der Form noch der Grösse nach festzustellen ist. Dass aber ein durch Verschmelzung mehrerer ursprünglicher entstandener Wirbelcomplex, wie der Pygostyl, von frei gebliebenen Wirbeln formell verschieden sein muss, ist ebenso selbstverständlich, wie dass derselbe morphologisch nicht verwerthet werden kann, in dem vorliegenden Fall um so weniger, als bei Archaeopteryx verschmolzene Schwanzwirbel überhaupt nicht in Frage kommen. — So irrig demnach die Behauptung von zwei am Schwanzskelet der Carinaten auftretenden, scharf geschiedenen Wirbelgruppen ist, so unbegründet ist auch die von DAMES (a. a. O. S. 32) gemachte Angabe, dass solche „bei keinem Reptil" beobachtet seien. Im Gegentheil, solche formell differente und unvermittelt auftretende Wirbelgruppen am Schwanzskelet der Autosaurier ergeben sich als durchaus nichts Seltenes. So finden sich z. B. an den sechs vorderen Schwanzwirbeln von Trachysaurus rugosus sehr stark ausgebildete, wenn auch an Länge schnell abnehmende Querfortsätze vor, während solche an den sechs Endwirbeln plötzlich ganz eingegangen sind. Am Schwanzskelet von Tejus treten sogar drei solche deutlich geschiedene Gruppen in die Augen: die elf ersten Wirbel besitzen hier sehr starke, platte und ungetheilte Querfortsätze, die sechs folgenden dünn griffelförmige und gespaltene; vom achtzehnten Wirbel an fehlen sie endlich ganz.

[3] DAMES, a. a. O. S. 32.

und dem entsprechend nur in geringer Anzahl vorhanden gewesen sein können. Da der letzte rippentragende Wirbel 6 mm, der erste Schwanzwirbel 4,50 mm lang ist, so würde unter Annahme einer sich gleich verhaltenden Längsabnahme jedes folgenden Wirbels um 0,25 mm die Zahl der in die 26 mm lange Lücke hineinzuconstruirenden sich nur auf fünf stellen, sicherlich aber nicht mehr als sechs betragen haben. Auch diese geringe Zahl der muthmaasslichen Lumbosacral-Wirbel — durch welche Benennung selbstverständlich nicht ausgeschlossen werden soll, dass einer derselben möglicher Weise schon ein Schwanzwirbel gewesen sei — würde abermals mit voller Sicherheit nur den Schluss auf ein Saurier-artiges Verhalten zulassen: denn bei der überwiegenden Mehrzahl der Vögel finden sich nach Gegenbaur's Untersuchungen[1]) zwischen dem letzten rippentragenden und dem ersten freien Schwanzwirbel meistens 13 bis 18, in vereinzelten Fällen nur 11 seitlich mit dem Becken verschmolzene Wirbel vor, mithin eine Zahl, welche die bei Archaeopteryx muthmaasslich vorhanden gewesene um mehr als das Doppelte, ja bis fast um das Vierfache übertrifft. Aber auch abgesehen von dieser Zahl, so sind die zwischen den Brust- und den freien Schwanzwirbeln sämmtlicher bekannter Vögel liegenden Wirbel einerseits, und zwar in Uebereinstimmung mit den freien Schwanzwirbeln, stark verkürzt, andererseits schon sehr früh fest mit einander verschmolzen: ein Verhalten, für welches bei Archaeopteryx nicht nur kein Anhalt vorliegt, sondern welches als bestimmt ausgeschlossen gelten kann, und zwar um so mehr, als auch die — bei den fliegenden Vögeln ganz allgemein mit einander verschmolzenen — Dornfortsätze der hinteren rippentragenden Wirbel bei der fossilen Gattung in vollkommen deutlicher Trennung frei zu Tage liegen. *Es ist demnach im Verlauf der ganzen Wirbelsäule von Archaeopteryx auch nicht ein einziges Merkmal nachweisbar, welches als irgendwie für ein Vogelskelet charakteristisch angesehen werden könnte oder auch nur auf eine Aehnlichkeit mit einem solchen hinwiese.*

Was nun schliesslich das Becken der Archaeopteryx, für dessen Beurtheilung die ihm zunächst benachbarten Wirbel zuvor einer Erörterung zu unterziehen waren, betrifft, so weist die durchaus fragmentarische Erhaltung desselben leider nur auf Muthmaassungen über seine ursprüngliche Form und Grösse hin. An dem Berliner Exemplar ist überhaupt nur der die beiden letzten sichtbaren Rumpfwirbel deckende vorderste Theil des Os ilei, an dem Londoner die rechte Beckenhälfte bis über das Acetabulum hinaus erhalten, im Bereich ihres hinteren Theiles aber in einer alle sicheren Ermittelungen ausschliessenden Undeutlichkeit. Bei alleiniger Beurtheilung des Berliner Exemplares würde man nach der naheliegenden Annahme, das Becken könne nicht wohl weiter als bis zum Beginn des ersten freiliegenden Schwanzwirbels gereicht haben, für dasselbe nur auf eine Länge von 30 mm gelangen. Dass diese Schätzung indessen hinter der Wirklichkeit zurückbleibt, lässt das Londoner Exemplar, welches mit Bestimmtheit etwas mehr als 40 mm Länge ergeben würde, deutlich erkennen. Gleichwohl ist auch diese Längserstreckung des Beckens im Verhältniss zu derjenigen des Brustkorbes, welche sich für das Berliner Exemplar in vollkommener Deutlichkeit auf 70 mm stellt, eine so geringe, dass dadurch ein vogelähnliches

[1]) Jenaische Zeitschrift für Medizin und Naturwissenschaften. Bd. VI. S. 161 ff., Taf. V—VII.

Becken von vorn herein ausgeschlossen wird. Denn so wesentlichen Längsschwankungen auch das Becken je nach den einzelnen Vogelgruppen im Verhältniss zum Brustkorb unterliegt — dasselbe würde sich, vom Vorderrand des Os ilei bis zum Beginn der frei beweglichen Schwanzwirbel gemessen, also unter Ausschluss der frei nach hinten heraustretenden Theile des Sitz- und Schambeines, bei den Rapaces zum Brustkorb durchschnittlich wie 3 zu 2, bei den Grallae (Tantalus, Numenius) wie 3 zu 2, bei den Natatores (Cygnus) wie 2¼ zu 1, bei Numida wie 2½ zu 1, bei Goura gar wie 3½ zu 1 verhalten — so steht es doch in keinem einzigen Fall gegen den Brustkorb an Länge zurück, übertrifft vielmehr diesen sehr allgemein um das Doppelte und selbst darüber. Nicht minder als die geringe Länge kommt aber ferner gegen die Uebereinstimmung mit einem Vogelbecken der Umstand in Betracht, dass das Becken der Archaeopteryx keine feste Verschmelzung mit den zwischen seinen beiden Hälften liegenden Wirbeln eingegangen war[1]), wie dies die völlig frei liegende und dabei an ihrem Innenrande unverletzte rechte Beckenhälfte des Londoner Exemplares zur Evidenz darthut. Bei den lebenden Vögeln wäre eine durch Druck bewirkte Ablösung der beiden Beckenhälften von den Lumbosacral-Wirbeln nur dann denkbar, wenn es sich um das Skelet eines jugendlichen Individuums handelte; für solche indessen gerade die beiden zur Kenntniss gekommenen Archaeopteryx-Exemplare in Anspruch zu nehmen, liegt doch gewiss nicht der mindeste Grund vor. Endlich spricht auch die Form des Archaeopteryx-Beckens mit voller Bestimmtheit gegen dasjenige eines Vogels, selbst wenn man auf nichts Anderes als auf den für letzteres charakteristischen Verlauf des (der Wirbelsäule zugewendeten) Innenrandes des Os ilei Gewicht legen wollte; denn während dieser am Vogelbecken hinter seinem (mit demjenigen der anderen Seite in der Medianlinie verschmolzenen und daher in gerader Richtung verlaufenden) vordersten Theil in starkem Winkel nach aussen gegen das Acetabulum hin abbiegt, — ein Verhalten, wie es durch die auffallend starke Querentwickelung der Sacralwirbel bedingt wird —, zeigt er bei Archaeopteryx gerade den gegentheiligen Verlauf, nämlich einen seiner ganzen Länge nach vollkommen geradlinigen. Diesen der typischen Vogelbildung gegenüber sehr wesentlichen Verschiedenheiten könnte auch noch eine darin bestehende hinzugefügt werden, dass der Vorderrand des Os ilei bei Archaeopteryx nicht einmal bis an die letzte Rippe heranreicht, während er sich bei allen Vögeln mindestens über die beiden letzten, zuweilen (Natatores) aber sogar über mehr als zwei Rippen hinüberschiebt. Wenn sich aus alledem

---

[1]) Man könnte vielleicht geneigt sein, aus der auf Sitzfüsse hindeutenden Bildung des Extremitäten-Skeletes bei Archaeopteryx den Schluss ziehen zu dürfen, dass mit demselben nothwendig ein vogelähnliches Becken hätte Hand in Hand gehen müssen. Eine derartige Folgerung muss sich jedoch durch die Erwägung als unberechtigt herausstellen, dass bei Archaeopteryx für die Verwendung der hinteren Extremität offenbar ganz andere Verhältnisse als bei den Vögeln vorgelegen haben. Es weist hierauf ebensowohl die auf ein Anklammern an feste Gegenstände gerichtete Bildung des Handtheiles der Flügel, wie der typisch verschiedene, lang fiederförmige Schwanz hin, welcher den einer gleich festen Basis wie bei den Vögeln entbehrenden Beinen unzweifelhaft eine sehr gewichtige Stütze verliehen hat. Andererseits kann es aber für die Vögel kaum einem Zweifel unterliegen, dass der Grössenumfang und die weit ausgedehnte Verwachsung ihres Beckens mit der Wirbelsäule in mindestens ebenso naher, wenn nicht engerer Beziehung zu ihrem Flugvermögen als zu der aufrechten Haltung des Körpers und ihrem Gang steht, da, es ergiebt die täglich zu machende Beobachtung des allen kurzbeinigen Vögeln (Rapaces, Oscines, Natatores) eigenen, unbeholfenen und wackelnden Ganges, dass dieser durch die aufgehobene Beweglichkeit des „Kreuzes" eher behindert als unterstützt wird und dass erst wieder langgestreckte Beine dazu erforderlich sind, um der Verwachsung des Beckens ein Gegengewicht zu bieten und den Gang stetiger und freier machen zu können.

zur Genüge ergiebt, dass von einer vogelähnlichen Beckenbildung nach keiner Richtung hin die Rede sein kann, so ist andererseits freilich ohne Weiteres zuzugestehen, dass das Archaeopteryx-Becken auch von demjenigen sämmtlicher lebender Reptilien-Formen wesentlich abgewichen zu haben scheint. Ungleich geringer verschieden ist dagegen offenbar seine Gesammtbildung von demjenigen der Pterosaurier gewesen, mit welchem es schon eine unverkennbare Uebereinstimmung in seinem Grössenverhältniss zu dem ihm vorangehenden, rippentragenden Theil der Wirbelsäule so wie durch die nach vorn gerichtete Verlängerung seines Darmbeines **erkennen** lässt. So wenig selbstverständlich die von den beiderseitigen Fossilien bekannt gewordenen Beckenreste hinreichen, um sich eine für den Nachweis einer etwaigen Conformität erforderliche Vorstellung von der spezielleren Gestalt der einzelnen Theile zu **biblen**, so wenig kann es zweifelhaft sein, dass der Gesammteindruck nur zu Gunsten einer entschiedenen Aehnlichkeit zwischen der an Archaeopteryx erhaltenen Beckenhälfte und der von A. Wagner[1]) von Rhamphorhynchus longimanus abgebildeten **sprechen** kann. Zwischen beiden würde wenigstens von einer Inverglei chstellung überhaupt die Rede sein können, während eine solche zwischen Archaeopteryx und **den Vögeln sich als** völlig unthunlich erweist.

Die vorstehende Darlegung des am Archaeopteryx-Skelet thatsächlich zu **Er**kennenden ergiebt als Resultat, dass an demselben überhaupt nur eine einzige wirkliche Uebereinstimmung mit dem Skelet der lebenden Vögel, nämlich diejenige in der Bildung der hinteren Extremität, nachzuweisen ist, während sämmtliche übrigen Theile denjenigen eines Vogelskeletes ganz direkt widersprechen. Zu diesem mit den Ermittelungen C. Vogt's wesentlich übereinstimmenden Resultat muss man nothwendig gelangen, wenn man das Skelet an und für sich, d. h. rein sachlich und unbeeinflusst durch das demselben anhaftende Federkleid in Betracht zieht und in allen erkennbaren Einzelheiten mit demjenigen eines Vogels in Vergleich stellt. So wenig wie das in Steinmasse eingebettete Skelet eines wirklichen Vogels auch ohne den Hinweis durch etwaige, neben demselben vorhandene Federn, nach unzweifelhaften, dasselbe charakterisirenden Merkmalen irgend wie verkannt werden könnte, ja sogar mit voller Sicherheit erkannt werden müsste, so wenig kann davon die Rede sein, ein — mit einer einzigen Ausnahme — keine Vogelmerkmale darbietendes Skelet allein auf Grund der dasselbe bekleidenden Federn für ein Vogelskelet auszugeben. Dass R. Owen seiner Zeit zu der Vorstellung, er habe es bei der Archaeopteryx macrura mit einem, wenngleich höchst eigen**thümlich** modificirten, so doch unzweifelhaften Vogel zu thun, gelangt ist, lässt sich aus der Beschaffenheit der Londoner Platte ebensowohl verstehen wie entschuldigen; denn dieselbe **bet** durch das ganz vorwiegend erhaltene Federkleid einen Vogel wenigstens nach seiner äusseren Erscheinung, d. h. nach den für diese Vertebraten-Gruppe bis dahin ausschliesslich charakteristischen Epidermoidal-Gebilden in so frappanter Weise dar, dass dadurch jede andere Vorstellung von vorn herein ausgeschlossen schien. Ueberdies gesellte sich diesem Federkleid gerade derjenige Theil des Skeletes als vollkommen erhalten und deutlich erkennbar

---

[1]) Abhandlungen der mathem.-physik. Classe **der** Bayerischen Akademie der Wissenschaften. VIII. 1860. **Taf. XVI.** Fig. 1.

hinzu, welcher sich später als der einzige thatsächlich vogelartige herausgestellt hat, nämlich das Fussskelet. Beide Bildungen in Gemeinschaft sind, wie seine Darstellung leicht erkennen lässt[1], für Owen entscheidend gewesen und haben ihn offenbar auch dazu bestimmt, den gleichfalls vollständig erhaltenen, aber einem Vogel völlig entgegenstehenden Schwanz als auf einer embryonalen Bildungsstufe stehen geblieben zu deuten.[2]

In ein völlig verändertes Stadium musste dagegen nothwendiger Weise die Frage nach den verwandtschaftlichen Beziehungen der Archaeopteryx durch das Bekanntwerden des Berliner Exemplares treten, da an diesem dem Londoner gegenüber der Schädel und der grösste Theil der Wirbelsäule, ausserdem aber der zuvor sehr unvollständig bekannte Handtheil der Vorder-Extremität in wünschenswerthester Deutlichkeit zu Tage trat. Die jetzt zur Kenntniss gelangten Skelettheile konnten nämlich bei rein sachlicher Erwägung nur die gewichtigsten Bedenken dagegen wachrufen, dass hier ein Vogel-Skelet überhaupt vorliege, und mussten dem entsprechend nothwendig auch den „Vogelschwanz", dessen „enigmatical character" und „great striking difference" selbst Owen nicht zu leugnen vermochte, in einem von der früheren Auffassung ganz verschiedenem Lichte erscheinen lassen. C. Vogt, welcher diesem Exemplar zuerst eine eingehende Untersuchung hat angedeihen lassen, schlägt in seiner mir leider nur nach einem Referat bekannt gewordenen Darlegung[3] den für den exakten Forscher offenbar allein richtigen Weg ein, das Skelet an und für sich, ohne Voreingenommenheit durch die mit ihm verbundenen Federn, einer rein sachlichen Prüfung zu unterziehen, und weist die Nothwendigkeit eines solchen Vorgehens u. A. für den Handtheil der Vorderextremität nach, von welchem er trotz jedes, ganz unmaassgeblichen Widerspruchs[4] mit vollem Recht bemerklich macht, dass kein Anatom nach dem Skelet derselben jemals auf die Idee hätte kommen können, sie sei zum Tragen von Schwungfedern bestimmt gewesen — was, wie sich später ergeben wird, möglicher oder selbst

[1]) Dies ergiebt sich aus Owen's eigenen, seine Darstellung schliessenden Worten: „The best-determinable parts of its preserved structure declare it unequivocally to be a bird, with rare peculiarities indicative of a distinct order in that class", wiewohl auch er schon „in the main differential character" — „a retention of an embryonal structure and a closer adhesion to the general (?) vertebrate type" (Philosoph. Transact. of the Royal soc. of London. Vol. 153. I. p. 46) nicht verkennt. Wie vollständig Owen von der Vogelnatur des Thieres präoccupirt war, ergiebt sich u. A. daraus, dass er für dasselbe nur ganz nebenher vereinzelte und allerdings sehr in die Augen springende Unterschiede den Pterosauriern gegenüber hervorhebt, sonst aber überhaupt nur die Vögel zum Vergleich heranzieht. Freilich muss es bei diesem, sich gleichfalls nur auf einzelne Skelettheile beschränkenden Vergleich auffallen, dass Verf. aber solche Knochen, welche wie die Rippen, auch an dem Londoner Exemplar ihrer Form nach sehr deutlich zu erkennen waren, trotz ihrer den Vogel mit Bestimmtheit ausschliessenden Bildung völlig mit Stillschweigen übergeht, dagegen andere nicht minder abweichende in wenig überzeugender Weise als Vogelbildungen nachzuweisen sucht. Zu diesen gehört vor Allem der — nicht, wie er irrthümlich glaubt, unter, sondern auf den Rippen liegende — V-förmig gestaltete Knochen, welchen er ohne nähere Begründung als das sternale End-Bruchstück einer Vogel-Furcula in Anspruch nehmen zu dürfen glaubt. Wie wenig ihm dies aber geglückt ist, ergiebt sich ebensowohl aus den von ihm selbst (p. 39) zugestandenen Unterschieden in Form und relativer Grösse, wie aus dem Vergleich desselben mit den auf pl. IV abgebildeten Furcula-Bildungen lebender Vögel, welche die völlige Verschiedenheit gerade sehr deutlich hervortreten lassen.

[2]) Philosophical Transactions Vol. 153, I. p. 44 f. — On the anatomy of Vertebrates. II. p. 38.

[3]) L'Archaeopteryx macroura. Un intermédiaire entre les oiseaux et les reptiles (1879). — On Archaeopteryx macroura (Annals of natural history. 5. ser. V. 1880, p. 185 ff.).

[4]) Dames, a. a. O., S. 60. Es bedarf dazu durchaus nicht eines „genauen Studiums" der Archaeopteryx-Hand, sondern nur der leicht zugänglichen Beachtung dessen, was an derselben vorhanden ist. Die hier vorliegenden Ergebnisse des „genauen Studiums", welche in der völligen Uebereinstimmung der Archaeopteryx-Hand mit derjenigen der Carinaten einer- und in der wesentlichen Verschiedenheit der letzteren von der Ratiten-Hand (Strauss! S. 70) andererseits gipfeln, sind für dasselbe allerdings nicht gerade vertrauenerweckend.

wahrscheinlicher Weise übrigens gar nicht der Fall gewesen sein dürfte. Nach ruhiger und unparteiischer Abwägung der an sämmtlichen Skelettheilen erkennbaren Merkmale gelangt er zu dem bereits oben angeführten, von dem Owen'schen völlig abweichenden Resultat, welches auch dahin präcisirt werden könnte, dass für ihn die Archaeopteryx macrura trotz ihrer Schwung- und Steuer(?)-Federn ebenso wenig ein Vogel, wie ein Pterodactylus oder Rhamphorhynchus trotz seiner Flughaut eine Fledermaus gewesen sei. Hat C. Vogt mit diesem Resultat den Beifall keines seiner Nachfolger und — freilich nicht besonders kritischen — Beurtheiler gefunden, so findet dieses seine einfache und leichte Erklärung in dem Umstande, dass diese die Methode der exakten Forschung vollständig aufgegeben und an ihre Stelle eine ebenso subjektive wie willkürliche Spekulation haben treten lassen. Für sie kann die mit Schaftfedern versehene Archaeopteryx eben aus diesem Grunde absolut nichts Anderes als ein Vogel gewesen sein, obwohl mit Ausnahme des Fusses* sämmtliche Skelettheile von denjenigen der Vögel völlig verschieden sind: das ist der kurz gefasste Tenor ihrer Beweisführung, in welcher freilich die petitio principii in ebenso unverkennbarer Weise zu Tage tritt, wie der circulus vitiosus die üppigsten Blüthen treibt. Ein mit Schaftfedern bekleidetes Wirbelthier ist, ohne Vogel gewesen zu sein, für sie etwas so völlig Undenkbares, dass kein Mittel, und sei es selbst das hinfälligste Schein-Argument[1]), unversucht gelassen wird, um ein gefiedertes Reptil aus der Welt zu schaffen.

---

[1]) Um z. B. den Archaeopteryx-Schwanz trotz der völligen Verschiedenheit in der Zahl, Form und dem Längeverhältniss seiner Wirbel als einen Vogelschwanz nachzuweisen, was natürlich für den beabsichtigten Zweck unerlässlich oder wenigstens wünschenswerth erscheinen musste, zieht Dames (a. a. O., S. 51), „um die Kluft vollständig zu überbrücken", sogar die Beobachtung M. Braun's (Die Entwickelung des Wellenpapageis in: Arbeiten aus dem zoolog.-zootom. Institut in Würzburg, V. Bd., 3. Heft, S. 320) heran, wonach das beim Vogelembryo angelegte hintere Chorda-Ende, so weit sich um dasselbe kein Knorpelgewebe zur Bildung der Wirbelsäule anlagert, in einem späteren Stadium wieder wegfällt, um aus derselben seinerseits zu folgern: „Es ist also in den ersten (? im Gegentheil: in den späteren!) Embryonalstadien des Vogels das Schwanzskelet (!) länger angelegt als in späteren" (richtiger: als beim Nestvogel). Hiervon sagt Braun aber selbstverständlich das gerade Gegentheil: „so weit um das hintere Chorda-Ende nicht Knorpelgewebe zur Bildung der Wirbelsäule angelegt wird", so dass also von der Anlage eines „längeren Schwanzskeletes" um so weniger die Rede sein kann, als, wie bereits vor zwanzig Jahren W. His (Untersuchungen über die erste Anlage des Wirbelthierleibes, I. Entwickelung des Hühnchens im Ei, S. 39 ff.) nachgewiesen hat, die Chorda dorsalis und die knöcherne Wirbelsäule schon ihrer ersten Anlage nach ganz verschiedene Gebilde sind, wenngleich die von ihm behauptete Entstehung der ersteren aus einem „Archiblast", der letzteren aus dem „Parablast" durch spätere Untersuchungen, besonders Goette's nicht unwesentlich modificirt worden ist. Indessen, selbst angenommen, es könnte das einer allmählichen Resorption anheimfallende Chorda-Stäbchen des Vogelembryos als ein Aequivalent des Endtheiles der Schwanzwirbelsäule angesehen werden, so würde, wie Braun (a. a. O., S. 321) gerade ausdrücklich hervorhebt, daraus noch keineswegs „nach der gewöhnlichen Anschauungsweise eine Vererbungserscheinung" und „eine Abstammung von langschwänzigen Vorfahren" gefolgert werden können, und zwar aus dem sehr gewichtigen Grunde, weil ein durch das embryonale Ende gebildeter „Schwanzfaden" zugleich eine sehr allgemeine Verbreitung unter den Säugethieren hat und sogar besonders langschwänzigen, wie z. B. der Maus, zukommt. „So stellt sich", um Braun's eigene Worte anzuführen, „als allgemein heraus, dass bei Vögeln und Säugethieren, incl. Mensch die Chorda sich nach hinten weiter erstreckt, als jemals die Wirbel und deren Anlage nach hinten reichen". Fügt man dem noch das seit langer Zeit bekannte Factum hinzu, dass sich auch die Wirbelsäule der anuren Amphibien-Larven über das Steissbein hinaus in einen mehrere Centimeter langen Schwanzfaden fortsetzt, welcher niemals durch Anlagerung von Knochensubstanz zu Wirbeln umgestaltet wird, so ergiebt sich zur Evidenz, dass die Länge des Archaeopteryx-Schwanzes nicht nur nicht ungezwungen, wie Dames (a. a. O., S. 52) glaubt, sondern überhaupt nicht „aus dem bei Vogelembryonen Beobachteten abgeleitet werden kann". — Was die (ebenda, S. 51) herangezogene Marshall'sche Vorstellung von einem in Kautschuk umgesetzten Buceros-Schwanz, welchen man durch Ausziehen mit Leichtigkeit zu einem Archaeopteryx-Schwanz verlängern könne, betrifft, so spricht dieselbe durch die ihr innewohnende, allerdings unfreiwillige Komik so sehr für sich selbst, dass eine Beurtheilung wohl als überflüssig gelten kann. Mit Worten lässt sich bekanntlich aus Jedem Alles machen.

Mit dieser Argumentation vindiciren sie aber der Hautbekleidung, welche ihnen als das maassgebende Princip, als der Ausgangspunkt für alle von ihnen gezogene Schlussfolgerungen dient, ohne es selbst gewahr zu werden, eine Bedeutung, welche sie der Skeletbildung gegenüber offenbar in keiner Weise beanspruchen kann, und zwar einfach aus dem Grunde, weil sie in der ganzen Reihe der Wirbelthiere die grösste Mannigfaltigkeit erkennen lässt und oft gerade bei den zunächst mit einander verwandten — z. B. bei den einzelnen Gattungen der Edentaten, bei den einzelnen Ordnungen der Reptilien u. s. w. — in der denkbar verschiedensten Form auftritt. Angesichts der Thatsache, dass eine sehr ansehnliche Zahl fossiler Vertebraten von den zunächst mit ihnen verwandten lebenden durch ungleich tiefer einschneidende Unterschiede abgewichen hat, als es gerade die Hautbekleidung ist, sowie mit Rücksicht auf den Umstand, dass letztere von den wenigsten untergegangenen Formen zur Kenntniss gekommen ist, mithin sich ihrer etwa vorhanden gewesenen Mannigfaltigkeit nach völlig der Beurtheilung entzieht, liegt gewiss nicht der mindeste Grund vor, die Vorstellung von der ehemaligen Existenz eines Wirbelthieres von der Hand zu weisen, welches, ohne sonst mit einem Vogel näher verwandt gewesen zu sein, trotzdem ganz ähnliche, federförmige Hautgebilde besessen haben könne. Unter allen Umständen sind diese Federn dem Skelet gegenüber als von ganz sekundärer Bedeutung zu beurtheilen: das geht schon daraus hervor, dass auch unter den lebenden Vögeln diejenigen, welche der Schwungfedern völlig verlustig gegangen sind (Aptenodytes), noch sämmtliche für die Subclassis Aves charakteristischen Eigenthümlichkeiten des Skeletes unverändert bewahrt, sie also nicht etwa mit Reptilien- oder embryonalen Charakteren vertauscht haben. Nun konnten selbstverständlich die zahlreichen und zum Theil selbst fundamentalen Verschiedenheiten, welche an dem Archaeopteryx-Skelet demjenigen der Vögel gegenüber in die Augen fallen, wie die Zahl und Form der Rippen, die geringe Zahl der Lumbosacral-Wirbel, die Bildung des Handskeletes und des Beckens, die Form und Länge des Schwanzes u. s. w., einer eingehenden Untersuchung nicht nur nicht verborgen bleiben, sondern sie mussten selbst unumwunden eingeräumt und zugestanden werden.[1]) Anstatt diesen Unterschieden jedoch einfach die ihnen gebührende Rechnung zu tragen und sie nach ihrem vollen Gewicht zu beurtheilen, hat man es vorziehen zu dürfen geglaubt, sie einer vorgefassten Meinung zu Liebe in ihrer Bedeutung herabzudrücken und sie mit Beruf auf das freilich längst überwundene „biogenetische Grundgesetz“[2]) als atavistische darzustellen, ohne zu bedenken, dass der Zweck der Naturforschung nicht in der Entstellung und willkürlichen Deutung, sondern zunächst und vor Allem in der Feststellung und rückhaltslosen Anerkennung der Thatsachen zu liegen hat.

[1]) „Im grossen Ganzen ist die Aehnlichkeit der Halswirbel mit denen der Pterosaurier allerdings nicht zu verkennen“ (DAMES, a. a. O., S. 47). — „Bei Archaeopteryx treten mit den Brustwirbeln Rippen in Verbindung, wie sie bei keinem lebenden oder fossilen Vogel sonst bekannt sind.“ „Diese Art der Rippenbildung erscheint für einen Vogel höchst seltsam“ (a. a. O., S. 48). — „Die Schwanzwirbel in ihrer Zahl und Länge sind unbezweifelt derjenige Theil des Archaeopteryx-Skeletes, welcher zumeist die Vorstellung erweckt, dass das Thier zwischen Reptil und Vogel eine Mittelstellung einnehme“ (a. a. O., S. 50) u. s. w.

[2]) Der Beruf auf dasselbe erscheint in so fern allerdings etwas verspätet, als bereits i. J. 1875 von ALEX. GOETTE (Die Entwickelungsgeschichte der Unke S. 887—904) und nach ihm auch von KÖLLIKER (Entwickelungsgeschichte des Menschen und der höheren Thiere, 2. Aufl., S. 391 ff.) der überzeugende Nachweis geführt worden ist, dass es sich bei diesem sogenannten biogenetischen Grundgesetz lediglich um eine Phantasie seines Entdeckers handelt, welcher die gewichtigsten Thatsachen der Embryologie (Amnion, Allantois, Placenta u. s. w.) auf das

Letztere sind die unerlässliche Basis aller wissenschaftlichen Erkenntniss, und es muss daher jeder Versuch, mit denselben nach Bedarf umzuspringen, auch ganz abgesehen davon, dass sie trotz allen Drehens und Wendens unmöglich beseitigt werden können, als völlig unwissenschaftlich von der Hand gewiesen werden. Wenn nun aber gar solche jedes sachlichen Anhaltes entbehrenden, naturphilosophischen Speculationen voller Widersprüche in sich selbst auftreten, wie dies für den vorliegenden Fall leicht nachweisbar ist, so wird man ihnen vollends jede Berechtigung abzusprechen Anlass haben. Selbst angenommen, das Handskelet, der Schwanz u. s. w. zeigten bei Archaeopteryx in der That die ihnen aufgezwungene embryonale Bildung, was nachgewiesener Maassen durchaus nicht der Fall ist, wie kommt es denn, dass das Fussskelet, welches bei dem Vogel-Embryo in seiner Ausbildung genau gleichen Schritt mit dem Handskelet hält, nicht gleichfalls auf der embryonalen Bildungsstufe stehen geblieben ist, sondern ganz in der den ausgewachsenen Vogel charakterisirenden Form auftritt? Hat das Archaeopteryx-Skelet etwa nur zu **einer** Hälfte oder darüber hinaus die embryonale Bildung bewahrt, sie dagegen in anderen Theilen überwunden und abgestreift? Besonders aber, wie ist es denn denkbar, dass ein in mehreren seiner wichtigsten Skelettheile so embryonal gebliebener Vogel gleich mit völlig ausgebildeten, mächtigen Schaftfedern, wie sie nur dem erwachsenen Vogel zukommen, ausgestattet gewesen sei? Will man denn durchaus dem biogenetischen Grundgesetz huldigen, so kann man es doch unmöglich nur für bestimmte Skelettheile zu Recht bestehen lassen, für andere dagegen und für die Hautgebilde ohne Weiteres wieder ausser Kraft setzen! Eine consequente Durchführung desselben würde doch logischer Weise das Ergebniss liefern müssen, dass an das embryonale Skelet auch ein embryonales Dunenkleid gebunden gewesen sei und zwar um so mehr, als ein solches sich für den präsumirten „Stammvater" der Carinaten[1]) als ein geradezu

---

Entschiedenste widersprechen und als HAECKEL selbst (Jenaische Zeitschrift f. Mediz. u. Naturwissensch., VIII. u. IX. Bd., 1874—75) seine eigene Schöpfung wenigstens in so weit preisgegeben hat, als er, um den entgegenstehenden Thatsachen Rechnung zu tragen, zu der freilich noch weit abenteuerlicheren Aushülfe der „Naturfälschung" seine Zuflucht hat nehmen müssen. Letztere wird u. A. auch von C. VOGT (Einige darwinistische Ketzereien in: WESTERMANN's Illustrirte Deutsche Monatshefte, 364. Heft, Januar 1887) in höchst witziger Weise gegeisselt: „Arme Logik, wie man ihr mitspielt! Eine Natur, die sich selbst fälscht, die ihren eigenen Plan entartet, indem sie heterogene Elemente in die Entwickelung einführt, welche die Homogeneität des biogenetischen Grundgesetzes zerstören! Verdammter Embryo, der einem Gesetze nicht gehorchen will; wir werden dich als Fälscher brandmarken!" — Gewiss sehr treffend, wenn auch nicht gerade ganz neu; denn:

„Schon gut! Nur muss man sich nicht allzu ängstlich quälen;
Denn eben wo **Begriffe** fehlen,
Da stellt ein **Wort** zur rechten Zeit sich ein.
Mit **Worten** lässt sich trefflich streiten,
Mit **Worten** ein System bereiten,
An **Worte** lässt sich trefflich **glauben**" u. s. w. (GOETHE.)

Nach W. HIS (Untersuchungen über die erste Anlage des Wirbelthierleibes, S. 223) „lässt sich der Parallelismus zwischen systematischer und embryologischer Entwickelung zur Genüge aus den von ihm dargelegten Principien der Formbildung erklären, ohne dass die Aufstellung eines historischen Verbandes zwischen den ähnlichen Formen nothwendig wird". Dieselbe Ueberzeugung vertritt auch GOETTE, wenn er (a. a. O., S. 904) sagt: „Die individuelle Entwickelungsgeschichte der Organismen begründet und erklärt **allein** die gesammte Morphologie derselben."

[1]) Obwohl das Sternum von Archaeopteryx bis jetzt **nicht** vorliegt, wird die Gattung von DAMES (a. a. O., S. 78) dennoch den durch ein **gekieltes Sternum** charakterisirten Carinatae unbedenklich zugewiesen, offenbar nur auf die Vermuthung hin, dass der Archaeopteryx eine Crista sterni nicht gefehlt haben dürfte. Letzteres aber selbst als nicht gerade unwahrscheinlich zugegeben, wie soll darin wohl ein irgend wie zwingender Grund für die Zugehörigkeit zu den Vögeln gefunden werden? Eine Crista sterni kommt ausser den Vögeln auch den (fliegenden) Pterosauriern

unabweisbares und unter allen Umständen nothwendigeres Postulat darstellen müsste, als das den Ratiten angedichtete Dunenkleid.[1]) Was kommt demnach bei dieser ganzen Argumentation heraus? In der That nichts als ein jeder thatsächlichen Erfahrung sowohl wie jeder Logik völlig widersprechendes Zerrbild oder, wenn man will, ein noch bei weitem unerklärlicheres Wunder, als es ein mit Federn bekleidetes Reptil sein würde.

Die ehemalige Existenz eines solchen kann aber unmöglich aus dem Grunde in Abrede gestellt werden, weil in der Jetztwelt nur gefiederte Vögel zur Kenntniss gekommen sind; denn es würde darin ein jeder Berechtigung entbehrender Rückschluss gefunden werden müssen. Die Frage nach einem gefiederten Reptil drängt sich für Archaeopteryx um so mehr auf, als zu ihren zahlreichen, den Vögeln fremden Skelet-Eigenthümlichkeiten auch keineswegs unwesentliche, theilweise sogar recht einschneidende Unterschiede wenigstens in der Anordnung des Federkleides sich hinzugesellen. Dass in dieser Beziehung der durch

und Chiropteren, sie kommt aber selbst verschiedenen grabenden Säugethieren, wie Talpa, Dasypus, Tachyglossus zu, ist also nicht einmal durch das Flugvermögen allein bedingt, sondern stellt sich überhaupt nur als eine Wirkung ungewöhnlich kräftig entwickelter Musculi pectorales dar. Auch wird sie bei einzelnen Gattungen der Carinaten, deren Flugvermögen durch ihre kurzen und dünnschaftigen Handschwingen sehr herabgemindert ist (Strigops habroptilus, wo sie als ganz niedrige, nur unten sich bis auf 2 mm erhebende Leiste auftritt), dem entsprechend wieder rudimentär, ein Umstand, welcher gerade für den Verlust des (ursprünglich vorhanden gewesenen) Flugvermögens der Ratitae, unter welchen Rhea noch den Rest eines Brustbeinkammes besitzt, geltend gemacht werden könnte. Wenn bei den des Flugvermögens verlustig gegangenen Aptenodytes trotzdem eine Crista sterni ausgebildet geblieben ist, so erklärt sich dies erfahrungsgemäss daraus, dass diese die zu Flossen herabgedrückten Flügelstummel, deren Handskelet übrigens nicht nur durchaus vollständig, sondern sogar besonders kräftig ausgebildet ist, als Ruder verwenden. Ein etwa vorhanden gewesener Brustbeinkamm würde mithin für Archaeopteryx keine nähere Verwandtschaft zu den Carinaten als zu den Pterosauriern oder zu irgend einem anderen damit versehenen Wirbelthier bekunden können.

[1]) Der mit sichtlicher Befriedigung vorgetragene „Gedankengang“ Dames' (a. a. O., S. 75 f.), wonach die Ratiten überhaupt nur Dunen, keine Contourfedern besitzen sollen, dürfte nicht nur die Ornithologen, sondern auch den Laien, welcher aus dem täglichen Leben zur Genüge weiss, dass die Straussenfeder das volle Gegentheil von einem „weichen Schaft“ besitzt, nicht wenig überrascht haben. Unter allen Umständen steht er mit den Thatsachen in gleichem Widerspruch, wie die oben erwähnte Angabe von dem „einfingrigen“ Handskelet des Strausses, welche doch unmöglich der Anschauung des Objektes entsprossen sein kann. Zunächst ist in Betreff der Federtheorie des Verfassers zu bemerken, dass die Bezeichnung „Contourfeder“ sich keineswegs, wie er zu glauben scheint, auf eine Form- und Strukturbeschaffenheit, sondern lediglich auf das Lagerungsverhältniss der Feder zum Vogelkörper bezieht: „The feathers which exhibit the most complicated structure, are called pennae or contour feathers, because they lie on the surface and determine the contour of the body“ (Huxley, Manual of the anatomy of vertebrated animals. London 1871, p. 274). Dass nach dieser Begriffsbestimmung, welche ganz derjenigen der Contourhaare („Grannen“ im Gegensatz zu dem davon bedeckten Wollhaar) entspricht, die Ratiten zunächst Contourfedern besitzen, ist selbstverständlich; wie denn auch Huxley (a. a. O., p. 275) von denselben bemerkt: „The contour feathers are distributed evenly over the body only in a few birds, as the Ratitae, the Penguins and some others.“ Es ist aber ferner das Gefieder der Ratiten sogar nur auf Contourfedern beschränkt, denn es fehlen ihnen die bei vielen — keineswegs bei allen — Carinaten davon bedeckten Dunen im ausgewachsenen Zustande, wie es scheint, gänzlich: ein Verhalten, welches sie mit den Gyrantes, den Pici, den meisten Rasores, Macrochires und Coccygomorphae theilen, so dass es sich durchaus nicht als eine Besonderheit darstellt. Diese „den Contour des Körpers bestimmenden“ Federn sind aber auch ihrer Struktur nach, und zwar in besonders ausgesprochenem Maasse bei den beiden Straussen-Gattungen so ausgesprochene Schaftfedern (Pennae), dass man geradezu blind sein müsste, um sie nicht als solche zu erkennen. Die 65 bis 70 cm langen Hand- und Armschwingen von Struthio camelus besitzen einen ebenso harten und dicken Schaft, wie diejenigen der kräftigsten Raubvögel, speciell wie von Aquila fulva. Derselbe ist bis auf etwa 10 cm Länge — wie beim Steinadler — 6 mm, selbst bei 20 cm Entfernung von der Basis noch immer 3 mm dick und wird nur von demjenigen der mächtigsten Flieger, wie Vultur cinereus und fulvus (8 mm) und Cathartes gryphus (8½ mm) an Stärke übertroffen. Die 45 cm langen Schwingen der Rhea Americana besitzen gleichfalls einen völlig steifen Schaft von 2½ mm Dicke und kommen gleich den mit ebenso starkem Schafte versehenen grösseren Schulterfedern des Afrikanischen Strausses noch immer den Handschwingen eines kleineren Raubvogels, z. B. Strix flammea gleich. Die bekannten fast griffelförmigen, einer Fahne völlig entbehrenden Schwingen der Casuare (Casuarius galeatus und Verwandte) sind bei 12 bis 15 cm Länge gleichfalls 5 bis 6 mm dick und sogar in ihrer ganzen Ausdehnung steinhart. Was an solchen Federn dunenhaft sein soll, ist

seine Bekleidung mit zweizeilig gestellten Schaftfedern zu einem langstreckigen, parallelen und nur am Ende abgerundeten Wedel umgeformte Schwanz im vollsten Gegensatz zu demjenigen der Vögel steht, kann als allseitig zugestanden gelten. Nicht minder eigenthümlich gestaltet sich aber auch die Befiederung der Extremitäten. Wollte man auch für diejenige der vorderen ganz von der auffallenden Kürze des Flügels im Vergleich zu seiner Breite, in welcher, wie OWEN (a. a. O., p. 36) bemerkt, eine ungefähre Aehnlichkeit mit derjenigen einiger „round-winged“ Hühnervögel erkannt werden kann, absehen, so müsste doch schon die ihn zusammensetzende geringe Gesammtzahl der Schwingen, welche sich für das Berliner Exemplar auf sechszehn bis siebenzehn feststellen lässt, ferner aber auch das gänzliche Fehlen der den „Eckflügel“ bildenden Federn an dem völlig freiliegenden Innenfinger auffallen. Noch ungleich wichtiger erscheinen aber die durchaus zweifelhaften Beziehungen der Schwingen zu dem Vorderarm- und Handtheil des Skeletes. Während nämlich am linken Flügel bei Verlängerung der (gegen das Skelet hin verschwindenden) Federschäfte auf den Handtheil sechs Schwingen fallen würden, kann man am rechten mit voller Deutlichkeit erkennen, dass bereits die vierte (in der Reihenfolge von hinten gezählt: die

mithin völlig unerfindlich. Dass der Schaft an den Schwingen der beiden Straussengattungen sich gegen die Spitze hin stark und bis zur Fadendünnheit verjüngt und dass die von ihm entspringenden Radii keinen Schluss haben, kann doch unmöglich als Dunen-Eigenschaft in Anspruch genommen werden, da Beides in ganz übereinstimmender Weise u. A. an den bis auf 1.40 m verlängerten Rücken-(sogenannten Rad-)Federn von Pavo cristatus, an welchen die Radii nur im Bereich der terminalen Spiegel wieder geschlossen sind, hervortritt, diese grössten aller bekannten Federn bis jetzt aber wohl von Niemandem für etwas Anderes als für Contourfedern gehalten worden sind. Uebrigens entbehren an den Schwingen von Struthio camelus die Radii gar nicht einmal ganz des Schlusses; denn man sieht sie — wenigstens im Bereich der basalen Hälfte der Feder — bei ihrem Ursprung vom Schaft etwa auf 5 mm Länge eng aneinander haftend und erst in ihrem weiteren Verlauf auseinander spreizen. Darin drückt sich aber wieder nur eine graduelle Verschiedenheit von den Schwingen mancher, mit „lockerem“ Gefieder versehenen Carinaten, z. B. der Eulen aus, bei welchen (Strix flammea) die Radii an der breiten Seite des Vexillum gleichfalls nicht ihrer ganzen Länge nach geschlossen sind, so dass der Rand der Fahne — und zwar an den Deckfedern ebenso wie an den Schwingen — in ziemlicher Breite zerschlitzt oder lose gewimpert erscheint. Liegen demnach bei den Straussenfedern den Schaftfedern der Carinaten gegenüber nur ganz relative und einzelnen Formen der letzteren (Pfauenfedern) überhaupt keine Unterschiede vor, so weichen die ihnen völlig unähnlichen harten und haarähnlichen Federn der Casuare, auch abgesehen von ihrem auffallend grossen Afterschaft, von der gewöhnlichen Bildung der Schaftfedern zwar ungleich mehr ab, entbehren aber trotzdem unter den Contourfedern der Carinaten keineswegs ihres Gleichen. Man braucht nur die allbekannten „zerschlitzten“ Rückenfedern der Ardea garzetta und egretta oder auch die ebenso gebildeten verlängerten Halsfedern der letzteren Art mit den Federn des Casuarius galeatus zu vergleichen, um zu erkennen, dass bis auf den dünneren Schaft der letzteren die Bildung genau dieselbe, ja dass die Entfernung der Radii von einander an den Reiherfedern sogar eine noch beträchtlich grössere (4 bis 5 mm) ist. Sind aber wegen dieser ihrer Eigenthümlichkeiten die Schmuckfedern der Reiher von irgend Jemandem für Dunen angesprochen worden? Gewiss nicht: dann können aber auch die Casuarfedern keine sein, wie sie denn gewiss auch noch niemals, schon ihrer Härte wegen, als solche verwendet worden sind. — Was schliesslich die abermals eigenthümlich gebildeten, mit loser Fahne versehenen Federn des Apteryx australis (SHAW) betrifft, so finden sie an den Schopf-, Kehl- und Halsfedern des Opisthocomus cristatus GMEL., an den Nacken-, Wangen-, Kehl- und Schnabelfedern des Dicholophus cristatus LIN., an den langen Schopffedern des Rhinochaetus jubatus VERR., an den Hals- und Brustfedern der Numida (Acryllium) vulturina HARDW., sowie an hier und da auftretenden Contourfedern zahlreicher anderer Carinaten so frappante Vorbilder oder, je nachdem man es nimmt, Nachahmungen, dass für sie höchstens noch ihre allgemeine Verbreitung über den ganzen Körper als charakteristisch geltend gemacht werden könnte. Nur die Handschwingen des Apteryx australis würden sich von den Rumpffedern durch die deutlich (etwa um ein Dritttheil) kürzere Fahne, dagegen durch eine viermal so lange (18 mm messende) und mehr denn doppelt so starke, daher auch ziemlich steife Spule unterscheiden. Es erweisen sich demnach die Federn sämmtlicher den Ratiten angehörenden, resp. zugerechneten Gattungen als völlig unzweifelhafte Contourfedern. Wie solche dem erwachsenen Vogel sogar ausschliesslich zukommen, so fehlen sie aber auch nicht einmal dem ganz jungen, aus der Eischale hervorgehenden, wie dies von dem Küchlein des Afrikanischen Strausses allgemein bekannt ist; an diesem finden sich an der flaumigen Bauchseite Pinseldunen, über den Rücken hin dagegen dadurch sehr ausgezeichnete Contourfedern, dass sie in eine hornige Platte auslaufen und dem jungen Vogel ein struppiges Aussehen verleihen.

dreizehnte) ganz direkt auf die Ulna, und zwar noch in recht ansehnlicher Entfernung vom Handgelenk, gerichtet ist, dagegen zu diesem ausser aller Beziehung steht. Dieses verschiedene Verhalten kann unmöglich ein zufälliges sein, sondern ist höchst wahrscheinlich dadurch bedingt, dass bei Archaeopteryx die als „Handschwingen" in Anspruch genommenen vorderen und etwas längeren Schaftfedern überhaupt einer festen Anheftung an das Handskelet, nach Art derjenigen der Vögel ganz entbehrt haben dürften, wie dies schon bei der ganz abweichenden Bildung der Metacarpalien und Phalangen von vorn herein nahe liegt. Bekanntlich legen sich von den zehn (zuweilen elf) Handschwingen der Vögel die sechs hinteren der Oberseite der beiden, an Basis und Spitze in weiter Ausdehnung verschmolzenen Metacarpalia 2. und 3. mit ihren Spulen in der Weise auf, dass sie die zwischen beiden verbleibende Längslücke überbrücken, wodurch sie selbstverständlich eine ebenso breite wie feste Unterlage erhalten. Eine ähnlich ausgedehnte Befestigung erhalten aber auch die drei ersten Handschwingen dadurch, dass die erste Phalange des zweiten (Mittel-)Fingers stark verbreitert und abgeplattet, nicht selten auch ihrerseits fensterartig durchbrochen ist, während die vierte sich dem dritten (Aussen-)Finger in seiner ganzen Länge auflegt. Dergleichen der Befestigung der Handschwingen speciell dienende Anpassungen fehlen aber an dem Handskelet der Archaeopteryx mit seinen freien, griffelförmigen Metacarpalien und Phalangen vollständig und es kann daher ein direkter Zusammenhang, wenn er überhaupt bestanden hat, jedenfalls nur ein ganz loser gewesen sein, woraus sich dann jene ausgiebige Verschiebbarkeit leicht erklären würde. Weniger unwahrscheinlich, wiewohl nicht erkennbar, dürfte es sein, dass die dem Vorderarm entsprechenden Schwingen sich bei Archaeopteryx in gleicher Weise wie bei den Vögeln mit ihren Spulen theilweise dem Aussenrand der Ulna aufgelegt haben. Jedenfalls hätte aber hierauf kein irgendwie nennenswerthes Flugvermögen beruhen können, da nur stark befestigte Handschwingen als Luftruder fungiren können; bei dem Mangel solcher wird die Archaeopteryx gewiss nur unvollkommen haben flattern und ihre Schwingen mehr als Fallschirme denn als wirkliche Flügel haben verwenden können.[1] Dass ihr als erstere gleichzeitig der Fächerschwanz und die zweizeilige Befiederung der Unterschenkel, welche auf der Berliner Platte in so klarer Weise hervortritt, gedient haben werden, hat bereits J. Evans mit vollem Recht geltend gemacht. Auch diese sich nach Art der Schwingen und Schwanzfedern stufenartig deckenden, etwa 3 cm langen Beinfedern sind etwas den Vögeln völlig Fremdes und können keineswegs, wie C. Vogt es will, in irgend welchen Vergleich mit den die sogenannten „Hosen" bildenden verlängerten Unterschenkelfedern der meisten Raubvögel (Vultur, Haliaëtus, Aquila, Falco, Circus, Milvus, Nisus, Circaëtus, Buteo) gebracht werden. Letztere nehmen stets nur von der Aussenseite ihren Ursprung, sind auf das untere Ende der Schienenhaut beschränkt und gerade abwärts gerichtet, könnten also bei der Einlagerung niemals das für Archaeopteryx vorliegende, höchst charakteristische Bild abgeben. Dass diese zweizeilig ange-

[1] Möglicher Weise steht hiermit der noch nicht berücksichtigte, gewiss aber sehr auffallende Umstand im Zusammenhang, dass auf den beiden bis jetzt zur Kenntniss gekommenen Archaeopteryx-Platten in ganz übereinstimmender Weise die Flügel vollkommen ausgebreitet zu Tage treten. Es dürfte in der That schwer sein, sich eine präcise Vorstellung davon zu machen, wie eine Vogelleiche gerade in einer solchen, der völlig fremden Lage hätte eingebettet werden können; bei einer solchen wären doch vermuthlich, wie bei todten Vögeln der Jetztzeit, die Flügel zusammengeschlagen geblieben.

ordneten Schaftfedern der letzteren Gattung übrigens nicht vorn und hinten am Unterschenkel gesessen, sondern der rechten und linken Seite desselben entsprochen haben, geht daraus hervor, dass, der Profil-Einlagerung der Tibia entsprechend, die rechterseits hervortretenden etwas verkürzt, daher in ihrer Gesammtheit schmäler als die linksseitigen erscheinen. Sie haben mithin die gleiche Ebene wie die Schwingen und die Schwanzfedern eingehalten und ihrerseits offenbar den Fallschirm vervollständigt.

Wenn hiernach unzweifelhaft auch die Federbekleidung der Archaeopteryx von derjenigen der Vögel in den wesentlichsten Punkten abgewichen hat und für die Ortsbewegung der fossilen Gattung gewiss von ganz verschiedener Bedeutung gewesen ist, so erscheinen die zahlreichen, dem typischen Vogelskelet widersprechenden osteologischen Eigenthümlichkeiten nur um so verständlicher. In demselben Maasse muss aber jeder Versuch, diese in fast allen Theilen nachweisbaren osteologischen Differenzen in ihrer Wichtigkeit herabzudrücken und sie durch willkürliches Hineindeuteln als ganz relative oder überhaupt nicht existirende darzustellen, als völlig ungerechtfertigt von der Hand gewiesen werden. An der Thatsache, dass die lebenden Vögel einschliesslich der Ratitae eine völlig homogene, fest in sich abgeschlossene Gruppe bilden, mit welcher — nach den bis jetzt vorliegenden Resten zu urtheilen — Archaeopteryx trotz ihres Federkleides keinerlei nähere Verwandtschaft erkennen lässt, kann dadurch unmöglich etwas geändert werden. Nach wie vor steht diese merkwürdige Gattung unter den so vielgestaltigen fossilen Gruppen der Sauropsida gleich unvermittelt[1]) da, wie die derselben Erdepoche angehörenden Pterosaurier, welchen sie sich übrigens — trotz verschiedener, noch so prägnanter Differenzen in der Bildung der Extremi-

---

[1]) Dass hierin die mit der üblich gewordenen Zuversichtlichkeit construirten „Stammbäume" der Vögel, in welchen Archaeopteryx selbstverständlich die hervorragendste Rolle spielt, nicht den mindesten Wandel geschafft haben, kann wohl als selbstverständlich gelten. Im Gegentheil, der an denselben zu Tage tretende, ebenso ergötzliche wie naheliegende Umstand, dass darin der Verwandtschaftsgrad der Archaeopteryx zu den Vögeln in denkbar verschiedenster Weise zum Ausdruck gelangt, lässt die hier vorhandene Kluft nur um so deutlicher gewahr werden. Indessen hat wenigstens Marsh (Introduction and succession of Vertebrate life in America, New Haven, 1877, p. 19), welchem für die Beurtheilung der verwandtschaftlichen Beziehungen überdies Material zur Verfügung gestanden hat, unumwunden eingeräumt, dass die mit Zähnen versehenen Vögel der Kreide: „Hesperornis and Ichthyornis differ from each other and from Archaeopteryx much more, than do any existing birds among themselves." Dabei ergiebt sich aber Hesperornis nach der von Marsh (Americ. Journal of science, XVI, 1878, pl. X, fig. 1) gegebenen Abbildung seines Beckens sofort auf den ersten Blick als ein unzweifelhafter Vogel, dessen Becken selbst in Einzelheiten an diejenigen von Dromaeus und Apteryx erinnert, während Archaeopteryx nach der obigen Darlegung das volle Gegentheil von einem Vogelbecken zur Schau trägt. — Einen näheren Verwandten von Archaeopteryx unter den lebenden Vögeln hat fast gleichzeitig mit dem Erscheinen der Owen'schen Abhandlung sonderbarer Weise Parker (On the systematic position of the crested Screamer, Palamedea chavaria, Proceed. zoolog. soc. of London 1863, p. 511 ff.) in der bekannten Brasilianischen Palamedea (Chauna) chavaria Lin. erblicken wollen, freilich nur aus dem Grunde, weil die Rippen derselben der sonst regelmässig ausgebildeten Processus uncinati vollständig entbehren. Wie mich ein vor Kurzem aus dem Fleisch präparirtes Skelet dieses interessanten Sumpfvogels belehrt, ist die von Parker zuerst betonte Rippenbildung in der That vorhanden und unzweifelhaft besonders beachtenswerth. Was indessen den darin erblickten „lacertian character" und die daraus hergeleitete nähere Verwandtschaft mit Archaeopteryx betrifft, so ist Beides gleich gegenstandslos; denn die Rippen von Palamedea weichen von normal gebildeten Vogelrippen eben nur durch den Mangel der Processus uncinati ab, während sie im Uebrigen die Breite, die Plattheit, das tief zweizinkige vertebrale Ende u. s. w. jener in völlig übereinstimmender Weise zur Schau tragen, mithin im vollsten Gegensatz zu denjenigen der Lacertinen sowohl wie der Archaeopteryx stehen. Ueberhaupt erweist sich das Skelet der Chavaria bis auf die erwähnte Abweichung der Rippen nach allen Richtungen hin als ein durchaus normales und typisches Vogelskelet, an welchem ich in Uebereinstimmung mit Garrod (On the anatomy of Chauna Derbiana and on the systematic position of the Screamers, Proceed. zoolog. soc. of London 1876, p. 189 ff.) die von Parker behauptete Anatinen-Verwandtschaft durchaus vermisse.

täten — durch die Gesammtformation des Skeletes offenbar immer noch am nächsten anschliesst.

Nach dieser Abschweifung kehren wir zu der auf S. 137 unterbrochenen Erörterung, die Morphologie der paarigen Wirbelfortsätze betreffend, zurück.

In demselben Maasse, wie sich die Säugethiere den einheitlich und gleichförmig organisirten Vögeln gegenüber als eine Vereinigung sehr mannigfach gestalteter und unter einander vielfach abweichender Thierformen darstellen, wird auch ihre Wirbelsäule das durchaus conforme Gepräge jener wieder aufgeben und einer ähnlichen Wandelbarkeit im Einzelnen Platz machen müssen, wie sie sich innerhalb der einzelnen Ordnungen der Sauropsida zu erkennen giebt. Es kann daher auch nicht Wunder nehmen, wenn, wie es in der That der Fall ist, in der Classe der Säugethiere alle jene Modifikationen der Wirbelsäule, durch welche sich die einzelnen Ordnungen der Sauropsida auszeichnen und von einander abweichen, neben einander vertreten sind, ein Umstand, auf welchen Huxley bei seiner Gegenüberstellung der Mammalia und der durch Vereinigung von Reptilien und Vögeln hergestellten, jenen als gleichwerthig betrachteten Classe Sauropsida[1]) mit vollem Recht das gleiche Gewicht hätte legen können, wie auf den paarigen und unpaaren Condylus occipitalis, das Verhalten des Kiefergaumenapparates und der Gehörknöchelchen, das Vorhandensein oder den Mangel einer Cloakbildung, die Conformation der Harn- und Geschlechtsorgane u. s. w.

Mit den Vögeln darin nahezu übereinstimmend, dass auch bei ihnen die stark verkürzten, nur im Bereich ihres vertebralen Endes ausgebildeten Halsrippen eine feste Verschmelzung mit den Parapophysen und dem freien Ende der Diapophysen unter Herstellung eines Foramen transversarium eingegangen sind[2]), lassen die Säugethiere schon im Bereich der Brustwirbel einerseits eine ganze Reihe von Eigenthümlichkeiten den Sauropsida gegenüber, andererseits aber auch nicht unwesentliche Differenzen innerhalb ihrer eigenen Grenzen erkennen. Dieselben betreffen zunächst und vor Allem die Parapophysen, welche, wenn man

---

[1]) Th. Huxley, On the classification of Birds (Proceed. zoolog. soc. of London 1867, p. 415).

[2]) Von P. Albrecht, Die Epiphysen und die Amphiomphalie der Säugethierwirbelkörper (Zoologischer Anzeiger. II. 1879, S. 421) und Note sur un sixième costoïde cervical chez un jeune Hippopotamus amphibius (Bulletin du musée royal d'hist. nat. de Belgique. Brüx. 1882. Tome I, pl. XI) wird die Behauptung aufgestellt, dass die von Meckel und Joh. Müller als Halsrippen nachgewiesenen und allgemein als solche acceptirten Processus costarii der Säugethier-Halswirbel, welche das Foramen transversarium ventral begrenzen, mit solchen nichts zu schaffen hätten, dass die wahren Halsrippen vielmehr in zwei seitlich vom Wirbelcentrum gelegenen, ursprünglich selbstständigen Stücken, welche sich am dritten bis sechsten Halswirbel den ventralen Schenkeln des Foramen transversarium unterhalb anschliessen, zu erblicken seien. Die bisher als Processus costarii in Anspruch genommenen Schenkel will er nur als Parapophysen gelten lassen. Bei einer derartigen Auffassung muss es von vornherein auffallen, dass von den auf pl. XI gegebenen Abbildungen der Halswirbel des jugendlichen Hippopotamus nur diejenige des sechsten (Fig. 2 u. 4), nicht aber die des fünften (Fig. 1) jene „wirklichen Halsrippen" als getrennte Stücke erkennen lässt und dass durch den Mangel derselben der fünfte Wirbel mit dem siebenten (Fig. 5), welchem jene abwärts gerichteten Fortsätze überhaupt fehlen, übereinstimmt. Die Sache erledigt sich aber offenbar in einer von der Albrecht'schen Auffassung durchaus abweichenden Weise dahin, dass die am dritten bis sechsten Halswirbel der Ferae, Rodentia, Edentata und Marsupialia, in schwächerer Ausbildung am vierten bis sechsten bei den Primates, nur am fünften und sechsten bei den Ruminantia (Cervus) auftretenden, nach abwärts gerichteten Muskelfortsätze, welche sich nur als progressiv stärker entwickelte Ausläufer der Parapophysen ergeben, wie z. B. bei Felis und Canis deutlich nachzuweisen ist, ihrer späteren Anlage entsprechend auch später mit dem Wirbel verschmelzen, als dies mit den wirklichen Halsrippen im Sinne Joh. Müller's der Fall ist. Die richtige Deutung der letzteren kann durch dieselben gewiss nicht erschüttert werden.

darunter frei aus der Wirbelkörperfläche heraustretende Fortsätze versteht, diesen Namen eigentlich nur noch bei den Delphinoiden beanspruchen können, während sie sich bei den übrigen Säugethieren mehr als grubenartige Einsenkungen, welche nur noch einen aufgewulsteten Rand besitzen, also im Grunde vorwiegend als ein Substanzverlust des Wirbelkörpers darstellen. Aber nicht nur hierin haben die Parapophysen ihr urspüngliches Verhalten aufgegeben, sondern in noch höherem Maasse bezüglich ihrer Ursprungsstelle vom Wirbelkörper. Bei den Delphinoiden sind sie vollständig auf den Körper des vorhergehenden Wirbels — als welcher die Diapophysen trägt — übergegangen, an den vier letzten Brustwirbeln des Schweines und den sechs letzten von Macropus (Halmaturus) wenigstens in dem Maasse, dass sie den Vorderrand des eigenen Wirbels eben gerade noch berühren. Diesem mehr exceptionellen Verhalten gegenüber theilen sie sich bekanntlich bei der überwiegenden Mehrzahl der Säugethiere in zwei aufeinander folgende Wirbelkörper[1]), werden also intervertebral, woran nur in vereinzelten Fällen die — auf den Körper des ersten Brustwirbels beschränkte, d. h. nicht mehr auf den letzten Halswirbel übergehende — erste, in ungleich zahlreicheren die hinteren Parapophysen — je nach den Gattungen in verschiedener Zahl — eine Ausnahme machen, während die Gattung Myrmecophaga als die einzige mir bisher bekannt gewordene dadurch vollständig zu dem ursprünglichen Verhalten der Amphibia urodela und der Sauropsida zurückkehrt, dass bei ihr die Parapophysen sämmtlicher Brustwirbel auf das vordere Ende des Corpus vertebrae beschränkt sind. So wenig indessen in dieser Verschiebung der Parapophysen eine wesentliche Abweichung von der unter jenen beiden Vertebraten-Classen festgehaltenen und offenbar ursprünglicheren Bildung verkannt werden kann, so wenig wird doch andererseits durch dieselbe die Beziehung der Rippen zu den Brustwirbeln alterirt. Mit Ausnahme der hintersten, welche bei allmählichem Schwinden des Tuberculum und der dadurch bedingten Lockerung ihres Ansatzes an die Diapophysen vorwiegend oder ausschliesslich capitular werden, bleiben sie auch bei dislocirter Parapophyse gleich denjenigen der Vögel in der Regel noch, wenngleich in weniger ausgeprägter Weise, zweizinkig. Indessen auch in dieser Beziehung fehlt es nicht an mehr oder weniger auffallenden Ausnahmen, welche dann stets durch ein lokales oder weiter um sich greifendes Schwinden der Parapophysen, wie es sich bei den Cetaceen einstellt, bedingt werden. Die mit solchen Brustwirbeln in Verbindung gesetzten Rippen büssen dann ihr Capitulum und mit ihm auch das Collum ein, zeigen also ein ganz ähnliches, wenngleich nicht genau übereinstimmendes Verhalten, wie es bereits bei den Crocodilen angebahnt ist, an deren hinteren Brustwirbeln die Parapophysen gleichfalls in Wegfall gekommen sind, oder auch, wenn man will, wie bei den Cheloniern, denen Parapophysen überhaupt gänzlich fehlen. Mit einem Wort: es combiniren sich in der Brust-

---

[1]) P. Albrecht, Die Epiphysen und die Amphiomphalie der Säugethierwirbelkörper (Zoologischer Anzeiger, II. 1879, S. 14), sieht sich veranlasst, die Bezeichnung „Parapophyse" auf die „Fossa costalis ventralis cranialis" der Säugethierwirbel zu beschränken, dagegen für die „Fossa costalis ventralis caudalis", d. h. also für die hintere Hälfte der Parapophyse die neue Bezeichnung „Catapophyse" einzuführen. Soll hiermit nur einem praktischen Bedürfniss abgeholfen werden, so mag dieser besondere — übrigens keinen Gegensatz bezeichnende — Name allenfalls passiren. Sachlich ist er jedenfalls ungerechtfertigt, da erst beide grubenartigen Einsenkungen in Gemeinschaft einer Parapophyse im Sinne Owen's entsprechen. Auch würden nach dieser Nomenclatur die Delphinoiden überhaupt keine Parapophysen, sondern nur Catapophysen besitzen, während bei Myrmecophaga wieder die letzteren fehlen würden!

region der Säugethiere, theils bei einer und derselben Gattung, theils nach Familien und Ordnungen, sowohl in Bezug auf die von den Wirbeln ausgehenden paarigen Fortsätze, wie auf die mit diesen eine Verbindung eingehenden Rippen in mannigfachster Weise Verhältnisse, welche sich bei ihren einfacher gestalteten Vorläufern (Amphibia und Sauropsida) als auf die einzelnen Ordnungen beschränkte und für diese charakteristische herausgestellt haben. Unter diesen Umständen liegt es aber bei der Continuität, welche die auf die Brustregion folgenden Wirbel mit den jener angehörenden erkennen lassen, von vorn herein nahe, dass die in ersterer angebahnten, vielfach wechselnden Verhältnisse sich auch auf letztere fortsetzen werden, oder mit anderen Worten: dass die bei den einzelnen Ordnungen der Sauropsida eine und dieselbe Beziehung zu den postpectoralen Wirbeln beibehaltenden „Querfortsätze“ eine solche aufgeben und den von den Brustwirbeln ausgehenden verschiedenartigen Impulsen Folge leisten werden.

In keiner Ordnung der Säugethiere ist die Wirbelsäule nach dieser Richtung hin so lehrreich und überzeugend, wie bei den zahntragenden Cetaceen (Delphinoiden), wo das Verhalten der „Querfortsätze“ seiner Einfachheit halber eine verschiedenartige Auffassung und Deutung von vornherein ausschliesst. Die Diapophysen, nachdem sie sich der Metapophysen bereits in der vorderen Brustregion durch Abgabe an die vorderen Zygapophysen entledigt haben, während sie die sich sonst aus ihnen hervorbildenden Anapophysen von vorn herein überhaupt nicht besitzen, gehen, wie für Hyperoodon und anderweitige Delphinoiden-Gattungen eingehend nachgewiesen worden ist, bereits im Verlauf der Brustregion vollständig ein, d. h. es bleibt an den hinteren Brustwirbeln — je nach den Gattungen in verschiedener Zahl — keine Spur mehr von denselben übrig: ihr Schwinden geht demjenigen der Rippen stets um mehrere Wirbel voran. Ebenso hören die Parapophysen (im eigentlichsten Sinne: als mehr ventral entspringende, zum Ansatz des Capitulum costae dienende Seitenfortsätze) bereits hinter der Mitte der Brustregion, also weit früher als die Rippenbildungen auf und zwar aus dem einfachen Grunde, weil die hinteren Rippen mit ihrem Hals auch das Capitulum einbüssen. Bei diesem gewissermassen vorzeitigen Eingehen beider, sonst für die Befestigung der Rippen dienenden fixen Punkte würde nun letzteren selbstverständlich überhaupt die Möglichkeit genommen sein, sich mit der Wirbelsäule in Verbindung zu erhalten, wenn nicht der einzige überhaupt denkbare Ausweg vorläge, dass der von den hinteren Rippen abgelöste Theil — das Collum — in einem allerdings sehr eigenthümlichen Verhalten, nämlich in fester Verschmelzung mit dem Wirbelkörper und mithin in Form eines „Querfortsatzes“ verblieben wäre. Diese durch verschmolzene Rippenhälse gebildeten „Querfortsätze“ sind nun abgesehen von den für die hier zu erörternde Frage nicht in Betracht kommenden flügelförmigen Metapophysen überhaupt die einzigen paarigen Ausläufer, welche an den hintersten Brustwirbeln der Delphinoiden (auch der Balaenoiden) übrig geblieben sind, und sie sind es dem entsprechend auch zugleich, welche sich in völlig übereinstimmender Form und Lage auf die überwiegende Mehrzahl aller folgenden (Lumbar- und Caudal-)Wirbel übertragen, nur dass sie in der Richtung nach hinten allmählich an Umfang abnehmen. Alle diese Lenden- und Schwanzwirbel der Cetaceen unterscheiden sich mithin morphologisch überhaupt nicht wesentlich von den hinteren, halslose Rippen tragenden Brustwirbeln: die ganz relative und wenigstens morphologisch untergeordnete Differenz besteht nur darin, dass der terminale und zugleich frei bewegliche Theil der Rippen an ihnen in Wegfall gekommen ist.

In gleich augenscheinlicher Weise giebt sich die Uebertragung der an den Brustwirbeln zur Ausbildung gekommenen paarigen Fortsätze und der mit ihnen verbundenen Anhänge auf die postpectoralen Wirbel bei der Gattung Choloepus, und zwar in nicht unwesentlich abweichendem Maasse von der ihr unmittelbar verwandten Gattung Bradypus zu erkennen. Freilich ist hier das Verhalten in vielen Beziehungen demjenigen der Cetaceen gegenüber gerade ein entgegengesetztes. An allen vierundzwanzig Brustwirbeln finden sich in fast vollständiger formeller Uebereinstimmung Parapophysen und Diapophysen vor, letztere unter sich um so ähnlicher, als ihnen Anapophysen gleichfalls durchweg abgehen. Sämmtliche Rippen setzen sich mit den beiderlei Fortsätzen durch Capitulum und Tuberculum in gleichbleibender Weise in Verbindung, haben mithin das schon bei den Urodelen auftretende zweizinkige vertebrale Ende beibehalten. Die letzte Rippe weicht von den vorhergehenden nur darin ab, dass sie ihre freie Beweglichkeit aufgegeben hat und sowohl mit der Diapophyse wie mit der Parapophyse eine feste Verschmelzung eingegangen ist. Zugleich hat sie sich — auf beiden Seiten in ungleichem Maasse — beträchtlich verkürzt, dagegen an ihrer Basis ansehnlich verbreitert. Durch diese beiderseitigen Modifikationen bildet sie einen ganz direkten Uebergang zu den an den drei folgenden freien Lendenwirbeln entspringenden, abermals beträchtlich kürzeren „Querfortsätzen“. Diese entspringen in sehr deutlicher Weise mit zwei Wurzeln, von denen die obere einer Diapophyse, die untere einer Parapophyse der vorangehenden Brustwirbel auf das Genaueste entspricht. Mit anderen Worten: Es sind diese „Querfortsätze“ der Lendenwirbel von Choloepus weiter nichts als auf ihr zweizinkiges vertebrales Ende reducirte und mit den paarigen Wirbelfortsätzen fest verschmolzene Rippen. Dasselbe Verhalten überträgt sich nun aber von den Lendenwirbeln auch auf die Sacral- und die Mehrzahl der Caudalwirbel, deren Querfortsätze gleichfalls noch mit doppelten Wurzeln entspringen, so dass hier in der That in gleichem oder noch höherem Maasse ein Rückschlag in die Bildung der Vögel-Wirbelsäule vorliegt, wie bei den Cetaceen ein solcher sich wenigstens theilweise in diejenige der Crocodile nicht verkennen lässt. Der sehr wesentliche Unterschied in der Wirbelsäulen-Bildung von Choloepus und der Delphinoiden liegt hiernach darin, dass sich bei ersterer Gattung alle charakteristischen Eigenthümlichkeiten der Brustwirbel auf die postpectoralen Wirbel fortsetzen, bei den Delphinoiden dagegen nur die an den hinteren Brustwirbeln verbliebenen Reste.

Zwischen diesen beiden Extremen bewegen sich nun gewissermaassen die Wirbelsäulen der übrigen Säugethiere in Bezug auf ihre paarigen Fortsätze und beweglichen Anhänge (Rippen) nach verschiedenen Richtungen hin in der Mitte, und so verhältnissmässig leicht es ist, in den beiden eben erörterten Fällen den klar vor Augen liegenden Sachverhalt als einen einheitlichen und gesetzmässigen zu erkennen, mit so grossen Schwierigkeiten ist in vielen anderen die Ermittelung darüber verbunden, welche der beiden an den Brustwirbeln zur Ausbildung gelangten Categorieen von Querfortsätzen (Parapophysen und Diapophysen) durch die an den Lendenwirbeln auftretenden gleichnamigen Bildungen repräsentirt wird. Ein aufmerksamer Verfolg der allmählichen Veränderungen, welche besonders die Diapophysen nebst ihren Abzweigungen an den hinteren, bereits mehr oder weniger deutlich lumbar gestalteten Brustwirbeln eingehen, wird indessen, von verhältnissmässig seltenen zweifelhaften Fällen (z. B. Didelphys) abgesehen, deutlich erkennen lassen, dass hier der Hauptsache nach ein zweifaches Verhalten Platz greift. Entweder: es gehen die Diapophysen, nachdem sie an den hinteren Brustwirbeln allmählich kümmerlicher geworden sind, mit dem letzten derselben überhaupt gänzlich ein und es werden dann auf die Lendenwirbel nur noch ihre Abzweigungen, von denen hier nur die Anapophysen in Betracht kommen, übertragen. Oder: es setzen sich die Diapophysen, ohne an den hinteren Brustwirbeln in der Regel eine merkliche Aenderung erfahren zu haben — beim Menschen gehen sie ausnahmsweise eine eigenthümliche Modifikation ein — continuirlich auf die Lendenwirbel fort, um an diesen in der Richtung nach hinten sogar sehr allgemein an Längsausdehnung beträchtlich zuzunehmen. Das Eingehen der Diapophysen hat in der überwiegenden Mehrzahl der Fälle (Ferae, Insectivora, Chiroptera, Prosimii und Primates, letztere indessen mit Ausschluss der Anthropoidei und Erecti) zur Folge, dass, gewissermaassen als Ersatz jener, die Parapophysen sich von den Brust- auf die Lendenwirbel übertragen, zugleich mit ihnen aber auch der den Parapophysen correspondirende vertebrale Rippen-Abschnitt, nämlich das Collum costae, bestehen bleibt: nur, dass letzterer nicht mehr, wie an den Brustwirbeln, eine freie Einlenkung unterhält, sondern mit den Parapophysen fest verschmilzt, ganz wie es bei den Cetaceen der Fall und direkt nachweisbar ist. Umgekehrt macht sich bei der Fortsetzung der Diapophysen auf die Lendenwirbel (Ruminantia, Solidungula, die Mehrzahl der Rodentia) ganz constant ein völliges Schwinden der Parapophysen zum Mindesten an den vorderen Lendenwirbeln bemerkbar. Da aber hiermit nothwendig auch ein Wegfall des Rippenhalses verbunden sein muss, so fehlen solchen Lendenwirbeln stets Processus costarii im engeren Sinne; verlängern sich ihre „Querfortsätze" durch Mitaufnahme eines Rippenrudimentes entweder in die Diapophyse (Ruminantia, Rodentia) oder in die Anapophyse (Sus), so entspricht das letztere stets einem jenseits des Collum costae liegenden Abschnitt. Treten mithin zur Herstellung von Lendenwirbel-Querfortsätzen im Allgemeinen vikariirend verschiedene morphologische Werthe ein, so kann in vereinzelten Fällen doch auch wieder ein Anlauf zur Wiederherstellung des ursprünglichen Verhaltens, nämlich der gleichzeitigen Ausbildung von Diapophysen und Parapophysen, wenigstens an den hinteren (präsacralen) Lendenwirbeln[1]) stattfinden. Dass derartige Rückschläge, wie sie betreffenden Ortes für Macropus (Halmaturus), Bos und Ovis hervorgehoben worden sind, ein wichtiges Argument für die Doppelnatur der Lendenwirbel-Querfortsätze liefern, ist selbstverständlich. Es geben aber zugleich, wie hier nochmals hervorgehoben werden mag, solche an den letzten Lendenwirbeln wieder auftretende Parapophysen (neben „Querfortsätzen", welche durch Diapophysen gebildet werden) eine besonders willkommene Aufklärung über das bei den Säugethieren gleichfalls nicht einheitliche Verhalten der Sacralwirbel, da sie die an letzteren als „Sacralrippen" bezeichneten Theile ganz allmählich vorbereiten und einleiten. Wie nämlich eine Uebertragung bestimmter Fortsätze von den

[1]) Ein sehr vereinzelt dastehender Fall ist der S. 113 für die Gattung Pteropus hervorgehobene, darin bestehend, dass am ersten Lendenwirbel neben der von den Brustwirbeln übernommenen und auch allen folgenden zukommenden Parapophyse noch eine rudimentäre (warzenförmige) Diapophyse verblieben ist. Auch dieser Fall ist für die Doppelnatur der Lendenwirbel-Querfortsätze besonders beweiskräftig.

Brust- auf die Lendenwirbel stattfindet, so bestehen ganz analoge Beziehungen auch zwischen Lumbar- und Sacralwirbeln der Säugethiere. Werden an den Lendenwirbeln die „Querfortsätze“ durch Parapophysen und Rippenhälse hergestellt, so bestehen auch die sogenannten unteren Schenkel der Sacralwirbel aus solchen (z. B. Ferae, Primates platyrrhini et cynopitheci) und es gesellen sich diesen dann von Neuem Diapophysen zur Herstellung der oberen Schenkel zu. Lassen sich dagegen die „Querfortsätze“ der Lendenwirbel aus Diapophysen oder aus Abzweigungen solcher herleiten (Ungulata, Primates anthropoidei et erecti), so setzen sich diese auch auf die Sacralwirbel zur Bildung ihrer oberen Schenkel fort. Ihre unteren Schenkel entstammen in diesem Fall aber wieder auftretenden Parapophysen nebst Rippenhälsen, welche man als „Sacralrippen“ zu bezeichnen sich veranlasst gefühlt hat[1]) und welche bei den oben angeführten Gattungen bereits an den hinteren Lendenwirbeln andeutungsweise vorhanden sind. Es stehen mithin auch die Sacralwirbel unter dem Einfluss der sich schon im Bereich der Brustwirbel vorbereitenden zweifachen Modifikationen der Diapophysen und Parapophysen, deren speciellerer Verfolg an den mitten inne liegenden Lendenwirbeln als Resultat ergiebt, dass die von verschiedenen Autoren (Gegenbaur, Frenkel) als besonders eigenartige Bildungen geltend gemachten „Sacralrippen“ nur den Charakter einer durchaus relativen Modifikation bereits vorher angebahnter Verhältnisse an sich tragen.

Dass es sich bei den Lendenwirbel-Querfortsätzen so verschieden organisirter Säugethiere, wie es z. B. Raubthiere und Wiederkäuer sind, um heterogene morphologische Werthe handeln soll, wird ein ernstliches Bedenken zu erwecken kaum Anlass bieten. Dagegen könnte gegen ein zweifaches Verhalten jener Fortsätze der Einwand erhoben werden, dass diapophytische und parapophytische Bildungen sich nicht immer an die natürlichen Ordnungen binden, sondern in mehreren derselben nebeneinander auftreten, d. h. je nach den Gattungen variiren. So verhält sich unter den Edentaten die Gattung Orycteropus (mit diapophytischen Querfortsätzen) abweichend von ihren nächsten Verwandten: Manis, Myrmecophaga und Dasypus; so weichen ferner die Gattungen Hystrix und Castor von den übrigen, oben erörterten Rodentien, die anthropoiden Affen und der Mensch von der grossen Mehrzahl der Primaten durch die Natur ihrer Lendenwirbel-Querfortsätze ab. So sehr dieses heterogene Verhalten bei einander unzweifelhaft nahe stehenden Formen indessen auf den ersten Blick überraschen mag, so stellt es sich doch als ein leicht erklärliches und selbst nahe liegendes durch die Erwägung heraus, dass keineswegs in allen Ordnungen der Säugethiere die Körperbewegungen, für welche bekanntlich die Lumbargegend von besonderer Bedeutung und bis zu einem gewissen Grade selbst maassgeblich ist, sich als so einheitliche darstellen, wie es z. B. bei den Ein- und Zweihufern, bei den Raubthieren u. A., welche dem ent-

[1]) Für die Deutung dieser unteren Schenkel als „untere Querfortsätze“ (Hasse, Anatom. Studien, I. S. 70) oder als „Rippen“ (Gegenbaur, Jenaische Zeitschr. f. Mediz. u. Naturwiss., VI. S. 210; Lehrbuch der Anatomie des Menschen, S. 133; Frenkel, Jenaische Zeitschr., VII. S. 424) liefert die embryonale Anlage offenbar keinen entscheidenden Ausschlag. Beim Menschen scheint allerdings am ersten Wirbel die „Sacralrippe“ regelmässig aus einem besonderen Ossifikationspunkt hervorzugehen (Hasse, a. a. O., Taf. IV. Fig. 11; Frenkel, a. a. O., Taf. XXI. Fig. 1; Gegenbaur, Lehrbuch der Anatomie, Holzschnitt-Figur 108). Dagegen ist dies beim Embryo des Rindes nach Frenkel nicht der Fall; vielmehr ist hier die gemeinsame Anlage der „Sacralrippe“ und des oberen Bogens das gewöhnliche (Taf. XXI. Fig. 10a), die getrennte Ossifikation der ersteren (Taf. XXI. Fig. 11) das ausnahmsweise Verhalten. Es hat demnach die eine Benennung keine grössere sachliche Berechtigung als die andere; unzweifelhaft ist nur, dass es sich um eine parapophytische Bildung handelt.

sprechend auch unter sich übereinstimmende Querfortsatz-Bildungen darbieten, der Fall ist, sondern dass in dieser Beziehung die zu einer und derselben Ordnung vereinigten Gattungen oft die auffallendsten Verschiedenheiten, ja selbst Gegensätze erkennen lassen. Dass ein solcher, selbst diametraler Gegensatz z. B. zwischen den Körperbewegungen der Tardigraden (Bradypodiden) und der grabenden Edentaten (Effodientia Illig.) hervortritt und seinen Ausdruck auch in der Conformation der Wirbel finden muss, braucht kaum erwähnt zu werden. Er macht sich aber auch bei Beobachtung des lebenden Thieres an dem Capensischen Erdferkel (Orycteropus) gegenüber den Myrmecophaga-, Manis- und Dasypus-Arten sehr deutlich geltend, und zwar schon durch den Umstand, dass erstere Gattung, ihren verlängerten und ungleich kräftiger entwickelten Hintergliedmaassen entsprechend, zu einer aufrecht sitzenden Haltung des Körpers nach Art der Kängurubs, an welche sie habituell überhaupt lebhaft erinnert, befähigt ist, während eine solche den drei anderen Gattungen völlig abgeht. Es ist daher eher selbstverständlich als auffallend, dass sie in der Bildung ihrer Lendenwirbel von jenen abweicht. Das Gleiche dürfte sich auch für die grabenden Arten der Gattung Hystrix gegenüber den kletternden der Gattung Cercolabes, ferner für den durch so eigenartige Lebensweise sich auszeichnenden Biber geltend machen lassen; und wenn sich der Mensch den Anthropoiden gegenüber immerhin durch ungleich vollendetere Körperhaltung auszeichnet, so nähern sich die Körperbewegungen jener den seinigen offenbar ungleich mehr, als denjenigen irgend eines der übrigen Primaten, welche eine unter sich übereinstimmende, aber von derjenigen des Menschen und der Anthropoiden abweichende Bildung der Lendenwirbel-Querfortsätze besitzen.

Nachdem im Vorstehenden die an den postpectoralen Wirbeln auftretenden „Querfortsätze" in ihrem Verhältniss zu Rippenbildungen beleuchtet worden sind, erübrigt es noch, einen kurzen Blick auf die morphologischen Beziehungen zu werfen, in welchen die Diapophysen und Parapophysen der Brust- und beziehentlich der Halswirbel zu den sich mit ihnen in Verbindung setzenden Rippen stehen. Es handelt sich dabei um die Beantwortung der Frage: sind Querfortsätze an rippentragenden Wirbeln von den sich ihnen anfügenden Rippen irgend wie wesentlich verschiedene Gebilde oder stellen sie sich nicht vielmehr als von den Rippen abgelöste und mit den Wirbeln verschmolzene Theile jener dar, sowie ferner: sind die bisher für die Unterscheidung von Querfortsätzen überhaupt und von Rippen aufgestellten Criterien als stichhaltig anzuerkennen.

Wenn die descriptive Osteologie bekanntlich, der Anschauung des Laien entsprechend, von jeher die Rippen in eine Art Gegensatz zu der Wirbelsäule gebracht und nur als Anhangsgebilde derselben bezeichnet hat, so findet dies in der durch die freie Anfügung bedingten Selbstständigkeit sowie in den Form- und Längenverhältnissen der letzteren wenigstens für die Mehrzahl der Wirbelthiere eine durchaus nahe liegende Erklärung. Ebenso darf es als völlig berechtigt gelten, wenn Gelenk-, Dorn- und Querfortsätze trotz ihrer Form-, Zahl- und Lagerungs-Unterschiede zuvörderst unter dem gemeinsamen Begriff der „Wirbelfortsätze" subsumirt und dadurch als einander nahestehende Bildungen angesprochen worden sind. Der vergleichenden Osteologie, welche u. A. auch den Einzelwirbel in Verbindung mit dem ihm angehörenden Rippenpaar in Betracht zog, konnte dagegen eine derartige Auffassung unmöglich auf die Dauer Stand halten. Vielmehr musste sich ihr, wenngleich erst

Schritt für Schritt, einerseits der Gegensatz, in welchem sich die „Querfortsätze“ den übrigen Wirbelausläufern gegenüber befinden, andererseits die nahe und unmittelbare Beziehung, in welche dieselben zu den Rippen treten, mit um so zwingenderer Nothwendigkeit aufdrängen, je mannigfachere und wechselndere Verhältnisse in Betreff des letzteren Punktes zu ihrer Kenntniss gelangten. Schon dem Scharfblick J. F. Meckel's[1]) war es nicht entgangen, dass in manchen, wenngleich relativ vereinzelten Fällen paarige seitliche Wirbel-Ausläufer vorkommen, deren Beurtheilung zu Zweifeln Anlass geben könne, so dass ihre Bezeichnung als „Querfortsätze“ oder als „Rippen“ sich als eine durchaus arbiträre herausstelle; und auch H. Rathke[2]) schliesst sich der Ansicht, dass in Rippen und Querfortsätzen nur durchaus relativ verschiedene Bildungen vorliegen, unumwunden an. Für das Zutreffende dieser von Meckel nur gemuthmaassten, von Rathke schon durch embryologische Untersuchungen gestützten Auffassung lässt sich nun gegenwärtig ein ebenso reichhaltiges wie beweiskräftiges Material, welches ebensowohl die ausgebildete, wie die in der Entwickelung begriffene Wirbelsäule darbietet, beibringen. Dasselbe übersichtlich zusammenzufassen, soll im Folgenden versucht werden.

Für die im gewöhnlichen Sinne als Rippen bezeichneten Gebilde ist zunächst die Frage zu erörtern, welche Bildung ihres vertebralen Endes, da dieses hier ganz vorzugsweise in Betracht kommt, als die ursprünglichere, welche dagegen als die bereits modificirte, aus jener abzuleitende in Anspruch zu nehmen sei. Goette[3]) scheint in Betreff der „seitlichen Wirbelfortsätze“ ein einfaches vertebrales Ende als die Norm anzusehen; wenigstens hebt er an demjenigen der Salamandrinen — im Gegensatz zu demjenigen der Anuren — „als das Merkwürdigste den Umstand hervor, dass sie an jedem Rumpfwirbel jederseits doppelt auftreten und darauf in eigenthümlicher Weise verschmelzen“. Unzweifelhaft hat es ja nun etwas für sich, die einfachere Bildung als die primitive, die complicirtere, als welche das zweizinkige vertebrale Rippenende gewiss anzuerkennen ist, als die sekundäre zu betrachten. Trotzdem glaube ich unbedenklich der umgekehrten Anschauung, dass ein zweizinkiges vertebrales Ende den ursprünglicheren Zustand repräsentire, den Vorzug geben zu müssen, einerseits, weil er sich als der ungleich allgemeiner unter den Amnioten verbreitete zu erkennen giebt, andererseits, weil er sich auch schon bei denjenigen Anamnia vorfindet, welche, wie die lebenden Urodelen und auch ihre geologischen

[1]) System der vergleichenden Anatomie, II, 1., S. 390: „Gewöhnlich sieht man die beweglich verbundenen Knochen der geschwänzten Batrachier für Rippen, die verwachsenen der ungeschwänzten dagegen für Querfortsätze an und spricht diesen die Rippen ab; allein vielleicht haben beide Theile ganz dieselbe Bedeutung, und die ersten und die langen Fortsätze der ungeschwänzten Batrachier sind aus den kurzen Fortsätzen und den beweglich mit ihnen verbundenen Nebenknochen der geschwänzten zusammengesetzt.“

[2]) Ueber die Entwickelung der Schildkröten (Braunschweig 1848), S. 102: „Diese Deutung (nämlich der bei den Schildkröten den Sacralwirbeln vorangehenden als Lendenwirbel) ist auch in so fern der Natur nicht widersprechend, als die Querfortsätze und die Rippen der Wirbelthiere im Allgemeinen theils ursprünglich ein gleiches Verhalten zeigen, theils auch nach Ablauf ihrer Entwickelung eine sehr nahe Verwandtschaft untereinander dadurch bekunden, dass im Allgemeinen genommen zwischen ihnen hinsichtlich der Länge, der Breite, der Art des Verlaufes und selbst der Art des Zusammenhanges mit den Wirbeln sehr grosse Aehnlichkeiten vorkommen, ja in einigen Fällen es sogar zweifelhaft bleiben dürfte, ob ein von einem Wirbel abgehender seitlicher Strahl mit grösserem Recht ein Querfortsatz oder hingegen eine Rippe zu nennen sei.“

[3]) Die Entwickelungsgeschichte der Unke (Bombinator igneus) als Grundlage einer vergleichenden Morphologie der Wirbelthiere (Leipzig 1875), S. 397.

Verfahren[1], in dem Gesammtbau ihres Skeletes eine unverkennbare Uebereinstimmung mit den Crocodilinen und Säugethieren darbieten; während auf der anderen Seite die mit einfachem vertebralen Ende versehenen Rippen, mit Ausnahme der Saurier, nur solchen Ordnungen zukommen, welche sich ihrer ganzen Organisation nach als stark aberrante Typen (Anura, Chelonii, Ophidii) darstellen, so dass bei ihnen auch eine bis zum völligen Schwinden der einen Gabelzinke gesteigerte Modifikation der ursprünglichen Rippenform nicht besonders befremden kann. Freilich fallen die mit zweizinkiger Basis entspringenden seitlichen Wirbelfortsätze der Urodelen, weil nicht frei beweglich, eigentlich der Categorie der „Querfortsätze" zu; da sie indessen, wie bereits oben erwähnt, von den beweglich eingelenkten der Gymnophionen nur ganz relativ verschieden sind, so können sie hier gleichfalls mit herangezogen werden.

Spricht man die mit zweizinkigem vertebralen Ende versehenen Rippen als die ursprünglichere Bildung an, so knüpft sich hieran nothwendig auch die Anforderung, dass das einfachste Verhalten derartiger Rippen darin bestehen muss, dass ihre beiden Zinken von gleicher Form und Grösse sind. Von diesem bei den Urodelen repräsentirten Verhalten lassen sich dann alle übrigen Bildungen als Schritt für Schritt erfolgte Modifikationen herleiten. Zunächst verbleibt die Gabelung des vertebralen Endes noch ganz deutlich, ist aber dahin modificirt, dass die ventrale Zinke (Collum) sich der dorsalen (Tuberculum) gegenüber stark verlängert. Diese an den Vogelrippen in besonderer Deutlichkeit zum Austrag gekommene Bildung geht an den Hals- und vorderen Brustrippen der Crocodilinen aus der ersterwähnten ganz direkt und in den allmählichsten Abstufungen hervor. Bei Gavialis gangeticus sind an der Rippe des siebenten Halswirbels beide Zinken gleich lang. Von ihm aus wird in der Richtung nach vorn bis zum dritten Wirbel die untere (Collum) immer kürzer, in der Richtung nach hinten bis zum elften dagegen immer länger, so dass sie an diesem bereits dreimal, am neunten schon doppelt so lang als die obere ist, während sie am dritten bis sechsten gegen diese an Länge zurücktritt. An den Brust- und den letzten Halswirbeln der Vögel ist dagegen die Längsstreckung der unteren Zinke (Collum) zu einer mehr gleichbleibenden geworden und an der letzten Brustrippe zeigt die stärker verkürzte obere Zinke, indem sie stumpfer wird, noch eine weitere Reduktion: sie sinkt zu der Form des Tuberculum, wie es an den Säugethierrippen allgemein auftritt, herab. Letzteres stellt sich dem gleichfalls verlängerten Collum gegenüber als eine abermals weiter zurückgegangene obere Gabelzinke dar, welche überdies an den hintersten Brustrippen bekanntlich sehr allgemein, wenn auch nicht ausnahmslos (Choloepus) schwächer wird oder selbst fast ganz eingeht.

---

[1] Auch bei den ältesten, sich den Urodelen nahe anschliessenden Lurchen treten bereits zweizinkige seitliche Wirbelfortsätze nach Art der Salamandrinen auf, wie dies aus den von H. Credner (Die Stegocephalen aus dem Rothliegenden des Plauenschen Grundes in: Zeitschrift der Deutschen geologischen Gesellschaft, 1886, Taf. XVI u. XVIII) gegebenen Abbildungen hervorgeht, während derselben im Text allerdings keine Erwähnung geschieht. — Beiläufig mag über den dort ausführlich erörterten Branchiosaurus amblystomus bemerkt werden, dass die auf dem Schädeldach ausgewachsener Exemplare sichtbaren radiär gerieften Knochenplatten, welche vielfach unsymmetrisch erscheinen und mit zackigen Nähten übereinander greifen, nicht, wie Credner glaubt, die Schädelknochen selbst sein können, sondern offenbar in gleicher Weise, wie Quenstedt dies zuerst für Mastodonsaurus nachgewiesen, nur dem Schädeldach aufliegende Hautossifikationen darstellen. Ein Vergleich der verschiedenen Altersstufen ergiebt, dass diese den jugendlichen Individuen fehlenden Auflagerungen in ihrer Ausbildung fast genau gleichen Schritt mit der Entwickelung des ventralen Schuppenpanzers halten.

Stellt man die sich in dieser Weise umgestaltenden zweizinkigen Rippen mit den zu ihrer Anfügung dienenden Wirbelfortsätzen in Vergleich, so ergiebt sich leicht, dass letztere sich in ihrer Grössenentwickelung der Form des vertebralen Rippenendes sehr genau anpassen. Es sind nämlich Diapophysen und Parapophysen gleich gross bei regulär zweizinkigem Rippenende (Urodela): dagegen verlängern oder verkürzen sich die einen derselben stets in dem umgekehrten Verhältniss, als dies an der oberen oder unteren Gabelzinke der Rippe der Fall ist. Am deutlichsten tritt dies wieder an den erwähnten Wirbeln der Crocodilinen hervor, indem hier der siebente gleich lange Diapophysen und Parapophysen besitzt, während an den ihm vorangehenden die Parapophysen, an den ihm folgenden die Diapophysen Schritt für Schritt an Länge zunehmen. Bei Vögeln und Säugethieren entspricht dann der durchweg verkürzten oberen Rippenzinke (Tuberculum) eine verlängerte Diapophyse, der stark verlängerten unteren (Collum) eine kurze, oft nur höckerförmige (Vögel) oder sich selbst als ein grubenförmiger Substanzverlust des Wirbelkörpers (Säugethiere) darstellende Parapophyse. Es wird mithin durchgehends, wenn auch in wechselnder Form, der dem vertebralen Gabelende der Rippe erwachsene Verlust durch die als Complemente eintretenden Diapophysen und Parapophysen wieder ersetzt.

Als die extremsten Abweichungen von dem ursprünglichen Verhalten der zweizinkigen Rippen stellen sich selbstverständlich diejenigen dar, bei welchen die eine der beiden Gabelzinken vollständig in Wegfall gekommen ist, mit ihr übrigens auch zugleich der ihrer Anfügung dienende Wirbelfortsatz. Bei den Cheloniern, deren Rippen einen ausschliesslich diapophytischen Ursprung erkennen lassen, ist die ventrale (Collum), bei den Ophidiern und Sauriern mit ihrem parapophytischen Ansatz die dorsale Gabelzinke (Tuberculum) eingegangen. Einen annähernden Rückschlag in die bei letzteren durchweg festgehaltene Bildung zeigen die hinteren Rippen der meisten Säugethiere durch die Verkümmerung des Tuberculum.

In sämmtlichen vorstehend erwähnten Modifikationen des vertebralen Rippenendes wird eine nahe und selbst unmittelbare morphologische Beziehung desselben zu den paarigen Wirbelfortsätzen, welchen sich dasselbe anfügt, keinen Augenblick verkannt werden können. Trotzdem ergiebt sich dieselbe je nach der Art der Anfügung offenbar als eine graduell verschiedene. Es liegt unzweifelhaft eine nicht unwesentliche Differenz darin, ob die auf ein Tuberculum reducirte obere Gabelzinke der Säugethierrippe sich durch eine ausgiebige Gelenkkapsel in gleicher Weise mit der Diapophyse in Verbindung setzt, wie dies auch zwischen der unteren (Collum) und der Parapophyse der Fall ist, oder ob sich an den „Halsrippen" der Crocodile beide Gabelzinken der Diapophyse und Parapophyse unter einer synchondrotischen Naht unbeweglich anfügen. Letzteres Verhalten ergiebt sich nach dem darauf beruhenden Mechanismus unzweifelhaft als demjenigen ungleich näher stehend, in welchem eine Abtrennung der Rippe von dem Wirbel überhaupt nicht stattgefunden hat, wo also nach dem gewöhnlichen Sprachgebrauch „Querfortsätze" allein vorliegen. Wie bei diesen, welche mit dem ihnen entsprechenden Wirbel fest verschmolzen sind, fehlt auch bei jenen, an welchen noch eine freie Naht verblieben ist, selbst der geringste Grad von Beweglichkeit an der Ursprungsstelle. Es würde mithin höchstens eine frei bewegliche Einlenkung an den Querfortsätzen, welche freilich auch ihrerseits in manchen Fällen auf ein Minimum reducirt sein kann, nicht aber eine feste Nahtverbindung als Criterium der Rippe in Anwendung gebracht werden können, letztere um so weniger, als zwischen einer deutlich offen gebliebenen und einer bereits im Verstreichen begriffenen Naht ebenso allmähliche Uebergänge nachweisbar sind, als von der letzteren zu einer überhaupt nicht mehr erkennbaren.

Indessen auch abgesehen von solchen, an einer und derselben Wirbelsäule in unmittelbarem Anschluss aneinander auftretenden, zwischen Rippen und Querfortsätzen die Mitte haltenden Wirbelausläufern, wie sie sich u. A. an den Halswirbeln der Vögel, an den Sacral- und Caudalwirbeln der Crocodilinen vorfinden und deren morphologische Aequivalenz durch das Vorhandensein oder den Mangel einer Trennungsnaht in keiner Weise in Frage gestellt werden kann [1]), dürfte sich eine Gegenüberstellung von „Rippen" und „Querfortsätzen" als wesentlich von einander verschiedener Bildungen allein auf Grund ihrer freien Beweglichkeit oder festen Verschmelzung bei unmittelbar mit einander verwandten Formen als schwerlich gerechtfertigt erweisen. Schon STANNIUS, dem man bei seiner nüchternen, aber unübertroffen exakten Darstellung der von ihm selbst festgestellten Befunde schwerlich den Vorwurf machen wird, nur relativ von einander verschiedene Bildungen in übereilter und ungerechtfertigter Weise auf einander zurückzuführen, fasst die frei beweglichen „Rippen" der Gymnophionen in gleicher Weise wie die fest verwachsenen „Querfortsätze" der Salamandrinen und der Urodelen im Allgemeinen unter dem Begriff der „queren Schenkel" von Wirbeln zusammen [2]): offenbar, weil ihm die zwischen beiden vorhandenen Uebereinstimmungen wesentlicher erschienen, als die sie trennenden Unterschiede. So wenig es zweifelhaft sein kann, dass in den an ihrer Basis von den Wirbeln abgegliederten Rippen der Gymnophionen das ursprünglichere oder wenigstens das unter den höheren Wirbelthieren häufigere Verhalten, welches bei ihnen überdies gewiss mit den schlängelnden Bewegungen des Körpers im ursächlichen Zusammenhang steht, vorliegt, so wenig wird es verkannt

[1]) Wie hinfällig das Criterium einer gegen den Wirbel hin offen bleibenden Naht für eine „Rippe" und der Mangel einer solchen für einen „Querfortsatz" ist, lässt das Verhalten der Sacral- und Caudalwirbel des Gavials in unzweideutigster Weise erkennen. An dem zweiten Sacralwirbel ist abweichend von dem ersten, an welchem im Bereich des Arcus bereits eine Verschmelzung der „Sacralrippe" mit der Diapophyse stattgefunden hat, während die Naht im Bereich des Wirbelkörpers offen geblieben ist — eine rings herum laufende freie Naht und mithin eine synchondrotische Verbindung beider Sacralrippen-Schenkel vorhanden. Am ersten Schwanzwirbel ist die obere, der Diapophyse entsprechende Naht noch der ganzen Wirbellänge nach offen geblieben, die untere (parapophytische) dagegen bereits verstrichen, so dass hier der Wirbelausläufer oberhalb eine „Rippe", unterhalb einen „Querfortsatz" darstellen würde. Am zweiten und dritten Schwanzwirbel ist die obere Naht nur noch vor und hinter dem Querfortsatz zu erkennen, auf seiner eigenen Oberfläche dagegen, ebenso wie gegen das Wirbelcentrum hin völlig eingegangen. Am vierten Schwanzwirbel ist oberhalb nur noch ein letzter Rest von jener Naht wahrzunehmen, während er an den folgenden überhaupt fehlt. Dabei stimmt aber der doppelte Ursprung dieser nahtlosen „Querfortsätze" mit jenen durch eine vollständige, beziehentlich theilweise verstrichene Naht getrennten Sacral- und Caudal-„Rippen" vollständig überein. Wo ist hier also die Grenze zwischen Rippen und Querfortsätzen, wie sie von GEGENBAUR (Jenaische Zeitschr. f. Mediz. u. Naturwissensch., VI. S. 208) für die Crocodile angenommen wird? Und welches irgend wie charakteristische Merkmal verbleibt dabei den sogenannten „Sacralrippen" gegenüber gewöhnlichen „Querfortsätzen" nicht nur bei den Crocodilinen, sondern auch bei den Vögeln, bei welchen die ursprüngliche Trennungsnaht noch dazu später verloren geht?

[2]) Handbuch der Anatomie der Wirbelthiere, 2. Aufl., Amphibien, S. 10: „Bei vielen Amphibien stehen die queren Schenkel sämmtlich oder theilweise mit den Wirbeln in unbeweglicher Verbindung (Querfortsätze), wobei sie entweder von ihnen gar nicht abgegrenzt sind (Querfortsätze der Amphibia dipnoa)" u. s. w. „Nicht minder häufig sind die queren Schenkel den Wirbeln beweglich angeschlossen (Rippen) und können dann den Enden von Querfortsätzen angefügt sein (Urodela, Gymnophiona)."

werden können, dass nicht etwa die in weiter Entfernung vom Wirbel abgegliederten kurzen „Rippen“ der Salamandrinen für sich allein, sondern vielmehr erst in Gemeinschaft mit den ihnen zum Ursprung dienenden „Querfortsätzen“ die Gymnophionen-Rippe repräsentiren. Die vertebrale Hälfte der Salamandrinen-Rippe, deren beide Zinken sich stark verlängert haben und noch durch eine Einfurchung als solche zu erkennen sind, ist im Gegensatz zu der Coecilia-Rippe mit dem Wirbel eine feste Verschmelzung eingegangen; eine wenngleich geringfügige Compensation für ihre Unbeweglichkeit wird dadurch bewirkt, dass wenigstens der Endhälfte der Rippe, an deren Basis die Zweizinkigkeit gleichfalls noch angedeutet ist, eine freie Einlenkung verbleibt. Der Umstand, dass die charakteristische Bildung des „Querfortsatzes“ sich noch auf den Beginn der freien „Rippe“ überträgt, bietet die sicherste Gewähr dafür, dass in beiden nur Theile eines und desselben Ganzen vorliegen, deren Discontinuität unzweifelhaft als die Folge besonderer Muskelwirkungen anzusprechen ist.

Ebenso wenig, wie die sogenannten Querfortsätze der Urodelen, werden die seitlichen platten Wirbelausläufer der Anura lediglich aus dem Grunde, weil sie fest mit den Wirbeln verschmolzen sind und an ihrem freien Ende noch einen meist sehr kleinen, knorpelig bleibenden „Rippenanhang“ führen, als ausschliessliche Querfortsätze im gewöhnlichen Sinne angesprochen werden können[1], und es dürfte sich schon mit Rücksicht auf ihre in der Regel sehr ansehnliche Länge die von Goette[2]) für sie vorgeschlagene Benennung: Rippenfortsätze um so mehr empfehlen, als sie auch ihrerseits unzweifelhaft nur im Bereich ihrer Basis einem Querfortsatz — welcher, da sie lediglich aus der Neurapophyse hervorgehen, eine Diapophyse repräsentiren würde —, ihrem grösseren Theil nach dagegen einer Rippe entsprechen. In dem Mangel einer unteren (parapophytischen) Wurzel von denjenigen der Urodelen wesentlich verschieden, schliessen sie sich diesen im Uebrigen darin sehr nahe an, dass die Abgliederung des freien Rippenendes sehr weit nach aussen verlegt ist, nur dass letzteres fast durchgehends auf Kosten des stark verlängerten unbeweglichen Basalabschnittes ungleich mehr verkürzt erscheint und gegen diesen auch schon durch die nicht perfekt gewordene Ossifikation zurücktritt. Es stellt sich mithin ihre Bildung als derjenigen der Urodelen gegenüber nach der einen Seite hin gewissermaassen als eine reducirte (in Betreff des einwurzeligen Ursprungs), nach der anderen als eine extravagante, sich von dem ursprünglichen Verhalten (basale Abgliederung) ungewöhnlich weit entfernende dar. Uebrigens ergiebt ein Vergleich verschiedener Anuren-Wirbelsäulen mit einander eine nicht unbeträchtliche Schwankung in der relativen Länge, Richtung u. s. w. der aufeinander folgenden seitlichen Wirbelausläufer je nach den Gattungen und selbst Arten. Ganz besonders zeichnet sich in dieser Beziehung nach Rud. Wagner und Hoffmann[3]) die Gattung Pipa aus, an deren Wirbelsäule die seitlichen Ausläufer des zweiten und dritten Wirbels bei sehr auffallender Verlängerung stark rückwärts gerichtet sind und dadurch den relativ kurzen „Querfortsätzen“ der vier folgenden Wirbel gegenüber, welche mehr schräg nach vorn verlaufen, den Eindruck von recht ansehnlichen „Rippen“ erwecken.

[1]) Gegenbaur, Grundzüge der vergleichenden Anatomie, 2. Aufl., S. 619. — Hoffmann in: Bronn's Classen und Ordnungen des Thierreichs, VI. Bd., 2. Abth., S. 55 f.

[2]) Die Entwickelungsgeschichte der Unke (Bombinator igneus), S. 430.

[3]) R. Wagner, Icones zootomicae, Taf. XV, Fig. 16. — Hoffmann in: Bronn's Classen und Ordnungen des Thierreichs, VI. Bd., 2. Abth., Taf. X. Fig. 13.

Bei den Cheloniern stimmen die seitlichen Wirbelausläufer mit denjenigen der Anuren darin überein, dass sie, wie bereits oben (S. 133) dargelegt, einen ausschliesslich neurapophytischen Ursprung erkennen lassen, mithin die untere Gabelzinke (Collma) völlig eingebüsst haben.[1]) Auch fehlt ihnen in gleicher Weise wie den „Querfortsätzen" der Batrachier, jeder, auch der geringste Grad von Beweglichkeit an dem, beziehentlich den beiden ihnen zum Ursprung dienenden Wirbeln, zwischen deren Neurapophysen sie fest eingekeilt erscheinen.[2]) Trotzdem stellt sich für sie der sehr bemerkenswerthe Unterschied heraus, dass die direkte Continuität mit dem betreffenden Wirbel nach Art der Batrachier (und Urodelen) fehlt, vielmehr auf der Grenze gegen diesen eine deutliche Naht verbleibt, unter welcher eine synchondrotische Anfügung stattgefunden hat. Sie würden demnach auf Grund dieser Nahtverbindung, welche sich mit derjenigen an den Halswirbeln der Crocodilinen gleich verhält, als „Rippen" anzusprechen sein, während man sie mit Rücksicht auf den Mangel irgend welcher Beweglichkeit füglich auch als „Querfortsätze" ansehen könnte, letzteres um so mehr, als direkt aus der Neurapophyse hervortretende Diapophysen nicht wahrzunehmen sind. Da sie mithin nach der gewöhnlichen Definition von Rippen und Querfortsätzen weder das Eine noch das Andere darstellen, hat sich schon GEGENBAUR[3]) entschliessen müssen, in ihnen „einen indifferenten Zustand, nämlich Rippe und Querfortsatz nicht von einander gesondert und durch ein Stück repräsentirt" zu erblicken.

Einen gleichfalls ausschliesslich diapophytischen Ursprung lassen, wie S. 69 dargelegt, auch die neun hinteren (fünfte bis dreizehnte) Brustrippen der Crocodilinen erkennen, jedoch in einer von demjenigen der Chelonier-Rippen völlig verschiedenen Weise. Sie fügen sich hier nicht den Neurapophysen direkt, sondern auffallend langen, aus diesen hervorgehenden „Querfortsätzen" unter beschränkter Beweglichkeit an und nähern sich demzufolge ungleich mehr den sogenannten Rippenenden der Urodelen. Wie nun aber die den letzteren zum Ansatz dienenden „Querfortsätze" diese Bezeichnung genau genommen offenbar nicht verdienen, sondern neben solchen noch einen basalen Rippentheil in sich aufgenommen haben, so ergeben sich, wie ein Vergleich mit den oberen „Querfortsätzen" der vorangehenden vier vorderen Brust- und der Halswirbel, besonders aber mit den gleichfalls diapophytischen der Lendenwirbel erkennen lässt, auch diese langstreckigen rippentragenden Querfortsätze der Crocodilinen augenscheinlich als ein Compositum von Diapophysen und vertebralem Rippenende. Letzteres ist durch die beiden Artikulationsflächen, welchen gleichfalls zwei an der Basis des losgelösten Rippentheiles befindliche correspondiren, vertreten und nimmt,

---

[1]) Diese Ansicht vertritt, wie ich nachträglich ersehe, bereits H. RATHKE (Ueber die Entwickelung der Schildkröten, S. 97), wo es heisst: „Von jenen beiden Schenkeln an den meisten Rippen der Schildkröten hat man den unteren gewöhnlich für gleichbedeutend mit dem Halse und Kopf der Vogel- und Säugethierrippen gehalten. Wenn man aber die Entwickelungsgeschichte der Wirbelthiere zu Rathe zieht, so wird man finden, dass diese Deutung unrichtig ist. — Bei den Schildkröten hingegen entsteht an den Rippen kein solcher nach unten gerichteter Fortsatz, mithin kann an ihnen auch kein Abschnitt dem Halse und dem Kopfe der Vogel- und Säugethierrippen für völlig gleichbedeutend gehalten werden."

[2]) H. RATHKE, a. a. O., S. 103: „Was die Art der Verbindung anlangt, welche in den meisten Fällen als die hauptsächlichste Richtschnur für die Benennung: Querfortsatz oder Rippe dienen kann, so sind bei den Schildkröten die Rippen an die Wirbel ganz unbeweglich befestigt, da zwischen beiden nur eine durch wahre Knorpelsubstanz bewirkte Synchondrose, nicht also der Norm gemäss ein wahres Gelenk gebildet worden ist."

[3]) Grundzüge der vergleichenden Anatomie. 2. Aufl., S. 619.

je weiter nach hinten, um so mehr an Längsausdehnung und an Ausprägung der Vorsprünge ab, um einen allmählichen Uebergang zu den Lendenwirbel-Querfortsätzen, an welchen Diapophyse und vertebrales Rippenende völlig in Eins zusammenfliessen, zu vermitteln. Die gewöhnlich als „Brustrippen“ bezeichneten Theile der Crocodilinen würden sich hiernach nicht als Rippen im Sinne der Vögel und Säugethiere, sondern als solche, welche ihr vertebrales Ende an die Diapophysen abgetreten haben, darstellen.

In demselben Maasse, wie die vorstehend aufgeführten Bildungen sich nach verschiedenen Richtungen hin von dem Verhalten, welches „Querfortsätze“ und „Rippen“ bei der überwiegenden Mehrzahl der höheren Wirbelthiere erkennen lassen, entfernen, erweisen sie sich als besonders lehrreich einerseits für die zwischen diesen beiderlei seitlichen Wirbelausläufern bestehenden Beziehungen, andererseits rücksichtlich der für dieselben in Anwendung gebrachten Criterien. Die durch ihre feste Verschmelzung mit ihrem Wirbel charakterisirten „Querfortsätze“ würden bei den Anuren, Urodelen und Crocodilinen (hintere Brustwirbel) wesentlich verschiedene Werthe von den gewöhnlich mit diesem Namen bezeichneten Bildungen repräsentiren und für die mit dem Postulat der freien Beweglichkeit belegten „Rippen“ würde sich je nach den Ordnungen der Amphibien und Reptilien eine Abgliederung herausstellen, welche in ihrer Entfernung vom Wirbel die weitgradigsten Differenzen eingegangen ist. Endlich würden bei Cheloniern und Crocodilinen — bei letzteren in der Hals- und vorderen Brustgegend — zwar deutlich abgegliederte, trotzdem aber der freien Beweglichkeit verlustig gegangene „Rippen“ vorliegen. Die aus solchen gegenseitigen Verschiebungen resultirenden Widersprüche müssen nun nothwendig zu dem Schluss führen, dass nicht nur die bisher für Querfortsätze und Rippen verwendeten Criterien sich als hinfällig erweisen, sondern auch, dass gegensätzliche Unterschiede zwischen beiden überhaupt nicht zu fixiren sind. Man wird demzufolge nolens volens Rippen und Querfortsätze als wesentlich identische und nur von Fall zu Fall graduell verschiedene Bildungen in der Weise anzusprechen haben, dass die einen als Complemente der anderen eintreten. Wie in dem einen Fall (Anura) die auffallende Kürze der „Rippe“ durch die starke Verlängerung des „Querfortsatzes“ eine Ausgleichung erfährt, macht sich in ungleich allgemeinerer Verbreitung das umgekehrte Verhältniss beider geltend. Ja es kann sogar ein Uebergreifen der Rippe ein völliges Verdrängtwerden des einen oder anderen ihr entsprechenden Querfortsatzes zur Folge haben, wie z. B. der Diapophyse der Chelonier oder der Parapophyse der meisten Säugethiere, welche sich dem gewöhnlichen Verhalten gegenüber als in das vertebrale Rippenende mit aufgenommen darstellen. Mit dem sich hieraus ergebenden Resultat, dass es sich bei Diapophysen und Parapophysen überhaupt nur um eigentlich der Rippe angehörende, von dieser aber auf den Wirbel übertragene oder an denselben gewissermaassen abgetretene Theile handelt, steht es auch vollkommen im Einklang, wenn auf der Grenze von Brust- und Lendenwirbeln seitliche Ausläufer auftreten, welche entweder bei normaler und symmetrischer Ausbildung zwischen Rippen und lumbaren Querfortsätzen genau die Mitte halten[1]) (Choloepus, Cercolabes) oder bei abnormer, unsymmetrischer Entwickelung

[1]) Dafür, dass sich frei bewegliche Rippen auf der hinteren Grenze der Brustregion wenigstens ihrer geringeren Längsentwickelung nach den verschmolzenen lumbaren Querfortsätzen ungleich näher anschliessen, als ihren Vorgängern, bietet das Skelet von Trachysaurus rugosus einen interessanten Beleg. An demselben sind die Brustrippen bis ein-

sich auf der einen Seite als fest verschmolzener „Querfortsatz", auf der gegenüberliegenden dagegen als frei bewegliche „Rippe" zu erkennen geben. (Vergl. S. 76 ff. und Nachträge.) In gleicher Weise erklärt sich aber daraus das früher nachgewiesene doppelte Verhalten der lumbaren „Querfortsätze", an welchen eine (rudimentär gebliebene) Rippe von der ihr zum Ursprung dienenden Diapophyse (in dem einen) oder Parapophyse (in dem anderen Fall) überhaupt nicht zur Ablösung gelangt ist, sondern im Zusammenhang mit ihr sich dem Wirbel fest angefügt hat. Auf der anderen Seite schliesst diese sich überall kundgebende innige Beziehung zwischen Querfortsätzen und Rippen in Verbindung mit dem Umstand, dass sich beide stets und ausschliesslich als Ausläufer des oberen Bogensystems darstellen, die Möglichkeit aus, nach dem Vorgang von Owen und Gegenbaur die sich den Schwanzwirbeln von unten her anfügenden Haemapophysen bei irgend einem Wirbelthier von den Amphibien an aufwärts mit Rippenbildungen in Vergleich zu bringen oder sie mit solchen selbst direkt zu identificiren. Schon der Mangel jedweder Beziehung zur Scheidung der Rücken- und Bauchmuskeln würde einen derartigen Vergleich von der Hand zu weisen genügen, auch wenn nicht von Goette[1]) für Menopoma, von Claus[2]) für die Crocodilinen und Chelonier der Nachweis geführt worden wäre, dass Haemapophysen neben Rippenrudimenten an mehreren auf einander folgenden Schwanzwirbeln ausgebildet vorkommen.

Es erübrigt noch die Frage zu beantworten, in wie weit die durch vergleichende Betrachtung der ausgebildeten Wirbelsäule in Bezug auf die zwischen Querfortsätzen und Rippen bestehenden Beziehungen gewonnenen Ergebnisse aus der Entwickelungsgeschichte eine Stütze erhalten. Die aus jener gefolgerte wesentliche Uebereinstimmung beider Bildungen würde von dieser zu erwarten haben, dass sämmtliche seitliche Wirbelausläufer, gleichviel ob sie sich bei weiterer Ausbildung so oder so gestalten, ursprünglich in übereinstimmender Weise angelegt werden. Rathke[3]) hat dies seiner Zeit aus den ihm zu Gebote stehenden Beobachtungen in der That auch schliessen zu können geglaubt, indem er sagt: „Bei den meisten Wirbelthieren senden, je nach den verschiedenen Arten derselben verschiedentlich viele Wirbel, zu einer Zeit, da die Entwickelung der Frucht erst mässig grosse Fortschritte gemacht hat, zwei paarige seitliche Fortsätze ab, die anfänglich als ganz einfache Ausstrahlungen der Wirbel erscheinen und die alle in ihrem Verhalten dann einander gleich oder doch höchst ähnlich sind. Dergleichen Fortsätze bilden sich z. B. bei den Schlangen und schlangenartigen Sauriern an fast allen Wirbeln ihres Körpers, bei manchen typischen Sauriern an allen Wirbeln des Rumpfes und vielen Wirbeln des Schwanzes, bei vielen Säugethieren an sämmtlichen Brust- und Lendenwirbeln. Bei der weiteren Entwickelung nun aber verbleibt ein solcher Strahl entweder in dem ursprünglichen Verhältniss eines Fortsatzes von einem Wirbelbeine, in welchem Falle er ein Querfortsatz genannt wird,

schliesslich der viertletzten in gewöhnlicher Weise langstreckig und überhaupt sehr übereinstimmend gebildet. Die drittletzte erscheint plötzlich stark verkürzt, so dass sie nur etwa einem Drittheil der Länge der vorhergehenden entspricht, zugleich aber nur wenig nach abwärts gebogen; an den beiden letzten nimmt die Verkürzung gradweise derartig zu, dass ein ganz allmählicher Uebergang zu der Länge des einzigen lumbaren Querfortsatzes hergestellt wird, dieser sich also den hinteren Rippen formell sehr deutlich anschliesst.

[1]) Die Entwickelungsgeschichte der Unke. S. 430.

[2]) Sitzungsberichte d. Akad. d. Wissensch. zu Wien. Bd. 74. Abth. I. 1876. S. 798 ff.

[3]) Ueber die Entwickelung der Schildkröten. S. 102 f.

oder er gliedert sich dicht an dem Wirbelbeine ab, indem zwischen beiden ein Gelenk und zwar gewöhnlich ein aus Faserbandmasse, seltener ein aus einer Synovialkapsel gebildetes entsteht, und heisst dann Rippe, oder er gliedert sich in einiger Entfernung von dem Wirbel ab, in welchem Fall er in eine Rippe und einen Querfortsatz zerfällt, oder er wird zwar ganz und gar durch Abgliederung zu einer Rippe, doch wächst später an der Stelle, wo die Abgliederung erfolgte, aus dem Wirbelbeine noch ein Querfortsatz nach." Diese Angaben des für alle Zeiten mustergültigen Königsberger Forschers haben durch spätere, auf vervollkommneter technischer Methode beruhende Untersuchungen für eine ganze Reihe von Vertebraten in allem Wesentlichen ihre volle Bestätigung erfahren, während ihnen dagegen für andere eine gewisse Einschränkung hat zu Theil werden müssen. Was RATHKE[1]) speciell über die embryonale Anlage der Schildkröten-Rippen berichtet, dass sie sich nämlich trotz ihrer späteren synchondrotischen Nahtverbindung ursprünglich als ganz direkte Ausläufer der knorpeligen Neurapophysen-Schenkel darstellen, hat durch HOFFMANN[2]) nur von Neuem festgestellt werden können und nach dessen fortgesetzten Untersuchungen[3]) auch die gleiche Gültigkeit für die später beweglich eingelenkten Rippen der Saurier und Crocodilinen gefunden. Da sich nun durch die den HOFFMANN'schen der Zeit nach vorangehenden Ermittelungen GOETTE's[4]) auch für die mit den Wirbeln zeitlebens continuirlichen „Rippenfortsätze" der Anuren ganz dieselbe ursprüngliche Anlage, nämlich als „aus den Wirbelbögen hervorwachsender knorpeliger Fortsätze" herausstellte, so war zunächst wenigstens schon für drei in der endgültigen Form von einander deutlich verschiedene Bildungen ein und derselbe Entwickelungsmodus dargethan, nämlich, dass synchondrotisch verwachsene mit frei beweglichen Reptilien-Rippen, wie diese wieder mit fest verschmolzenen Amphibien-Querfortsätzen in ihrer ersten embryonalen Bildung durchaus übereinstimmten. In gleicher Weise erwiesen sich auch bei weiter vorgeschrittener Entwickelung aller drei Arten von Wirbelbögen-Ausläufern die histiologischen Vorgänge, welche sich auf die entweder basal oder (Anura) mehr distal erfolgende Abgliederung der späteren „Rippe" richteten, als wesentlich identisch. In Betreff der Urodelen glaubte GOETTE anfänglich[5]) ein durchaus übereinstimmendes embryonales Verhalten ihrer „Rippenfortsätze" mit demjenigen der Anuren hinstellen zu können, sah sich indessen später[6]) veranlasst einzuräumen, dass bei ihnen die „Rippen" in der von FICK[7]) angegebenen Weise nicht als direkte Ausläufer der Wirbelbögen, sondern als selbstständige Theile aus einem innerhalb der Muskulatur gelegenen weichen Bildungsgewebe entstehen und erst allmählich den „Querfortsätzen" entgegenwachsen.

[1]) a. a. O., S. 85: „Bei dem Embryo von Chelonia wie auch bei den Jungen von Chelonia und Sphargis bemerkte ich auf Durchschnitten ganz deutlich, dass sich die Knorpelsubstanz der Bogenschenkel der Rumpfwirbel ohne alle Unterbrechung in die Knorpelsubstanz der Rippen fortsetzte, dass also zwischen diesen und jenen weder eine Naht noch ein Gelenk vorkam. Die Rippen befanden sich demnach zu ihren Wirbeln in dem Verhältniss von Querfortsätzen, obwohl sie alle schon eine verhältnissmässig ebenso grosse Länge erreicht hatten, wie ihnen bei den Erwachsenen zukommt."

[2]) In BRONN's Classen und Ordnungen des Thierreichs, Bd. VI. Abth. 3, S. 23 ff., Taf. V, Fig. 2.

[3]) a. a. O., S. 488, Taf. LII, Fig. 6, und S. 497, Taf. LIII, Fig. 4.

[4]) a. a. O., S. 380 f., Taf. X, Fig. 192.

[5]) a. a. O., S. 397.

[6]) Archiv für mikroskopische Anatomie, XVI, S. 143 f.

[7]) Ueber die Entwickelung der Rippen und Querfortsätze bei Amphibien (Sitzungsber. d. Schlesisch. Gesellsch. f. vaterl. Cultur, Juni 1876).

Trotzdem wird man GOETTE gewiss nur darin beipflichten können, dass durch diese relativ leichte Modifikation der genetische Zusammenhang von Rippe, Querfortsatz und Wirbelbogen nicht in Frage gestellt werden kann[1]): während man ihm auf der anderen Seite darin offenbar entgegentreten muss, dass die bei den Urodelen doppelt auftretenden seitlichen Wirbelbogen-Ausläufer, welche „darauf in eigenthümlicher Weise verschmelzen", etwas von den Diapophysen und Parapophysen der Vögel und Säugethiere irgend wie wesentlich Verschiedenes darstellen sollen, so dass das von ihnen gebildete Foramen transversarium nicht demjenigen der letzteren entspräche.[2]) Am wenigsten scheint bis jetzt die ursprüngliche Anlage der Brustrippen für die Vögel und Säugethiere festgestellt zu sein, da wenigstens die über letztere vorliegenden Angaben sich theilweise widersprechen. Während nach KÖLLIKER[3]) die Rippen „bei Anlage der definitiven Wirbel (vom menschlichen Embryo im zweiten Monat) mit dem Beginn der Verknorpelung dieser gleich von Anfang an von den Wirbeln abgegliedert werden und als knorpelige Rippen mit dem betreffenden Wirbel durch weiche Bandmasse verbunden sind", erscheinen sie nach HASSE[4]) zwar „schon von den Wirbelbögen getrennt, sind ursprünglich aber nur als Auswüchse derselben anzusehen, die sich durch einen Differenzirungsprocess innerhalb der constituirenden Elemente an der Basis von ihrem Ursprung lösen". Dass hiermit nur eine sich offenbar auf Analogieen stützende Vermuthung, nicht aber eine direkt beobachtete Thatsache ausgesprochen wird, liegt auf der Hand: der Angelpunkt der Frage, um deren Entscheid es sich handelt, wird dadurch nicht erledigt. Wie die bildliche Darstellung des beschriebenen Wirbel-Querschnittes ergiebt, liegt hier in der That nicht mehr die ursprüngliche Anlage, sondern bereits ein differenzirtes Entwickelungsstadium vor; doch wird man sich kaum des Eindruckes erwehren können, dass der langstreckige Rippenhals, an welchem sich eine histiologische Abgrenzung sowohl gegen den Körper der Rippe wie gegen eine dem Wirbelcentrum anliegende, kleine Parapophyse zu erkennen giebt, sich erst sekundär von dem jederseitigen Bogenschenkel abgehoben habe, besonders deshalb, weil die Trennungslinien beider noch übereinander greifen. Sollte aber selbst wider Erwarten innerhalb dieser höchstentwickelten Classe der Wirbelthiere gleich von vorn herein in der von KÖLLIKER hingestellten Weise eine diskrete Rippenanlage erfolgen, so würde darin immer nur eine weiter differenzirte Modifikation des ursprünglicheren Verhaltens, wie es sich bei Amphibien und Reptilien darstellt, nicht eine

[1]) Entgegen der Ansicht von HASSE und BORN (Bemerkungen über die Morphologie der Rippen in: Zoologischer Anzeiger, II, 1879, S. 81 ff.), nach welcher auch bei Amphibien und Amnioten — in Uebereinstimmung mit den Fischen — die Rippen als diskrete Bildungen angelegt werden sollen. Bei einer früheren Gelegenheit hatte HASSE (Anatomische Studien, I, 1873, S. 63) für die Säugethiere (Mensch) freilich der entgegengesetzten Ansicht Ausdruck verliehen.

[2]) Die Entwickelungsgeschichte der Unke, S. 432. — Die zur Begründung dieser Ansicht vom Verfasser nachträglich gelieferten Abbildungen von der ersten, dritten, fünften und siebenten Rippenanlage der Salamandra maculosa (Archiv für mikroskopische Anatomie, Bd. XVI, Taf. IX, Fig. 30—33) lassen unter einander so auffallende Differenzen wahrnehmen, dass darin ebenso wenig eine gemeinsame, wie eine von derjenigen der höheren Wirbelthiere gleichmässig abweichende Bildung hervortritt. Während Fig. 31 in der That zwei übereinander liegende und nur partiell verschmelzende „Rippen" erkennen lässt, tritt in Fig. 30 in ganz normaler Weise eine vertebralseits zweizinkige Rippe mit einer gleich grossen Diapophyse und Parapophyse in Verbindung. Die beiden anderen Figuren halten aber zwischen jenen gewissermaassen die Mitte und führen ihre Differenzen ersichtlich in einander über.

[3]) Entwickelungsgeschichte des Menschen und der höheren Thiere, 2. Aufl., S. 410, Holzschnitt-Fig. 244.

[4]) Anatomische Studien, I, S. 63, Taf. IV, Fig. 3.

typische Verschiedenheit zu erkennen geben. Genug, dass durch die bei jenen nachgewiesene Continuität zwischen den seitlichen Ausläufern und dem Wirbelbogen die ursprüngliche Identität von „Rippen“ und „Querfortsätzen“ gewährleistet ist.

Nachträge.

In Bezug auf die S. 22—26 erörterten Altersverschiedenheiten des Schädels von Hyperoodon rostratus ist noch zweier, mir erst während des Druckes zur Kenntniss gekommenen Notizen aus dem Jahre 1882 zu erwähnen: W. Flower, On the Whales of the genus Hyperoodon (Proceed. zoolog. soc. of London. 1882, p. 722—726) und Captain David Gray, Notes on the characters and habits of the Bottlenose Whale, Hyperoodon rostratus (ibidem p. 726—731). In der ersteren gesteht Flower ein, dass auch er längere Zeit von der spezifischen Verschiedenheit des Lagenocetus latifrons Gray überzeugt gewesen sei und ihn sogar noch i. J. 1882 in einem für die Encyclopaedia Britannica bearbeiteten Artikel „Mammalia“ als besondere Art aufgeführt habe. Erst durch die aus d. J. 1881 datirenden Beobachtungen und Sammlungen Captain Gray's sei er vom Gegentheil überzeugt worden. Letzterer berichtet in ausführlicher und interessanter Weise über das Auftreten und die Lebensweise des Döglings im Polarmeere, so z. B. dass erwachsene männliche Individuen volle zwei Stunden unter Wasser bleiben können und dass die grössten von ihm beobachteten eine Länge von 30 engl. Fuss (9,20 m) und einen Umfang von 20 engl. Fuss (6,10 m) erreicht hätten. Aus einer Reihe von Umrissfiguren des Körpers in verschiedenen Altersperioden (p. 728) ergiebt sich, dass das erwachsene Weibchen die Kopfform der jüngeren Männchen beibehalten hat, während bei den Männchen mit zunehmendem Alter die Stirn immer senkrechter aufsteigt, so dass bei ganz alten Individuen der Kopf vorn in fast gleicher Weise quadratisch abgestutzt erscheint, wie bei Physeter macrocephalus. An vier auf p. 729 gegebenen Holzschnittfiguren verschiedenalteriger männlicher Schädel tritt die allmählich gesteigerte Höhen- und Breitenentwickelung der Oberkieferkämme, verbunden mit ihrer immer stärker werdenden Annäherung sehr deutlich hervor. Auch werden die bis dahin noch mangelnden direkten Uebergänge zwischen der Schädelform des Hyper. rostratus und latifrons durch diese Abbildungen zur Kenntniss gebracht. Diese Mittheilungen Captain Gray's bestätigen mithin vollkommen die von Eschricht ausgesprochene Ansicht, dass der Lagenocetus latifrons J. E. Gray nur auf den Schädel eines sehr alten Männchens des Hyperoodon rostratus begründet worden sei.

Von einer während des Druckes eingelieferten männlichen Kegelrobbe wurde ein Skelet hergestellt, welches von den Schneidezähnen bis zur Schwanzspitze 1.90 m misst. Von demselben mag als Nachtrag zu S. 101 (vor Otaria einzuschalten) noch folgende Charakteristik gegeben werden:

Halichoerus grypus (mas adult.). Von den sieben Halswirbeln der letzte ohne Foramen transversarium. Ausser vierzehn normal ausgebildeten Rippenpaaren ist linkerseits noch eine überzählige verkürzte fünfzehnte Rippe vorhanden: alle einschliesslich der letzteren zeigen eine doppelte (capitulare und tuberculare) Anfügung. Die Parapophysen des ersten und der vier letzten Brustwirbel auf das vordere Ende ihres eigenen Wirbelkörpers beschränkt, am zweiten bis zehnten intervertebral. Die Diapophysen lassen schon vom ersten Brustwirbel an Anapophysen, vom dritten an auch Metapophysen aus sich hervorsprossen. Letztere sind am dritten bis achten Brustwirbel relativ schwach entwickelt, am neunten sogar etwas verkümmert und bleiben von den vorderen Zygapophysen weit entfernt. Vom zehnten Brustwirbel an rücken sie dicht auf die Aussen- und Oberseite dieser hinauf und nehmen dabei zugleich die Form von ansehnlich grossen, stumpf abgerundeten Zapfen an, welche sie bis zum Ende der Lendenwirbel beibehalten. Der zehnte Brust- stellt sich als der Uebergangswirbel dar, die vier letzten zeigen eine völlig lumbare Bildung. Die Anapophysen bleiben bis zum elften Brustwirbel kurz und stumpf, verlängern sich deutlich am zwölften, spitzen sich am dreizehnten und vierzehnten dolchförmig zu und setzen sich auf die fünf ersten Lendenwirbel nur noch als unscheinbare, allmählich schwächer werdende Spitzchen fort. Von den sechs Lendenwirbeln zeigt der erste dadurch ein sehr bemerkenswerthes Verhalten, dass er linkerseits noch eine, wenngleich kurze, so doch vollkommen normal eingelenkte und auch in gewöhnlicher Weise nach hinten gerichtete Rippe trägt, während rechterseits ein platter, nach vorn und abwärts gerichteter „Querfortsatz" aus dem vorderen Theil seines Wirbelkörpers hervorgeht. Dem entsprechend besitzt dieser erste Lendenwirbel linkerseits auch noch eine vollkommen ausgebildete Diapophyse, mit welcher sich das Tuberculum der Rippe ganz nach Art der vorhergehenden in Verbindung setzt, während rechterseits von einer solchen — in Uebereinstimmung mit den folgenden Lendenwirbeln — keine Spur mehr vorhanden ist. Der hier ausgebildete „Querfortsatz" entspricht demnach (gleich seinen Nachfolgern beiderseits) nur einer Parapophyse und einem mit ihr verschmolzenen Rippenhals, da er aus dem Wirbelkörper in gleicher Flucht mit dem Capitulum der Brustwirbelrippen hervorgeht. Am ersten Sacralwirbel, dessen ventrale Schenkel gleichfalls durch Parapophysen hergestellt werden, tritt mit einer besonderen, von der vorderen Zygapophyse ausgehenden oberen Wurzel eine Diapophyse wieder hinzu.

Das vorstehend beschriebene Skelet reiht sich mithin den auf S. 76—78 erwähnten Fällen einer einseitig entwickelten und für einen lumbaren „Querfortsatz" eintretenden Rippe eng an.

Gedruckt bei E. Polz in Leipzig.

Tafel-Erklärung.

Fig. 1. Halswirbel-Complex des Greifswalder Hyperoodon-Skeletes, von der linken Seite gesehen ($^1/_5$ natürl. Grösse).
„ 2. Derselbe von der rechten Seite.
„ 3. Derselbe von hinten gesehen.

Bezeichnung: 1., 7. Erstes, siebentes Foramen intervertebrale. di^3 — di^8. Diapophyse des dritten bis achten Wirbels. f. tr. Foramen transversarium des dritten Wirbels. x. Oeffnung eines zum Durchtritt der Arteria vertebralis dienenden Canales, zwischen den Processus costarii (pc) des zweiten und dritten Wirbels gelegen. pc^4. Processus costarius des vierten Wirbels. s. Furche, welche den Processus spinosus des achten Wirbels (sp^8) nach vorn abgrenzt. zy. Hintere Zygapophyse des achten Wirbels. par. Parapophyse des achten Wirbels. sp^9. Processus spinosus des ersten freien Brustwirbels.

„ 2a. Halswirbel-Complex eines jüngeren Hyperoodon-Skeletes (Mus. anatom. Berolin.).
„ 2b. Halswirbel-Complex des von Vrolik beschriebenen Hyperoodon-Skeletes.
„ 4. Sechster } freier Brustwirbel (Mus. Gryph.) in $^1/_5$ natürl. Grösse. sp. Processus spinosus. m. Metapophyse.
„ 5. Siebenter } di. Diapophyse. pa. Parapophyse.
„ 6. Siebenter freier Brustwirbel eines jüngeren Skeletes (Mus. anatom. Berolin.).
„ 7. Achter freier Brustwirbel (Mus. Gryph.) in $^1/_5$ natürl. Grösse.

„ 8. Sechste } Rippe von Lagenorhynchus albirostris im Bereich ihres vertebralen Endes, nebst dem zu ihrem Ansatz
„ 9. Siebente } dienenden Wirbelfortsatz. co. Collum costae. tu. Tuberculum costae. sp. Processus spinosus. m. Met-
„ 10. Achte } apophyse. di. Diapophyse. pa. Parapophyse.

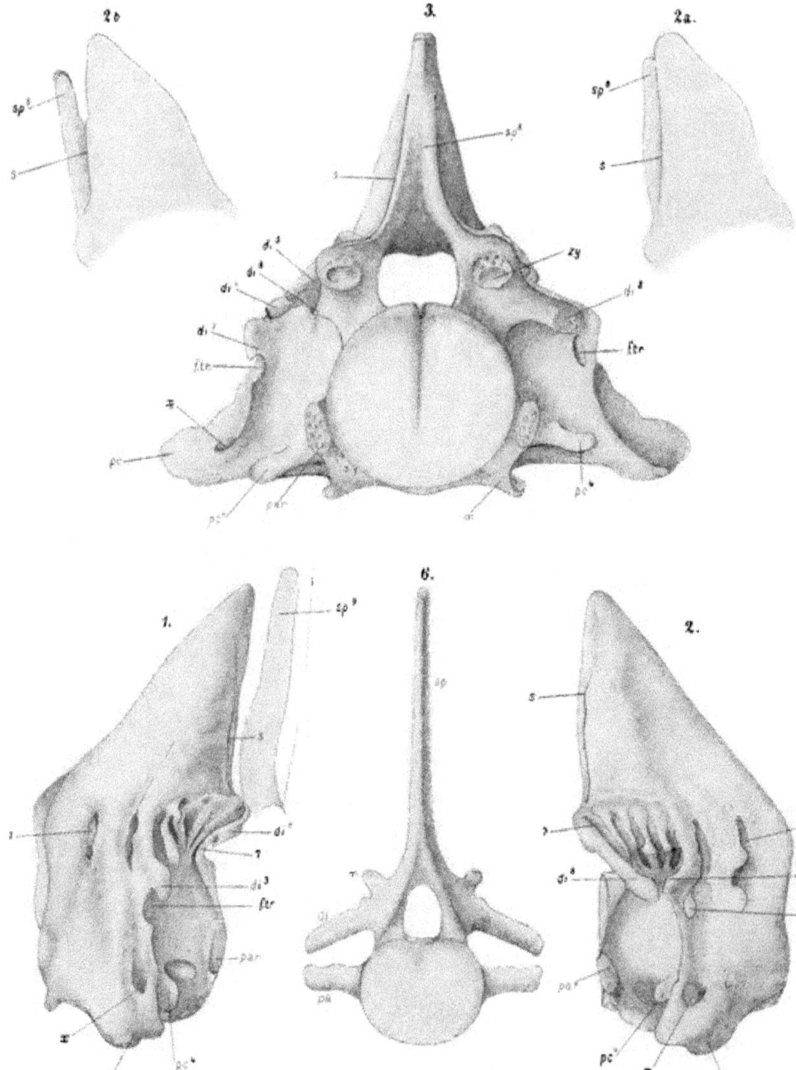

Gerstaecker del.

3.

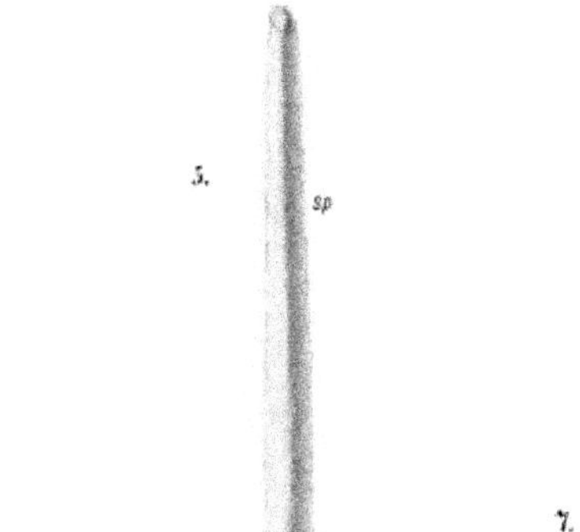

4.

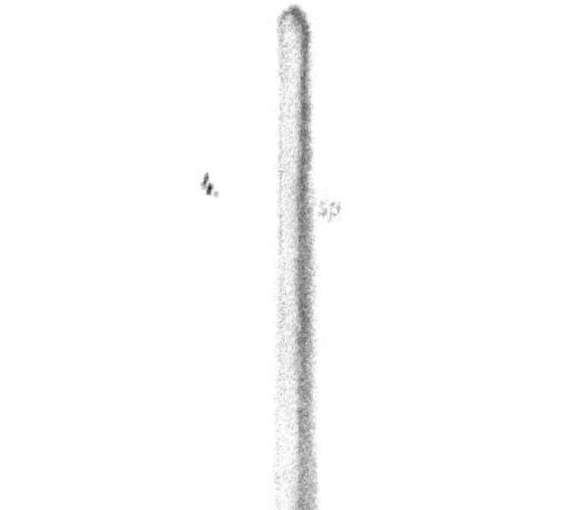

7.

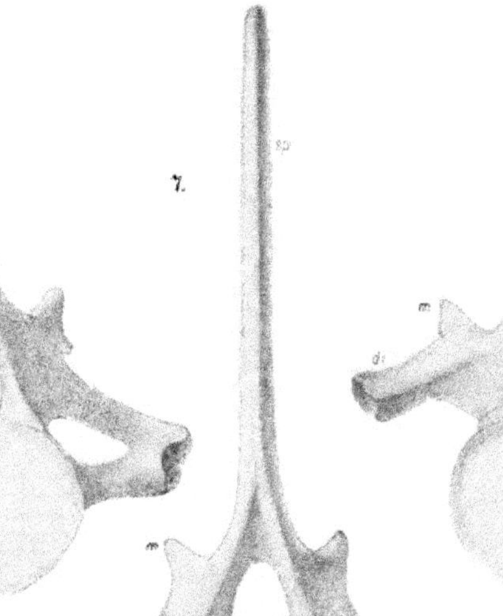

8.

9.

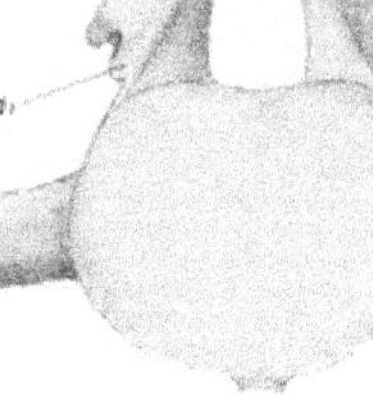

10.

Gerstaecker del.

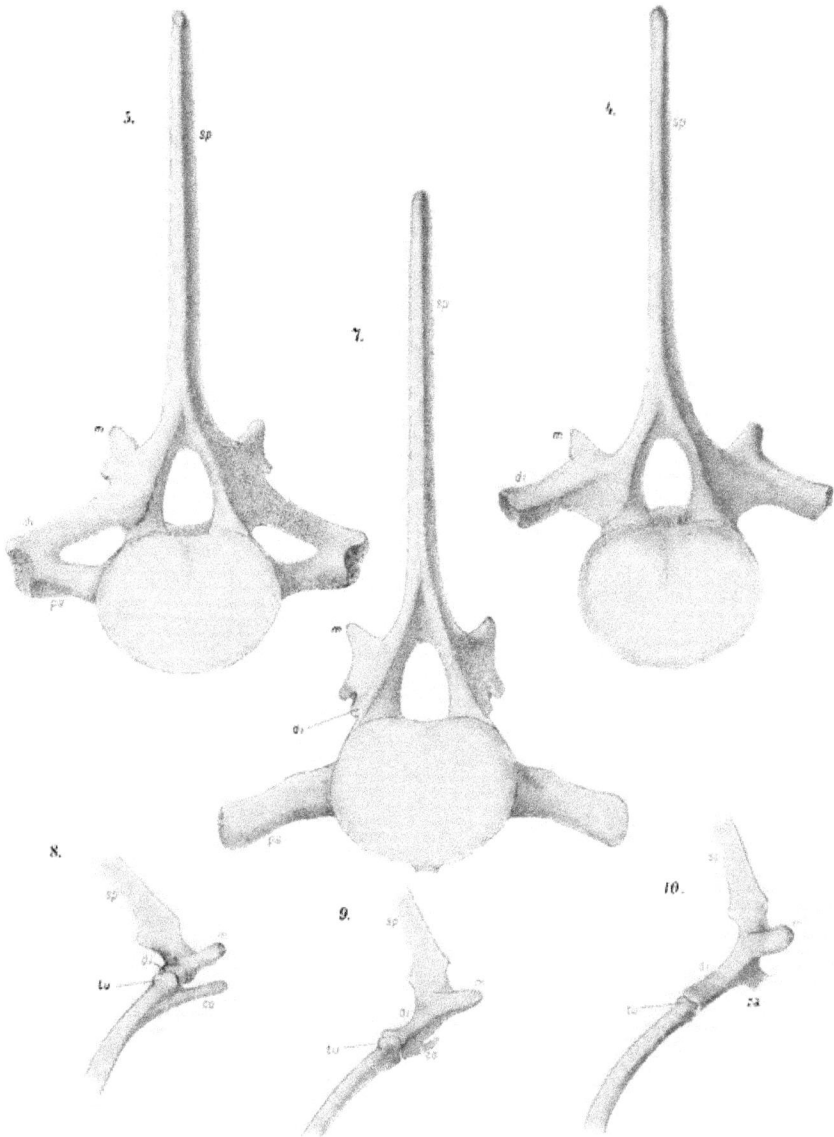

www.ingramcontent.com/pod-product-compliance
Lightning Source LLC
Chambersburg PA
CBHW021802190326
41518CB00007B/409
9783743653665